夹岩水利枢纽工程

水库生态调度关键技术

赵先进　梅亚东　李析男　姚军　吴贞晖　谭其志 等　著

中国水利水电出版社
www.waterpub.com.cn
·北京·

内 容 提 要

本书重点研究了夹岩水利枢纽工程水库生态调度关键技术，系统总结了夹岩水库生态调度研究成果，包括六冲河径流演变规律与生态响应、生态流量过程与生态流量阈值、水库长期生态调度建模与求解、水库长期生态调度评价与面向鱼类繁殖需求的短期生态调度研究。本书成果丰富了水库生态调度的理论与方法，不仅对实际工作有很强的指导作用，而且可为我国水库生态调度研究提供借鉴。

本书可供从事水利、环境、规划设计等相关工作的科技人员和管理决策者参考，也可供高校水文水资源专业的师生阅读。

图书在版编目（CIP）数据

夹岩水利枢纽工程水库生态调度关键技术 / 赵先进等著. -- 北京 : 中国水利水电出版社, 2023.11
ISBN 978-7-5226-1180-8

Ⅰ. ①夹… Ⅱ. ①赵… Ⅲ. ①水利枢纽－水利工程－生态工程 Ⅳ. ①TV512

中国版本图书馆CIP数据核字(2022)第251260号

书　　名	夹岩水利枢纽工程水库生态调度关键技术 JIAYAN SHUILI SHUNIU GONGCHENG SHUIKU SHENGTAI DIAODU GUANJIAN JISHU
作　　者	赵先进　梅亚东　李析男　姚军　吴贞晖　谭其志　等 著
出版发行	中国水利水电出版社 （北京市海淀区玉渊潭南路 1 号 D 座　100038） 网址：www.waterpub.com.cn E-mail：sales@mwr.gov.cn 电话：（010）68545888（营销中心）
经　　售	北京科水图书销售有限公司 电话：（010）68545874、63202643 全国各地新华书店和相关出版物销售网点
排　　版	中国水利水电出版社微机排版中心
印　　刷	天津嘉恒印务有限公司
规　　格	170mm×240mm　16 开本　13.5 印张　257 千字
版　　次	2023 年 11 月第 1 版　2023 年 11 月第 1 次印刷
印　　数	001—800 册
定　　价	**80.00** 元

《夹岩水利枢纽工程水库生态调度关键技术》编撰人员名单

赵先进　梅亚东　李析男　姚　军　吴贞晖　谭其志
徐　江　刘冬梅　吴　平　万晓安　管志保　程　贝
文晓彤　杨　文　杨　周　夏云东　何　伟　罗　政
杨　滨　赵德才　吴瑶洁　侯业楹　李晓波　熊　杰
孙　君　左禹政　王洁瑜

编　撰　单　位

贵州省水利水电勘测设计研究院有限公司
武汉大学
贵州省水利投资（集团）有限责任公司
贵州省喀斯特地区水资源开发利用工程技术研究中心

前言

FOREWORD

黔西北地区是贵州省缺水严重、石漠化区占比较大的区域，特别是2009—2010年贵州大旱表明水资源供给严重不足已成为制约黔西北地区经济社会发展的主要瓶颈。为解决黔西北地区的缺水问题，贵州省水利勘测设计研究院有限公司经过深入的规划勘测研究，提出兴建夹岩水利枢纽及黔西北供水工程。项目可行性研究报告（以下简称“可研报告”）于2014年获得国家发展和改革委员会审批。2015年12月夹岩水利枢纽开工建设，2021年12月大坝下闸蓄水。

“夹岩水利枢纽及黔西北供水工程关键技术研究与应用”是贵州省科技厅委托的重大科研专项（黔科合重大专项字〔2017〕3005），“夹岩水利枢纽工程水库生态调度关键技术研究”是“夹岩水利枢纽及黔西北供水工程关键技术研究与应用”课题5“鱼类保护与水库生态调度关键技术研究”的专题。武汉大学作为“夹岩水利枢纽工程水库生态调度关键技术研究”的协作单位，配合牵头单位贵州省水利水电勘测设计研究院有限公司，开展了“夹岩水利枢纽工程水库生态调度关键技术研究”专题相关理论方法及应用研究。

夹岩水利枢纽坝址位于乌江一级支流六冲河中游，水库正常蓄水位为1323.00m，总库容为13.23亿m^3，兴利库容为4.52亿m^3，库容系数为0.24，水库多年平均供水量为6.93亿m^3，多年平均供水量占坝址多年平均径流量的36.7%。夹岩水利枢纽的调节改变了六冲河水资源时空分配，在获得显著的城乡供水、灌溉、发电效益的同时，必然对六冲河天然水文情势、水环境及水生生物产生重要影响。如何在水资源开发利用的经济社会效益与河流生态环境保护之间保持均衡，是夹岩水利枢纽工程水库生态调度面临的挑战。

夹岩水利枢纽工程水库生态调度关键技术研究以非工程措施为研究手段，在现场调研考察、资料整理分析基础上，通过对六冲河天然径流演变规律分析，识别六冲河生态流量过程及其阈值，构建均衡经济社会目标和生态环境目标的生态友好型水库调度模型并求解，挖掘夹岩水库调度规律和推荐多目标均衡的水库调度方案，通过不同的调度方式合理调控水库下泄流量和下泄过程，为夹岩水利枢纽工程缓解和改善对水生态环境的影响提供科学依据，为鱼类生存和正常繁殖创造近自然河道水流环境。夹岩水利枢纽工程水库生态调度实施后，可在统筹供水、灌溉、发电功能的同时，进一步改善项目区日渐恶化的水生态环境，实现经济社会发展与生态保护要求的双赢目标。研究成果具有良好的社会、经济、环境和生态效益，并有较好的实用性和推广性，成果不仅为贵州省内喀斯特山区水利枢纽工程的运行与调度提供依据和参考，还可以为其他地区水利工程运行与调度提供参考和借鉴，具有较为广阔的推广应用前景。

本书系统地总结了夹岩水利枢纽工程水库生态调度关键技术研究成果。全书共7章。第1章绪论简要介绍了项目区河流水系、气象水文、水生态环境的概况，分析了项目区水资源开发利用现状及设计水平年供需平衡情况，介绍了夹岩水利枢纽工程及黔西北供水工程基本情况。第2章六冲河径流演变特征，分析了参考流量序列的趋势性、周期性及年际、年内变化特征，生态流量组分的量级、持续时间、发生频率、历时、变化率统计，以及与鱼类栖息地保护关联的枯水流量过程。第3章生态流量过程与生态流量阈值研究，基于月（旬）均流量序列和日均流量序列，采用多种生态流量计算方法，计算了不同时间尺度的生态流量过程，比较确定了夹岩坝址生态流量阈值；基于河流平均流速-流量关系、最大水深-流量关系和目标鱼类栖息地适宜度曲线，建立了研究河段河流流量-生态响应关系。第4章夹岩水库长期生态调度研究，建立了均衡经济社会目标和生态环境目标的生态友好型水库调度模型，提出了基于权重法和水量分配模拟的水库多目标调度求解方法，分析了综合供水目标、发电目标和生态目标之间的协同竞争关系，比较了一元线性和二元线性调度规则的模拟效果。第5章夹岩水库长期生态调度评价，构建了水库长期生态调度评价指标体系，提出了耦合犹豫模糊集、粗糙集及前景理论的多属性评价方法，推荐了夹岩水利枢纽工程的多目标均衡调度方案。第6章夹岩水库短期生态调度研究，在分析夹岩坝址高流量（洪水）脉冲特征基础上，根据鱼类产卵繁殖需水要求和天然径流特性，以日为时段、以月为调度期、以偏离设定概化洪水脉冲过程最小和发电量最大为目标，建立夹岩水库短期生态调度模型并求解，并进行了非劣解集的调度运行策略分析。第7章结论与展望，对研究成果进行了总结，并对今后的研究工作提出了期望。

本书主要由武汉大学梅亚东、吴贞晖，贵州省水利水电勘测设计研究院有限公司的赵先进、李析男、姚军，以及贵州省水利投资（集团）有限责任公司的谭其志等编写。参与本书编写和研究工作的还有武汉大学的程贝、文晓彤，贵州省水利水电勘测设计研究院有限公司的徐江、刘冬梅、吴平、万晓安、管志保、杨周、何伟、罗政、侯业楹、李晓波、熊杰、孙君、左禹政、王洁瑜，以及贵州省水利投资（集团）有限责任公司的杨文、夏云东、杨滨、赵德才、吴瑶洁等。

由于作者水平有限，本书难免存在疏漏和不当之处，欢迎读者批评指正。

作者

2022年5月

CONTENTS

目录

第1章 绪论

1.1 工程概况

黔西北地区是贵州省缺水严重、石漠化区占比较大的区域，特别是2009—2010年贵州大旱，凸显水资源供给严重不足已成为制约黔西北地区经济社会发展的主要瓶颈。为解决受水区的缺水问题，有关各方对多种供水工程方案进行了比较研究，认为：从区域水资源的分布情况看，受水区内未开发河段流域的面积较小，且开发条件差；而六冲河现状水平年开发利用程度仅为5.5%，开发利用率较低，在六冲河上修建夹岩水利枢纽是唯一具备向受水区自流供水的大型骨干水源工程，是解决毕节-大方新城区及其区内工业园区供水等受水区供水的最佳途径，夹岩水利枢纽及黔西北供水工程的建设将对黔西北经济区供水提供有效的支撑。

1.1.1 工程组成与规模

夹岩水利枢纽及黔西北供水工程是贵州省在“十二五”期间开工建设的国家172项重大水利工程之一，也是贵州省水利建设的“1号工程”。工程开发任务为：以供水和灌溉为主，兼顾发电，并为区域扶贫开发及改善生态环境创造条件。

夹岩水利枢纽及黔西北供水工程为Ⅰ等工程。按所承担工程功能及建筑物所在位置的不同，夹岩水利枢纽及黔西北供水工程分为水源工程、毕大供水工程、灌区骨干输水工程三大部分。

(1) 水源工程。水源工程包括大坝枢纽（首部枢纽）工程和夹岩水库工程。坝址位于潘家岩脚大沟下游，由大坝、岸边溢洪道、泄洪兼放空隧洞、低位放空隧洞、坝后发电系统、集运鱼系统和库尾伏流分洪隧洞等组成。大坝坝型为混凝土面板堆石坝，最大坝高154.0m，坝长429m。

夹岩水库总库容13.25亿m^3，兴利库容4.52亿m^3，正常蓄水位1323.00m，坝后电站装机容量70MW；工程建成后多年平均供水量为6.93

亿 m^3，其中城乡生活和工业供水 4.58 亿 m^3，灌溉供水量 2.35 亿 m^3；电站多年平均年发电量 2.28 亿 kW·h。

(2) 毕大供水工程。毕大供水工程主要由取水隧洞、毕大提水泵站、提水压力管道，王家坝输水隧洞、输水管道五部分组成，设计流量 5.94m^3/s、线路总长 26.8km。

(3) 灌区骨干输水工程。灌区骨干输水工程由总干渠、北干渠、南干渠、金遵干渠、黔西分干渠和金沙分干渠等组成；大体为东西向布置，分布在大方县、织金县、黔西县、纳雍县、金沙县、遵义县（现播州区）、仁怀市等地。渠道总长 828.81km，其中 6 条干渠总长 280.97km，26 条骨干支渠总长 547.84km。总干渠渠首设计流量 33.74m^3/s。利用夹岩水库引水设计灌溉面积 90.42 万亩，其中新增灌溉面积 85.74 万亩。

1.1.2 环境保护措施

根据《贵州省夹岩水利枢纽及黔西北供水工程环境影响报告书》（以下简称《环评报告书》）的分析结果，夹岩水利枢纽对六冲河鱼类资源的影响主要表现在大坝的阻隔、生境的变化（河流相到湖库相）、下游流量变化等方面。针对夹岩水利枢纽运行后对鱼类产生的各项不利影响，《环评报告书》提出了夹岩水库鱼类保护措施体系（见表 1.1），包括过鱼设施、增殖放流、栖息地保护、生态调度、渔政管理、科学研究、生态监测等。

表 1.1 夹岩水库鱼类保护措施体系

措施名称	保护对象	主要作用	具体措施
过鱼设施	长薄鳅、鲈鲤、四川爬岩鳅、裂腹鱼、黄颡鱼、瓦氏黄颡鱼、宽鳍鱲、云南光唇鱼、墨头鱼、白甲鱼等主要种类	加强库区上下游种群的基因交流，保持生物多样性	集运鱼系统
增殖放流	鲈鲤、昆明裂腹鱼、四川裂腹鱼、齐口裂腹鱼	补充鱼类种群规模，恢复鱼类资源	鱼类增殖站
栖息地保护	评价范围内鱼类 34 种	保护鱼类栖息生境，维持鱼类资源	①干流、支流、栖息地保护，局部河段修复措施；②抵纳、瓜仲河水电站整治
生态调度	鲈鲤、四川裂腹鱼、云南光唇鱼等流水产卵种类	满足鱼类产卵繁殖需求	夹岩水库在 2 月、3 月按照月均调度方案进行流量下放，4—7 月则需要进行生态调度，加大下泄流量 (54.1m^3/s)，以满足下游鱼类产卵的需求

续表

措施名称	保护对象	主要作用	具体措施
渔政管理	评价范围内鱼类34种	加强渔政管理，保护鱼类资源及其生境	
过饱和气体减缓措施	评价范围内鱼类34种	降低水库下泄水气体饱和度，减轻水电工程对水生生态的不利影响	减少泄洪，从而减少过饱和气体对下游鱼类的影响
鱼类资源保护与管理	评价范围内鱼类34种	合理规划开发，加强管理，防止过度开发利用造成资源破坏	增加渔政管理船只，增加运行保障经费
科学研究	长薄鳅、四川爬岩鳅、泉水鱼、黑尾鱼央、白缘鱼央、云南光唇鱼、鲈鲤	加快人工繁育技术，补充鱼类资源	
生态监测	长薄鳅、鲈鲤、白甲鱼、裂腹鱼、四川爬岩鳅、泉水鱼、黑尾鱼央、白缘鱼央等	加强鱼类天然种群的形态学、生物学、遗传生物学等监测，评估水库建设对其产生的影响	

上述保护措施中，栖息地保护和生态调度涉及夹岩水库调度运行。《环评报告书》认为，夹岩水库12.1m^3/s的下泄生态流量，能够满足下游河道鱼类栖息的基本要求。同时建议在鱼类繁殖季节，根据天然流量变化过程实施生态调度。在4—7月，加大下泄流量来营造下游的涨水过程，以满足下游鱼类产卵的需求。下泄流量峰值建议为54.1m^3/s，涨水为单峰型，过程为陡涨缓落。在人造洪峰过后，应尽量保持下泄流量的平稳，避免下游水位发生较大幅度的涨落。

1.2 研究区概况

1.2.1 河流水系

六冲河属于长江流域乌江最大的一级支流，流域位于云贵高原东北侧，地处云南省镇雄县及贵州省毕节市。六冲河发源于赫章县可乐乡北面，先由东北向西南流，经赫章县可乐乡以后折向东南流，经高家院转向东流，又经河边乡、周家洞水文站、赫章县城后流向东北，在洞头上进入卡上伏流，经猪爬岩、毛家洞伏流后出露地表，并于双河接纳南面的野马川支流，又于龙洞接纳北来的大河（发源于云南省镇雄县塘房乡北面），在汇口转向东南进入天桥伏流区，经约6km的大、中、小天桥伏流后，在邓家垭口处出露地表，流经七星关水文站、水营、王家寨进入纳雍县境，又于王家寨下游17km梯子岩处进入九洞天伏流段，出伏流后汇入洪家渡水库，在化屋基汇入乌江干流，六冲河全长268km，天然落差1293.5m，平均比降0.473%，全流域面积10665km^2（含云南省的677km^2）。

六冲河干流大致以赫章以上划为上游河段，河谷较开阔。赫章至瓜仲河水文站为中游河段，河谷深切，喀斯特相当发育，明暗相间，有多处伏流段，其中赫章县城至七星关河段长32km，有大小伏流6处，分别为卡上，猪爬岩，毛家洞，大、中、小天桥伏流，总长约8km；梯子岩至瓜仲河水文站河段长7km，有伏流数处，其中最长的梯子岩伏流长3km，现已开发为贵州省风景名胜区（九洞天）。瓜仲河以下至河口为下游河段，河谷地形开阔，束放相间，其间伍佐河口、六圭河、寄仲坝地形开阔，阶地发育（为洪家渡电站水库库区）。六冲河大于300km^{2}的支流有11条，黔西北供水工程受水区主要河流有3条，其主要河流流域特征见表1.2。

表1.2　六冲河流域及受水区内主要河流流域特征值表

序号	河流名称	岸别	河长/km	面积/km^2	备　注
1	妈姑河	右岸	32	481	六冲河一级支流
2	大河	左岸	76	1195	六冲河一级支流
3	毕底河	左岸	42	327	六冲河一级支流
4	引底河	右岸	52	535	六冲河一级支流
5	后河	右岸	41	383	六冲河一级支流
6	伍佐河	右岸	34	447	六冲河一级支流
7	白甫河	左岸	116	2344	六冲河一级支流
8	两岔河	左岸	49	582	六冲河二级支流
9	木白河	左岸	44	352	六冲河一级支流
10	凹水河	左岸	58	389	六冲河一级支流
11	织金河	右岸	37	442	六冲河一级支流
12	野纪河	左岸	112	2204	乌江一级支流
13	偏岩河	左岸	140	2243	乌江一级支流
14	湘江	左岸	155	4913	乌江一级支流

1.2.2 气象水文

1.2.2.1 气象

六冲河及邻近流域都属亚热带季风气候区，气候温和湿润，以流域内的赫章站作为六冲河气象代表站。据赫章气象站1961—1990年实测资料分析：多年平均气温13.3℃，极端最高气温36.4℃（1988年5月6日），极端最低气温－10.1℃（1977年2月9日）。多年平均年降水量849mm，年平均相对湿度79%，年平均日照时数1415.6h，大风日数10.1d，全年无霜期246d，最大积雪深度14cm。多年平均风速2.1m/s，实测最大风速17m/s。历年实测最大1日降水量166.4mm（1976年7月13日），降水量不小于0.1mm的日数为174.4d，降水量不小于10.0mm的日数为26.5d，降水量不小于25.0mm的日数为6.7d，降水量不小于50.0mm的日数为1.1d。

据项目供水区（邻近流域）内气象站多年实测资料分析，多年平均气温最高为16.2℃（仁怀站），最低为11.8℃（大方站）；极端最高气温最高为39.9℃（仁怀站），最低为32.7℃（大方站）；极端最低气温最低为－12.1℃（织金站），最高为－5.5℃（仁怀站）。多年平均年降水量最大为1422.6mm（织金站），最小为854.2mm（赫章站）；多年平均风速最大为2.8m/s（大方站），最小为0.8m/s（毕节站）；日照时数最大为1415.6h（赫章站），最小为1095.2h（金沙站）；多年平均相对湿度最大为84%（大方站），最小为79%（赫章站、仁怀站）。

六冲河流域内雨量较丰沛，降水量年际变化不大，但是年内分配不均。降水主要集中在5—10月，其降水量占全年降水的80%以上，降水在地区分配上也不均，自东南部向西北部递减，上游西部赫章、毕节、云南镇雄一带为少雨区，多年平均年降水量不足1000mm。多年平均年降水量赫章站为849mm，七星关水文站为900mm左右，中游逐渐增加，瓜仲河水文站为950mm左右，下游东南部多年平均年降水在1400mm以上。

1.2.2.2 径流

1. 六冲河径流

六冲河为山区雨源性河流，径流主要由降水形成。径流的时空变化与降水的时空变化基本一致，流域径流深等值线的分布与年降水量等值线分布趋势大体一致。作为贵州省降水低值区之一，六冲河流域径流年际变化小而年内分配不均，洪枯流量间变化较大。径流主要集中在汛期5—10月，其径流量占全年的78.6%，枯季（11月至次年4月）径流量占全年的21.4%。

项目供水区内河流的径流亦主要由降水补给，受降水量分布的影响，多年平均径流深自南向北递减，南部为500～700mm，北部为300～400mm；径流年内分配不均，5—10月径流量占全年的82%左右，11月至次年4月仅占18%左右。

将七星关、洪家渡、瓜仲河水文站1957—2012年（55年）历年逐月平均流量按水文年（5月至次年4月）、丰水期（5—8月）、枯水期（11月至次年

4月)、最小月进行频率分析计算，并以P-Ⅲ型曲线适线，计算得到六冲河主要站点径流频率的统计参数，结果见表1.3。

表1.3 六冲河主要站点径流频率计算成果表

水文站	项目	统计参数			各级频率设计值				
		均值	C_v	C_s/C_v	20%	50%	80%	90%	95%
七星关 (F=2999km^2) 流量/(m^3/s)	年值	37.3	0.3	2.0	46.2	36.2	27.7	23.9	21.0
	5—8月	63.3	0.37	2.0	81.7	60.4	43.2	35.7	30.3
	11月至次年4月	16.3	0.27	2.0	19.8	15.9	12.5	11.0	9.79
	最小月	11.1	0.26	2.5	13.4	10.8	8.63	7.66	6.94
瓜仲河 (F=4611km^2) 流量/(m^3/s)	年值	67.8	0.24	2.0	81.0	66.5	53.9	48.0	43.4
	5—8月	116	0.30	2.0	144	113	86.2	74.2	65.3
	11月至次年4月	29.8	0.25	2.0	35.8	29.2	23.4	20.7	18.7
	最小月	20.7	0.25	2.5	24.8	20.2	16.3	14.5	13.2
洪家渡 (F=9456km^2) 流量/(m^3/s)	年值	135	0.26	2.0	163	132	105	92.4	82.9
	5—8月	237	0.31	2.0	296	229	174	149	130
	11月至次年4月	56.7	0.28	2.0	69.4	55.2	43.1	37.5	33.3
	最小月	38.1	0.25	2.5	45.7	37.1	29.9	26.7	24.3

注 表中F为控制流域面积。

七星关水文站多年平均流量为37.3m^3/s（1957—2012年），按水文年统计，最大年平均流量为71.6m^3/s（1983年），最小年平均流量为16.8m^3/s（2012年），最大年平均流量和最小年平均流量分别为多年平均流量的1.92倍和0.45倍，丰枯比为4.26。洪家渡水文站多年平均流量为135m^3/s（1957—2012年）。按水文年统计，最大年平均流量为203m^3/s（1983年），最小年平均流量为54.7m^3/s（2012年），最大年平均流量和最小年平均流量分别为多年平均流量的1.5倍和0.41倍，丰枯比为3.7。由此可见，六冲河径流年际变化不大，且下游站的变化较上游站平缓。

2. 坝址径流

夹岩水利枢纽位于七星关站和瓜仲河站之间，坝址控制流域面积4312km^2。采用坝址1957年5月—2012年4月连续55年径流资料进行年径流及枯期径流频率分析。频率分布曲线线型采用P-Ⅲ型。用矩法初估参数均值、变差系数C_v、偏态系数C_s；再用适线法对参数进行调整，并经流域平衡协调，确定采用的参数，成果见表 1.4。

表 1.4　　坝址径流频率分析成果表

时　段	统计参数			各级频率设计值						
	均值	C_v	C_s/C_v	5%	10%	20%	50%	80%	90%	95%
年值	59.1	0.27	2	87.6	80.3	71.9	57.7	45.4	39.8	35.5
5—8 月	102	0.33	2	163	147	129	98.3	73.2	61.9	53.6
11 月至次年 4 月	25.3	0.26	2	37.0	34.0	30.6	24.7	19.7	17.3	15.5
最小月	17.2	0.25	2.5	25.0	22.9	20.6	16.8	13.5	12.1	11.0

1.2.2.3　洪水特性分析

形成六冲河流域暴雨的主要天气系统为两高切变、长江横切变和低槽冷锋三种类型，其中又以长江横切变产生的暴雨笼罩面积大，持续时间长。暴雨多出现在 5—9 月，又以 6 月、7 月为最多，大多数暴雨是中小量级的暴雨，大暴雨不多。由于流域内地形复杂，全流域性的大暴雨较少，量级大的暴雨呈插花型分布。暴雨在地区上的分布与年降水的分布基本一致，西北部为低值区，东南部为高值区，一次暴雨持续时间一般为 1～2d。由于本流域地处高原山区，地形起伏大，地势较高的高原面与地势较低的河谷气候有明显差异，昼夜温差大，常形成夜雨。

对六冲河干流主要水文站的暴雨洪水过程进行统计分析可知，流域的洪水具有以下特性：洪水大多集中发生在 5—8 月，洪水是由暴雨形成的，较大的洪水过程涨水历时一般为 24h 左右，退水历时 3～5d 天或更久，一次洪水的洪量主要集中在 1～3d，洪水陡涨缓落，水位变幅较大。洪水过程多为单峰型，单峰型洪水峰高，但量不大。六冲河主要水文站年最大洪峰流量各月出现频率见表 1.5。

表 1.5　　六冲河主要水文站年最大洪峰流量各月出现频率成果表

站　别	月份	5	6	7	8	9	10	合计
七星关（1971—2012 年）缺 1994—1997 年	次数	1	14	14	6	3	0	38
	频率/%	2.63	36.84	36.84	15.79	7.89	0	100
总溪河（2002—2012 年）	次数	1	4	4	1	1	0	11
	频率/%	9.09	36.36	36.36	9.09	9.09	0	100
洪家渡（一）（1957—2000 年）	次数	3	17	15	4	5	1	45
	频率/%	6.67	37.78	33.33	8.89	11.11	2.22	100

1.2.2.4　干旱特性分析

夹岩水利枢纽及黔西北供水工程受水区包括毕节市和遵义市。受水区主要自然灾害有旱灾、低温、倒春寒、冰雹、秋绵雨、暴雨，沿河两岸有洪、涝灾害等。在众多自然灾害中，危害最大的是旱灾和低温。

受水区毕节市旱灾的主要特征是春旱严重而频繁，多出现在3—5月，一般只要10～15d不降雨即出现小旱，15～30d不降雨即出现中旱，30～50d不降雨即出现大旱。有的年份由于冬季降水很少，出现冬春连旱情况，则旱情更为严重，不但夏收作物大幅度减产，广大农村人畜饮水均十分困难。旱灾多出现在6—8月，其频率及受灾面积虽不及春旱大，但对水稻、苞谷等秋季作物的危害却很大。由于夏季气温高，蒸发量大，一般只要7～10d不降雨即开始出现小旱，10～15d不降雨即出现中旱，15d以上无雨即出现大旱。

受水区遵义市旱灾的主要特征是夏旱严重而频繁，多出现在6—8月，按时间分为“洗手干”（6月）及伏旱。一般只要10～15d不降雨即出现小旱，15～30d不降雨即出现中旱，30～50d不降雨即出现大旱。遵义市夏旱开始期（入旱期）在各旬出现的频率以7月上旬最高，其次是7月下旬和8月中旬，6月上旬则是入旱高峰旬。由于夏季气温高，蒸发量大，农作物灌溉、居民生活、工业生产等都进入用水高峰，一般只要5～10d不降雨即开始出现小旱，8～15d不降雨即出现中旱，15d以上无雨即出现大旱。

毕节市干旱指数为0.51～0.62，遵义市干旱指数为0.53～0.66，都属湿润区。旱灾成因主要受大气环流的影响，春夏两季常处于强大的西太平洋副热带高压气流的控制下久晴不雨，故常出现全区性春旱和夏旱；其次是坡土多，土层薄，森林和地面覆盖少，土壤的保水能力差；第三是蓄水工程少，蓄水量少，一旦出现干旱，抗旱能力低。

1.2.3 水生态环境

根据2012年常规监测结果及2011年、2012年、2014年补充监测评价结果，夹岩坝址以上干支流水质总体类别达到Ⅲ类，除了粪大肠菌群、BOD_5、溶解氧、总氮等个别指标为Ⅲ类外，其余监测指标均为Ⅰ～Ⅱ类；坝址上游0.2km断面水源地全分析结果也表明，除了溶解氧略超Ⅱ类外，其余107项监测结果均能满足水质目标要求。因此，六冲河坝址以上干支流现状水质可以满足水源地Ⅲ类水质要求。河道水质主要受生活污染源和农业面源影响。坝址下游干支流除了白甫河干流毕节排污控制区及下游的岔河汇入口2个断面及织金河断面由于出现COD_{Cr}、BOD_5超标，现状水质评价结果为Ⅳ类外，其他干支流河段现状水质均能达到Ⅲ类。受水区涉及的其他河段野纪河干支流、偏岩河干支流、乌江干支流、赤水河长堰河等现状水质均能达到Ⅱ～Ⅲ类，其中野纪河、偏岩河干流个别断面水质可以达到Ⅱ类。

项目区域地下水类型多样，其补给、径流、排泄条件多样，喀斯特发育，存在多条地下暗河管道，水文地质条件复杂。地下水径流条件好，溶解性固体总量低，不具备产生土壤次生盐渍化的条件，但在地形低洼、排水不畅地带存在土壤次生沼泽化现象。地下水水质除个别水样受农田化肥污染，亚硝酸盐超标外，其余水样无水质污染，为Ⅱ、Ⅲ类水质。

根据2011年7月—2014年5月多次现场调查结果，并结合相关文献资料，项目评价区共有浮游植物8门154种，浮游动物4门99种，底栖动物22种。

六冲河调查水域实际可能分布鱼类有34种，隶属4目9科29属。长薄鳅、鲈鲤、昆明裂腹鱼被列为易危物种，长薄鳅、昆明裂腹鱼、四川裂腹鱼、四川爬岩鳅属长江上游特有鱼类。2012年在六冲河干支流调查确定的鱼类共24种，占鱼类种类的71%，其中易危物种及长江上游特有鱼类中昆明裂腹鱼、四川裂腹鱼、鲈鲤为常见种，长薄鳅偶见，未调查到四川爬岩鳅。调查没有发现由海洋向江河洄游的鱼类，也未发现有江河洄游的鱼类。多数鱼类也无长途洄游现象，主要原因是六冲河坡降大，下游河段建有洪家渡电站、东风水库等电站，大坝阻隔影响造成了鱼类种群的变化，洄游性鱼类无法生存，梯级开发改变了六冲河流域鱼类区系组成和生境条件。

六冲河鱼类大多数产黏性卵，在六冲河干流赫章县城下游双河至麻布河段（六冲河保护区河段）、七星关段（包括大天桥、小天桥段）、维新段、九洞天段及支流引底河、后河下游等的岩石和砾石缝隙、洞穴、湾、沱有鱼类产卵繁殖现象。长薄鳅属产漂流性卵鱼类，调查水域没有发现有一定规模的长薄鳅产卵场存在，可能与长薄鳅资源数量较少，适宜产卵生境较为广泛（尤其在维新段以上）有关。

1.2.4 水资源供需分析

夹岩水利枢纽及黔西北供水工程的开发任务以供水和灌溉为主，兼顾发电，并为区域扶贫开发及改善生态环境创造条件。工程现状年为2010年，设计水平年为2030年。根据设计规范，城乡生活和工业供水保证率取95%，农业灌溉保证率采用80%。

1.2.4.1 受水区水资源量

工程受水区包括毕节、遵义市区两个城市供水片区和城禹龙、安岚源、化沙官、平石岩、林锦五、洪甘城、绿谷永、钟素协、重中花、理化、杨家湾、东关、维新、织纳等14个灌区片区。受水区集水面积为7363km^2，多年平均水资源量31.41亿m^3（初设阶段，下同）。其中灌区集水面积4370km^2，多年平均水资源量18.18亿m^3；城市供水区集水面积2993km^2，多年平均水资源量13.23亿m^3。

1.2.4.2 受水区需水量

受水区供水对象包括以下 5 类：①城市供水：毕节-大方新城区及遵义中心城区；②县城供水：纳雍县、织金县、黔西县、金沙县、仁怀市等 5 个县（市）；③工业园区供水：毕节高新技术产业基地、毕节市黔西北工业园区、大方县循环经济工业园、毕节试验区大方食品药品工业园，毕节市试验区黔西承接产业专业基地、黔西县循环经济工业园、金沙工业园、织金工业园及七星火电厂；④乡镇及农村供水：2 市的 69 个乡镇，农村聚居点 365 个。2030 年乡镇 58.76 万人、农村人口 37.66 万人，大牲畜 33.78 万头，小牲畜 61.68 万头；⑤农业灌溉供水：灌溉供水 51 个乡镇，灌溉总面积 90.42 万亩，其中新增灌溉面积 85.74 万亩。

根据受水区用水现状和经济社会发展，对受水区各类需水量预测结果见表 1.6。夹岩受水区现状基准年 2010 年、规划水平年 2020 年、2030 年总需水量分别为 79495 万 m^3/a、114876 万 m^3/a、140932 万 m^3/a，2020 年、2030 年需水量年均增长率为 4.7%、2.1%。2010 年、2020 年、2030 年人均综合用水量（不含灌溉）分别为 $134m^3/(人·a)$、$175m^3/(人·a)$、$175m^3/(人·a)$。从夹岩受水区人均用水指标来看，各规划水平年用水指标符合相关水资源规划和规范要求，预测成果合理可行。

表 1.6　　夹岩受水区需水量预测成果表

水平年	合计 /万 m^3	灌溉 /万 m^3	城市 /万 m^3	县城 /万 m^3	乡镇 /万 m^3	农村 /万 m^3	总人口 /万人	人均水量（不含灌溉）/[m^3/(人·a)]
2010	79495	40056	29277	6439	2037	1685	294.44	134
2020	114876	40056	52368	16688	3662	2102	426.38	175
2030	140932	40056	69111	23991	5223	2550	578.02	175

注　灌溉需水量为多年平均值。

1.2.4.3 受水区可供水量

通过对当地水利设施及拟建水源工程可供水量分析、城市中水回用分析、农村人饮工程分析可得到夹岩受水区可供水量，汇总后见表 1.7。不考虑夹岩水利枢纽与黔西北供水工程建设，现状基准年 2010 年、规划水平年 2020 年、2030 年总可供水量分别为：36592 万 m^3/a、78747 万 m^3/a、82599 万 m^3/a。

表 1.7　　夹岩受水区可供水量预测统计表　　单位：万 m^3/a

水平年	合计	灌溉	城市	县城	中水回用	乡镇	农村
2010	36592	15494	14805	2695	1430	1174	994
2020	78747	19596	40513	11991	4776	1230	640
2030	82599	19596	40513	11991	8628	1230	640

1.2.4.4 受水区供需分析

根据受水区水资源供需分析成果，基准年 2010 年、规划水平年 2020 年、2030 年缺水量占总需水量的 54.0%、32.1%、41.4%，受水区各行业缺水情况统计见表 1.8，图 1.1 为不同年份夹岩受水区各受水对象缺水程度比较图。

表 1.8 夹岩受水区各行业缺水情况统计表

年份	项　目	合计	灌溉	城市	县城	乡镇	农村
2010	需水量/(万 m^3/a)	79495	40056	29277	6439	2037	1685
	缺水量/(万 m^3/a)	42903	24562	13261	3525	863	692
	缺水程度/%	54.0	61.3	45.3	54.7	42.4	41.0
2020	需水量/(万 m^3/a)	114876	40056	52368	16688	3662	2102
	缺水量/(万 m^3/a)	36920	20460	8869	3698	2431	1462
	缺水程度/%	32.1	51.1	16.9	22.2	66.4	69.5
2030	需水量/(万 m^3/a)	140932	40056	69111	23991	5223	2550
	缺水量/(万 m^3/a)	58333	20460	22089	9882	3992	1910
	缺水程度/%	41.4	51.1	32.0	41.2	76.4	74.9

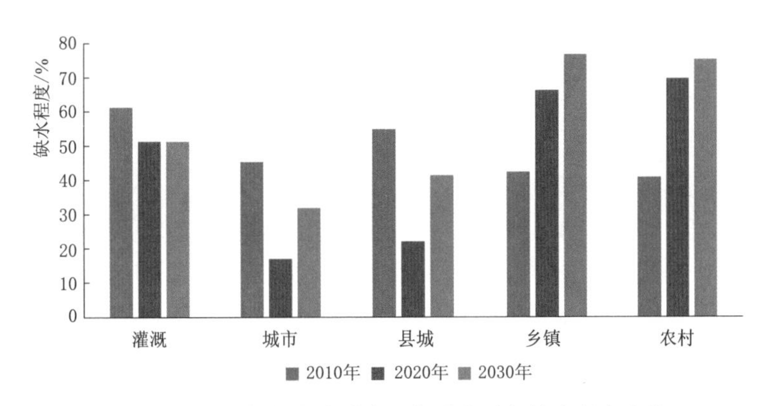

图 1.1 不同年份夹岩受水区各受水对象缺水程度比较

基准年 2010 年农业灌溉缺水程度最高，高达 61.3%；其次是县城，农村缺水程度最低，但也到达 41.0%。

2020 年，随着一大批规划水利工程，尤其是“三位一体”项目的建设，同时考虑节水措施和中水回收利用后，受水区缺水程度有所降低，其中县城和城市降幅最大，但灌溉、乡镇、农村缺水依然很严重。这与当地规划水利工程中，城市及工业园区供水项目所占比例较大有关。2030 年，随着社会经济的发展，受水区各行业当地水利工程可供水量已完全不能满足需水要求，需外调水解决。

1.3　主要研究内容

“夹岩水利枢纽及黔西北供水工程关键技术研究与应用”是贵州省科技厅委托的重大科研专项（黔科合重大专项字〔2017〕3005），“夹岩水利枢纽工程水库生态调度关键技术研究”是“夹岩水利枢纽及黔西北供水工程关键技术研究与应用”课题 5“鱼类保护与水库生态调度关键技术研究”的专题。通过现场调研考察、资料收集整理、建模计算分析，本书主要开展了以下研究：

（1）六冲河径流演变规律及生态响应研究，包括参考流量序列的趋势性、周期性及年际、年内变化特征分析；生态流量组分的量级、持续时间、发生频率、历时、变化率统计分析；结合鱼类栖息地保护和产卵繁殖要求，提出了满足鱼类产卵繁殖要求的流量脉冲过程和栖息地保护的枯水流量，揭示了研究河段河流流量-生态响应关系。

（2）生态流量过程与生态流量阈值研究。确定了流量年内季节变化和重要流量事件的生态流量组分；构建了不同时间尺度的生态流量过程；确定了生态流量阈值，提出了贵州省河流生态流量确定方法。

（3）夹岩水库生态友好型水库调度建模研究。包括夹岩水库常规运行调度下供水、发电、生态目标对水库调度方式的响应机制研究；建立了均衡经济社会目标和生态环境目标的生态友好型水库调度模型和生态调度关键期的夹岩水库短期调度模型，针对多目标模型，提出了相应的优化方法，并进行了非劣解集的调度运行策略分析。

（4）夹岩水库生态调度评价与决策研究。构建了水库生态调度评价与决策指标体系，提出了夹岩水库枢纽工程的多目标均衡调度策略。

夹岩水利枢纽工程水库生态调度关键技术研究以非工程措施为研究手段，通过不同的调度组合合理调控水库下放流量和下放过程，缓解和改善夹岩水利枢纽工程对水生态环境的影响，为鱼类生存和正常繁殖创造近自然河道水流环境。本书成果实施后，可在统筹供水、灌溉、发电功能的同时，进一步改善项目区日渐恶化的水生态环境，实现经济社会发展与生态保护要求的双赢目标。本书成果具有良好的社会、经济、环境和生态效益，并有较好的实用性和推广性，成果不仅对贵州省内喀斯特山区的水利枢纽工程的运行与调度提供依据和参考，还可以为其他地区水利工程运行与调度提供参考和借鉴，具有较为广阔的推广应用前景。

第2章 六冲河径流演变特征

河川径流是地球水循环的重要一环，与人类生活生产关系极其密切，对人类社会发展极其重要。六冲河作为乌江的最大一级支流，其径流变化对六冲河流域内生活、生产及生态用水需求，以及毕节、遵义等受水区的供水保障均具有重要影响。通过对六冲河径流演变特征的分析，一方面能掌握六冲河径流变化的基本规律，摸清现状条件下流域水资源在空间和时间上的分布特征，为水资源规划及利用提供依据；另一方面还能对未来条件下径流的演变趋势、突变和周期情况进行一定程度的预测，为流域内重要水利工程运用管理提供前瞻性指导。

本章基于六冲河流域主要控制站的长系列年径流、月径流资料，探讨其年径流和月径流的趋势性、突变性、周期性，分析径流年内分配特征，根据夹岩坝址代表站日流量资料，分析其天然流量情势，以揭示六冲河径流多时间尺度的变化规律。

2.1 径流趋势性、突变性和周期性

2.1.1 研究方法

径流时间序列可认为是由确定性成分和随机性成分叠加组成（丁晶，1988）。确定性成分包括趋势、跳跃和周期性等，反映径流时间序列的内在特征。随机性成分则反映不可预测的偶发因素对径流时间序列变化的干扰。通过对时间序列确定性成分的分析，找出其中的变化规律，通过模型来拟合这种规律，并利用模型对时间序列未来的趋势进行预测。

径流时间序列检验方法可分为参数检验和非参数检验，参数检验以总体分布和样本信息对总体参数做出推断，对总体有一定的要求，如 t 检验、F 检验等；非参数检验不需要利用总体的信息，以样本信息对总体分布做出推断，如秩次相关检验法、Mann - Kendall 趋势检验法、Pettitt 检验法等。由

于非参数检验对总体分布没有特别要求，因此应用较为广泛。

2.1.1.1 趋势性检验

径流时间序列趋势性指径流在整个分析期内所表现的持续性增加变化或持续性减少变化。时间序列趋势分析方法较多，如差积曲线法、线性回归法、滑动平均法、秩次相关检验、Mann－Kendall 趋势检验等方法。秩次相关检验、Mann－Kendall 趋势检验原理如下。

1. 秩次相关检验

Spearman 秩相关系数是一种非参数（与分布无关）的检验方法，用于度量变量之间联系的强弱。设时间序列 x_t 为 $x_1, x_2, \cdots, x_i, \cdots, x_n$，把序列从小到大重新排列，如果 k 是 x_i 在新序列中的位置（序号），则称 k 是 x_i 的秩（或秩次），记为 R_i，即 $R_i = \{x_1, x_2, \cdots, x_n \text{ 中} \leqslant x_i \text{ 的个数}\}$。

序列 x_t 的 Spearman 秩次相关系数为

$$r_s = 1 - \frac{6\sum_{i=1}^{n}(R_i - i)^2}{n(n^2 - 1)} \tag{2.1}$$

$-1 \leqslant r_s \leqslant 1$。当 $r_s > 0$，表明序列 x_t 有增加趋势；当 $r_s < 0$，表明序列 x_t 有减少趋势。趋势的显著性可进行检验。当 n 足够大时，$\sqrt{n-1} \cdot r_s$ 近似服从 $N(0,1)$ 分布。当 $\sqrt{n-1} \cdot |r_s| < z_{\alpha/2}$ 时，序列 x_t 趋势性不显著。这里 $z_{\alpha/2}$ 为显著性水平 α 的临界值。

2. Mann－Kendall 趋势检验

在 Mann－Kendall 趋势检验（以下简称 M－K 趋势检验）中，原假设 H_0 为时间序列 $x_1, x_2, \cdots, x_i, \cdots, x_n$，是 n 个独立的、随机变量同分布的样本；备择假设 H_1 是双边检验：对于所有的 k，$j \leqslant n$，且 $k \neq j$，x_k 和 x_j 的分布是不相同的。检验的统计量 S 计算如下式：

$$S = \sum_{k=1}^{n-1}\sum_{j=k+1}^{n} \mathrm{Sgn}(x_j - x_k) \tag{2.2}$$

其中 $$\mathrm{Sgn}(x_j - x_k) = \begin{cases} 1, & x_j - x_k > 0 \\ 0, & x_j - x_k = 0 \quad (j = k+1, k+2, \cdots, n) \\ -1, & x_j - x_k < 0 \end{cases}$$

S 为正态分布，其均值为 0，方差 $V_{ar}(S) = n(n-1)(2n+5)/18$。当 $n > 10$ 时，标准的正态分布统计量通过下式计算：

$$Z = \begin{cases} \dfrac{S-1}{\sqrt{V_{ar}(S)}}, & S > 0 \\ 0, & S = 0 \\ \dfrac{S+1}{\sqrt{V_{ar}(S)}}, & S < 0 \end{cases} \tag{2.3}$$

在给定的 α 置信水平上，如果 $|Z| \geqslant Z_{1-\alpha/2}$，则原假设是不可接受的，即在 α 置信水平上，时间序列数据存在明显的上升或下降趋势。对于统计量 Z，$Z>0$ 时是上升趋势；$Z<0$ 时是下降趋势。Z 的绝对值在不大于 1.96 和 2.56 时，分别表示通过了信度 95%和 99%的显著性检验。

2.1.1.2 突变性检验

时间序列突变研究最早可追溯到 1977 年法国数学家托姆（Rene Thom）的突变理论。他认为当模型参数达到某一个临界值的时候，如果系统的行为发生很大的变化，则该临界值可视为突变点（谷松林，1993）。符淙斌等（1992）对气候系统的突变形式进行了总结，把气候突变归纳为均值突变、变率突变、转折突变和跷跷板突变，并介绍了常用的突变检测方法，如滑动 t 检验法、Mann - Kendall 突变检验法等，这些方法不仅应用于现代气候统计诊断和预测（魏凤英，2007），而且同样应用于径流时间序列突变检验（周园园等，2011；谢平等，2010）。

1. Mann - Kendall 突变检验

Mann - Kendall 突变检验（以下简称 M - K 突变检验）的统计量与 M - K 趋势检验统计量不同。针对时间序列 $x_1, x_2, \cdots, x_i, \cdots, x_n$，构造如下秩序列：

$$S_k = \sum_{i=1}^{k} \sum_{j}^{i-1} I_{ij} \quad (k = 2, 3, \cdots, n) \tag{2.4}$$

其中 $I_{ij} = \begin{cases} 1 & x_i > x_j \\ 0 & x_i \leqslant x_j \end{cases}$，$1 \leqslant j \leqslant i$。

定义统计变量：

$$UF_k = \frac{[S_k - E(S_k)]}{\sqrt{V_{ar}(S_k)}} \quad (k = 2, 3, \cdots, n) \tag{2.5}$$

式中：$E(S_k) = k(k-1)/4$；$V_{ar}(S_k) = k(k-1)(2k+5)/72$，$UF_1 = 0$。$UF_k$ 为标准正态分布，给定显著性水平 α，若 $|UF_k| > U_{\alpha/2}$，则表明序列存在明显的趋势变化。

将时间序列 X 按逆序排列，新序列记为 $X'_1, X'_2, \cdots, X'_i, \cdots, X'_n$；再按照式（2.5）计算新序列统计量 UF'_k；然后按照式（2.6）进行变换，获得 UB_k 序列。

$$\begin{cases} UB_k = -UF'_{k'} \\ k' = n + 1 - k \end{cases} \quad (k = 1, 2, \cdots, n) \tag{2.6}$$

然后将 UF_k（原序列）和 UB_k 绘在图上。若 UF_k 值大于 0，则表明序列呈上升趋势；小于 0 则表明呈下降趋势；当它们超过临界直线时，表明上升或下降趋势显著。如果 UF_k 和 UB_k 这两条曲线出现交点，且交点在临界直线之间，那么交点对应的时刻就是突变开始的时刻。

2. Pettitt 突变点检验法

Pettitt 突变点检验（以下简称 Pettitt 检验）是由 Pettitt 于 1979 年提出的一种非参数变点检验方法（Pettitt，1977），该方法计算简便且受少数异常值干扰较小，在水文、气象等领域应用十分广泛。对于一个时间序列 $x_1,x_2,\cdots,x_i,\cdots,x_n$，假设序列中突变点最有可能发生在 t 时刻，则以 t 为分割点，将样本序列分割为两个子序列 $x_1,x_2,\cdots,x_t$ 和 $x_{t+1},x_{t+2},\cdots,x_n$，并假定分别服从分布 $F_X^1(x)$ 和 $F_X^2(x)$。Pettitt 检验即在显著性水平 α 下，检验 $F_X^1(x)$ 和 $F_X^2(x)$ 是否为同一分布。计算统计量 $U_{t,n}$：

$$U_{t,n}=U_{t-1,n}+V_{t,n}(t=2,3,\cdots,n) \tag{2.7}$$

其中 $$V_{t,n}=\sum_{j=1}^{n}\operatorname{sgn}(x_t-x_j),\quad U_{1,n}=V_{1,n}$$

可能突变点位置 t 对应的统计量 K_t 为

$$K_t=\max_{1\leqslant t\leqslant n}|U_{t,n}| \tag{2.8}$$

突变点的显著性水平为

$$p_t=2\exp[-6K_t^2/(n^3+n^2)] \tag{2.9}$$

原假设为实测样本序列无突变，当 $p_t>\alpha$ 时，则接受原假设，认为序列在位置 t 处不存在显著的突变点；当 $p_t<\alpha$ 时，则拒绝原假设，认为序列在位置 t 处存在显著的突变点。取 $\alpha=0.05$，如果 $p_t\leqslant0.05$，则认为 t 为显著变异点。由此检验出序列的一级变点；然后以变点为界将原序列分为两个子序列，继续检测两个子序列新的变点，由此可检验出多级变点；最后根据具体成因，确定序列变异点。

3. 有序聚类法

有序聚类法是丁晶在 1986 年处理洪水时间序列干扰点时提出的（丁晶，1986)，用有序分类推估序列的可能显著干扰点 τ，实质上就是推求最优分割点。对序列 $x_1,x_2,\cdots,x_i,\cdots,x_n$，设最可能的突变点为 τ，使突变前后系列离差平方和的总和较小。

突变前后离差平方和分别表示为

$$V_\tau=\sum_{t=1}^{\tau}(x_t-\overline{x}_\tau)^2 \tag{2.10}$$

$$V_{n-\tau}=\sum_{t=\tau+1}^{n}(x_t-\overline{x}_{n-\tau})^2 \tag{2.11}$$

式中：$\overline{x}_\tau$ 为突变点 τ 前的水文序列均值；$\overline{x}_{n-\tau}$ 为突变点 τ 后的水文序列均值。

$$S_n(\tau)=V_\tau+V_{n-\tau} \tag{2.12}$$

式中：$S_n(\tau)$ 为总离差平方和。

$S_n(\tau)$ 取最小值时对应的 τ 即为最优分割点。

4. *滑动 t 检验法*

滑动 t 检验法是通过考察两组样本平均值的差异是否显著来检验突变，如果两端子序列的均值差异超过给定显著性水平，认为有突变发生。对于样本容量为 n 的时间序列 x，设置某一时刻为基准点，基准点前后两子序列 x_1 和 x_2 的样本容量分别为 n_1 和 n_2，两端子序列平均值分别为 x_1 和 x_2，方差定义为 S_1^2 和 S_2^2。定义统计量：

$$t=\frac{\overline{x_1}-\overline{x_2}}{S\sqrt{\frac{1}{n_1}+\frac{1}{n_2}}} \tag{2.13}$$

其中

$$S=\sqrt{\frac{n_1S_1^2+n_2S_2^2}{n_1+n_2-2}}$$

式（2.13）服从 $v=n_1+n_2-2$ 的分布。

给定显著性水平 α，通过查 t 分布表得到临界值 t_α，若 $|t|>t_\alpha$，则认为在基准点时刻出现了突变，否则认为基准点前后的两段子序列无显著差异。

2.1.1.3 周期性检验

河川径流序列是一个具有多时间尺度特征的复杂过程。它不存在一种传统意义上的单一周期性，即没有非常明显或者严格的交替循环过程，而是包括多种时间尺度上的周期变化的过程。通过多时间尺度分析可以揭示径流变化多时间尺度的周期性和多层次时间尺度结构。小波分析在时域和频域上均具有良好的局部化特征和多分辨功能，对于多时间尺度的径流序列，不仅可以对其进行局部化分析，还可以分析其内部精细的结构特征，得到其在不同时间尺度下的周期性和演变情况。本书采用 Morlet 复小波分析六冲河河径流周期的多尺度变化。Morlet 复小波是一种连续的复数小波，其变化系数包括实部、虚部两个变量，实部表示信号在不同时间位置上的分布和相位信息，用来区分不同特征的时间尺度信号；小波变换系数的模反映了特征时间尺度信号的强弱程度（王文圣等，2005；桑燕芳等，2013）。

对于给定的 Morlet 复小波 $\varphi(t)$ 和连续时间序列信号 $f(t)$，连续小波变换定义为

$$w_f(a,b)=|a|^{-1/2}\int_{-\infty}^{\infty}f(t)\overline{\varphi}\left(\frac{t-b}{a}\right)\mathrm{d}t \tag{2.14}$$

其中

$$\overline{\varphi}(t)=\mathrm{e}^{-t^2/2}\mathrm{e}^{-i\omega_0 t}$$

式中：$w_f(a,b)$ 为小波系数；$\overline{\varphi}(t)$ 为 $\varphi(t)$ 的复共轭函数；ω_0 为小波中心频率；a 为时间尺度因子，可反映小波的周期长度，当 $\omega_0=6$ 时，周期 $T\approx 1.033a$；b 为时间位置因子，可反映时间上的平移。

对于离散的径流时间序列，小波变换的表达式为

$$W_f(a,b)=\frac{1}{\sqrt{a}}\Delta t\sum_{k=1}^{N}f(k\Delta t)\overline{\varphi}\left(\frac{k\Delta t-b}{a}\right) \tag{2.15}$$

显然，$W_f(a,b)$ 随参数 a 和 b 变化。因为 Morlet 小波是复数形式，所以变换后的系数亦为复数，取小波系数的实部，以 b 为横坐标，a 为纵坐标所作的关于 $W_f(a, b)$ 的二维等值线图，即为小波系数实部等值线图。

在尺度 a 相同情况下，小波变换系数随时间的变化过程反映了径流时间序列在该尺度下的变化特征：小波变换系数为正时对应于偏丰期；小波变换系数为负时对应于偏枯期；小波变换系数为 0 时对应于由偏枯期向偏丰期或由偏丰期向偏枯期的过渡。

将 b 域上的所有小波系数的平方积分得小波方差

$$Var(a)=\int_{-\infty}^{\infty}|W_f(a,b)|^2\mathrm{d}b \tag{2.16}$$

离散形式为

$$Var(a)=\frac{1}{N}\sum_{k=1}^{N}|W_f(a,k\Delta t)|^2 \tag{2.17}$$

式中：$Var(a)$ 为小波方差；N 为年径流系列的长度；$W_f(a,k\Delta t)$ 为尺度 a、时间 $k\Delta t$ 处的小波系数的平方，对于复系数则为系数模的平方。

小波分析的关键在于绘制小波系数图和小波方差图，从小波系数的实部可以看出不同尺度下的丰枯相位结构，即不同时间尺度所对应的径流丰枯变化是不同的。小波方差可以确定一个时间序列中存在的主要时间尺度，可用来分析震荡流变化的主要周期。

2.1.2 年径流的趋势性、突变性与周期性

选取六冲河干流七星关站、瓜仲河站、洪家渡站 1957—2009 年径流资料，以及夹岩坝址 1957—2012 年径流资料，分析研究六冲河径流演变特征及其变化规律。

2.1.2.1 年径流趋势性检验

为直观地表示六冲河干流年径流量的变化趋势，点绘出六冲河七星关、瓜仲河及洪家渡水文站年平均流量变化过程线和线性回归线，如图 2.1 所示。由回归方程系数为负值可知，七星关、瓜仲河和洪家渡水文站的年径流量整体上呈下降趋势，而且从上游七星关站到下游洪家渡站下降趋势逐渐增强。

图 2.2 为夹岩坝址年平均流量过程和 5 年、11 年滑动平均过程，由图 2.2 可见，夹岩坝址 1957—2012 年径流序列整体上呈现不明显的下降趋势，

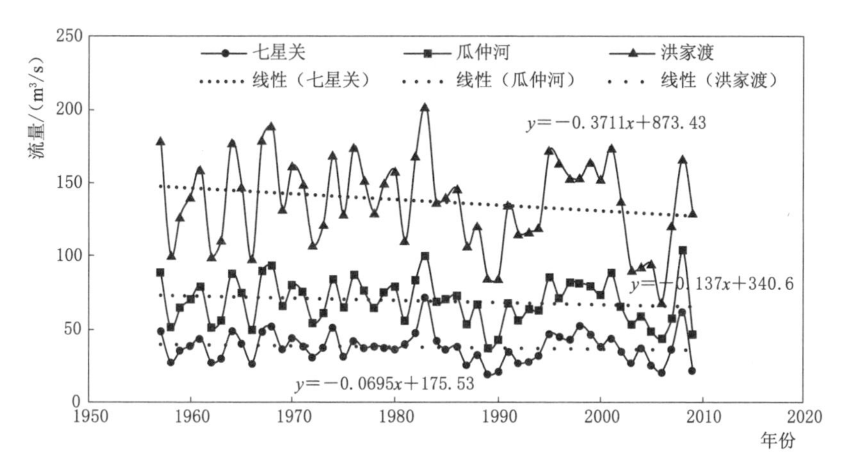

图 2.1　六冲河干流水文站 1957—2009 年均流量变化

在 1980—1990 年、2000—2005 年两个时间段内有比较明显的下降趋势，在 1990—1999 年时间段内有比较明显的上升趋势。

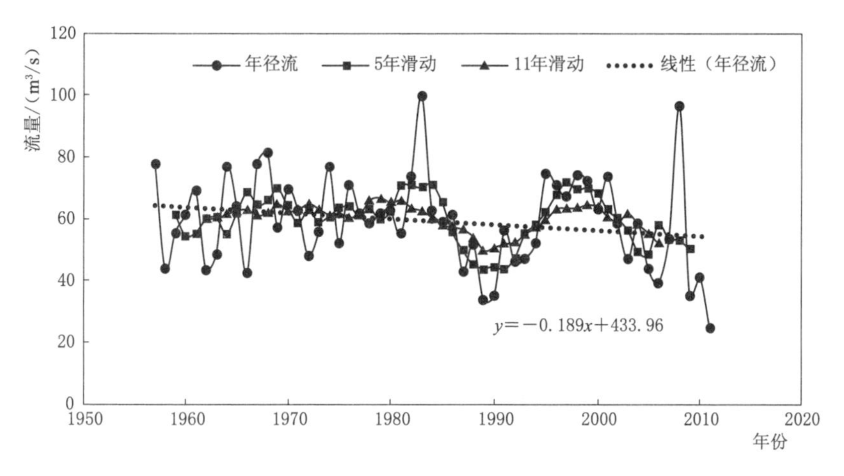

图 2.2　夹岩坝址 1957—2012 年径流量及其滑动平均过程线

采用 M－K 趋势检验和 Spearman 秩次相关检验两种方法对六冲河 3 个水文站及坝址径流的趋势进行量化分析。在显著性水平 $\alpha=0.05$ 下，$U_{\alpha/2}=1.96$，各年径流序列趋势检验结果见表 2.1。可以看出，各方法的检验结果基本一致，在 $\alpha=0.05$ 的显著性水平下，六冲河干流 3 个水文站及坝址年径流序列均表现出不显著的下降趋势。同时，夹岩坝址年径流序列的 M－K 趋势检验及 Spearman 秩次相关检验统计量已接近其显著性水平 $\alpha=0.05$ 的阈值，可见坝址处年径流序列减少趋势还是比较明显的。

表2.1　六冲河干流主要水文站及夹岩坝址年径流序列趋势检验结果

水文站	统计年数	Spearman秩次相关检验			M-K趋势检验		
		相关系数γ_s	阈值	趋势	统计量Z	阈值	趋势
七星关	53	−0.15	0.27	不显著下降	−1.05	1.96	不显著下降
瓜仲河	53	−0.16	0.27	不显著下降	−1.14	1.96	不显著下降
洪家渡	53	−0.17	0.27	不显著下降	−1.10	1.96	不显著下降
坝址	55	−0.22	0.27	不显著下降	−1.69	1.96	不显著下降

2.1.2.2　年径流突变性检验

首先采用Hurst系数法（周园园等，2011）对径流序列进行初步检验，如果初步检验结果表明序列可能存在突变点，则再采用M-K突变检验法、Pettitt法、有序聚类法、滑动t检验法4种方法进行突变点检验。采用谢平等（2010）提出的在一定置信度水平下的变异分级规则，对3个水文站及夹岩坝址年径流序列突变性进行初步诊断，结果见表2.2。

表2.2　六冲河主要水文站及夹岩坝址径流Hurst系数计算表

断面	Hurst系数	阈值	变异度
七星关	0.62	0.67	弱变异
瓜仲河	0.56	0.67	弱变异
洪家渡	0.59	0.67	弱变异
坝址	0.63	0.67	弱变异

结果表明，在显著性水平$\alpha=0.05$的条件下，六冲河干流3个水文站及夹岩坝址处的年径流长序列的变异程度均为弱变异，年径流趋势变化的持续性不明显，说明河流多年径流情势较为平稳。下面对3个水文站及夹岩坝址年径流序列突变性进行详细分析。

1. 七星关站

1957—2009年七星关站年径流量变化的M-K检验、Pettitt突变检验、有序聚类检验及滑动t检验变化结果如图2.3所示。M-K法的突变检验结果表明，在0.05的显著性水平下，七星关站的可能突变点有3个，分别为1986年、1994年及2001年，但由于UF线未超过临界线，这3个突变点均不显著。七星关站年径流在1966—1988年呈上升趋势，在1989—2009年间呈下降趋势，但这种下降或上升趋势并不显著。Pettitt法计算结果表明，七星关站在1986年存在突变点，且该突变点是显著的。有序聚类法推断统计值最小点处对应的年份为突变点，图2.3（c）的结果表明1983年为突变点。滑动t检验突变分析结果显示，在步长为10的条件下，1984—1986年、1992—1994

年之间存在突变，且突变的显著性通过了 0.05 的显著性水平。

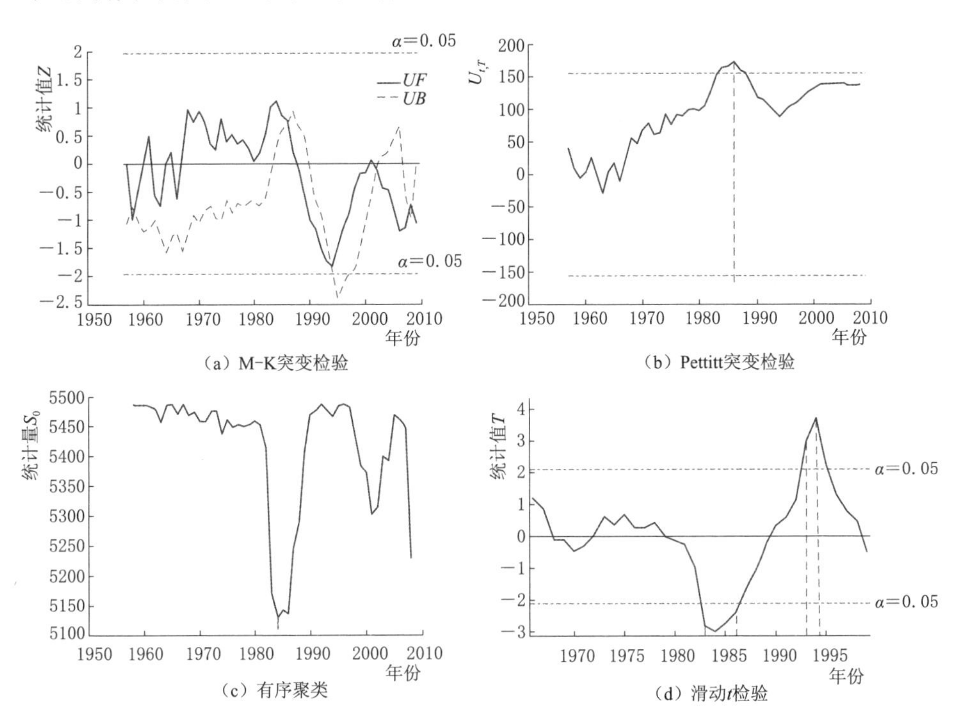

图 2.3 七星关站 1957—2009 年径流量突变分析结果

2. 瓜仲河站

1957—2009 年瓜仲河站年径流量变化的 M－K 检验、Pettitt 突变检验、有序聚类检验及滑动 t 检验变化结果如图 2.4 所示。M－K 法的突变检验结果表明，在 0.05 的显著性水平下，瓜仲河站的可能突变点有 2 个，分别为 1988 年及 2002 年，但由于 UF 线未超过临界线，这 2 个突变点均不显著。瓜仲河站年径流在 1966—1988 年、1999—2002 年呈上升趋势，在 1989—1998 年、2003—2009 年间呈下降趋势，但这种下降或上升趋势并不显著。Pettitt 法计算结果表明，瓜仲河站在 1986 年存在突变点，且该突变点是显著的。有序聚类法的突变检测结果表明，1985 年、2002 年可能为突变点。滑动 t 检验突变分析结果显示，在步长为 10 的条件下，1982—1985 年之间、1994 年存在突变，且突变的显著性通过了 0.05 的显著性水平。

3. 洪家渡站

1957—2009 年洪家渡站年径流量变化的 M－K 检验、Pettitt 突变检验、有序聚类检验及滑动 t 检验变化结果如图 2.5 所示。M－K 法的突变检验结果表明，在 0.05 的显著性水平下，洪家渡站的可能突变点有 3 个，分别为 1986

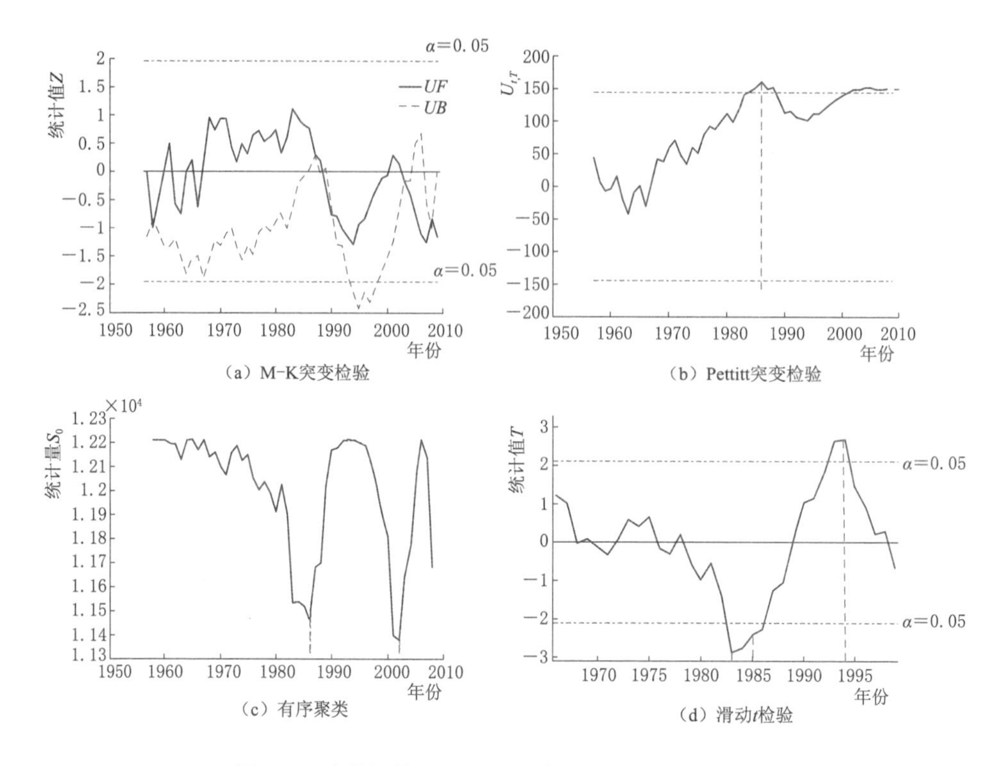

图 2.4　瓜仲河站 1957—2009 年径流量突变分析结果

年、1993 年及 2001 年，但由于 UF 线未超过临界线，这 3 个突变点均不显著。与瓜仲河站径流情况类似，洪家渡站年径流在 1966—1988 年、2000—2002 年呈上升趋势，在 1989—1999 年、2003—2009 年间呈下降趋势，但这种下降或上升趋势并不显著。Pettitt 法计算结果表明，洪家渡站在 1986 年存在突变点，且该突变点是显著的。有序聚类法的突变检测结果表明，2002 年可能为突变点。滑动 t 检验突变分析结果显示，在步长为 10 的条件下，1982—1985 年之间、1992 年存在突变，且突变的显著性通过了 0.05 的显著性水平。

4. 夹岩坝址年径流

1957—2011 年夹岩坝址年径流变化的 M－K 检验、Pettitt 突变检验、有序聚类检验及滑动 t 检验变化结果如图 2.6 所示。M－K 法的突变检验结果表明，在 0.05 的显著性水平下，坝址年径流序列的可能突变点有 2 个，分别为 1989 年及 2005 年，但由于 *UF* 线未超过临界线，这 2 个突变点均不显著。夹岩坝址年径流在 1965—1989 年呈上升趋势，在 1990—1999 年、2002—2009 年间呈下降趋势，但这种下降或上升趋势并不显著。Pettitt 法计算结果表明，

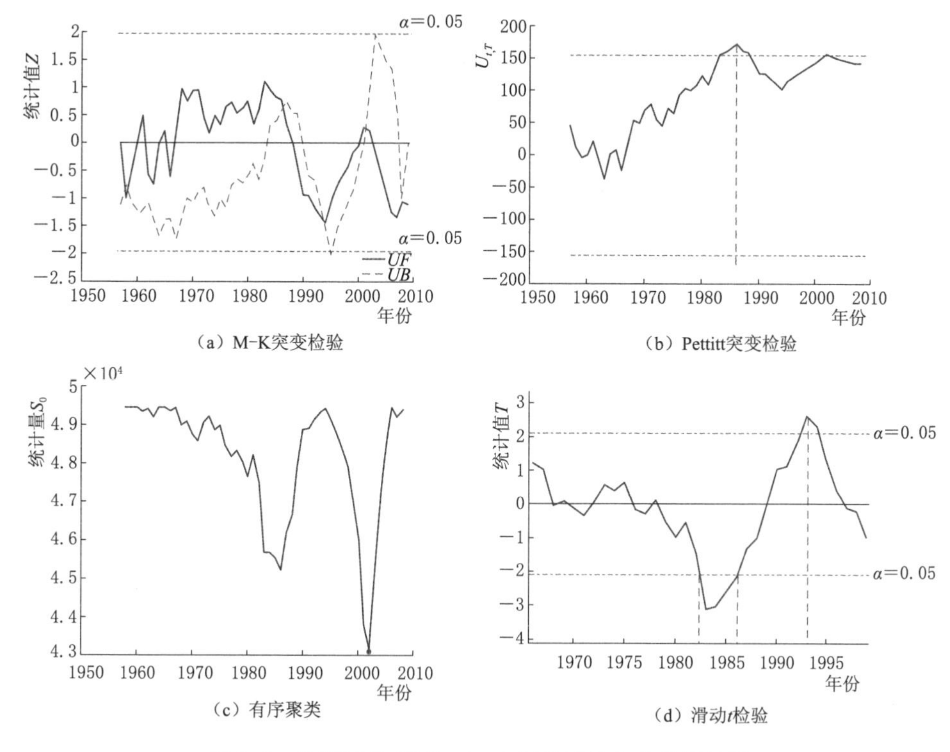

图 2.5 洪家渡站 1957—2009 年径流量突变分析结果

夹岩坝址年均径流在 1986 年、1999 年存在突变点，且该突变点是显著的。有序聚类法的突变检测结果表明，1986 年、2008 年可能为突变点。滑动 t 检验突变分析结果显示，在步长为 10 的条件下，1982—1985 年之间、1993 年存在突变，且突变的显著性通过了 0.05 的显著性水平。

六冲河干流各水文站及坝址年径流突变检测结果见表 2.3。从表 2.3 可知，1986 年前后六冲河干流的 3 座水文站及坝址径流均检测到突变情况；2001 年左右，瓜仲河站和洪家渡站检测到突变，说明六冲河中下游径流存在突变，而六冲河上游七星关站年径流在此时间节点处没有明显突变。

表 2.3 六冲河干流年径流突变检验

断面	突变年份				变异点年份
	M-K 检验	Pettitt 检验	有序聚类	滑动 t 检验	
七星关	1986、1994、2001	1986	1983	1984—1986、1992—1994	1986
瓜仲河	1988、2002	1986	1985、2002	1982—1985、1994	1985、2002
洪家渡	1986、1993、2001	1986	2002	1982—1985、1992	1986、1992、2001
坝址	1989	1986、1999	1986	1982—1985、1993	1986

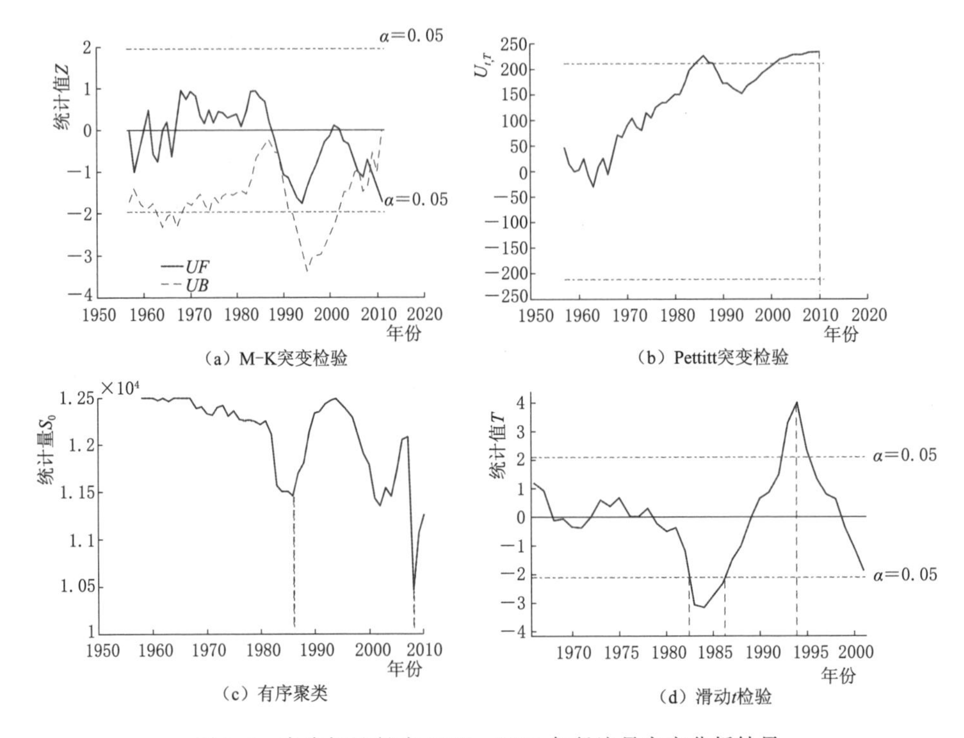

图 2.6　夹岩坝址径流 1957—2011 年径流量突变分析结果

2.1.2.3　年径流周期性检验

将七星关、瓜仲河、洪家渡水文站（1957—2009 年）及坝址年径流（1957—2011 年）进行标准化处理和延伸，然后分别计算 Morlet 小波变换系数 $W_f(a,b)$，保留原径流序列内的小波系数。取小波系数 $W_f(a,b)$ 的实部，以年份为横坐标，时间尺度为纵坐标绘制小波系数实部等值线图，如图 2.7 所示。小波系数的变化特征可以用来表征年径流的变化特征。当小波系数实部为正数时，代表年径流丰水期；小波系数为负数时，代表年径流枯水期；小波系数实部为 0 时，代表年径流由丰水期向枯水期或者由枯水期向丰水期的转折点。

1. 年径流周期性分析

七星关站年径流在 20～25 年时间尺度上出现枯丰交替的准 4 次变化，大体为“枯—丰—枯—丰—枯—丰—枯”，在这个时间尺度上七星关站年径流的周期变化在整个分析时段表现得非常稳定，具有全域性，2006 年后有偏丰的趋势，其中心时间尺度约在 23 年。在 4～6 年时间尺度上，七星关站在 1957—1975 年期间表现出比较明显的丰枯交替特征，在其他时段则表现得不是很明显，其中心时间尺度约在 5 年。

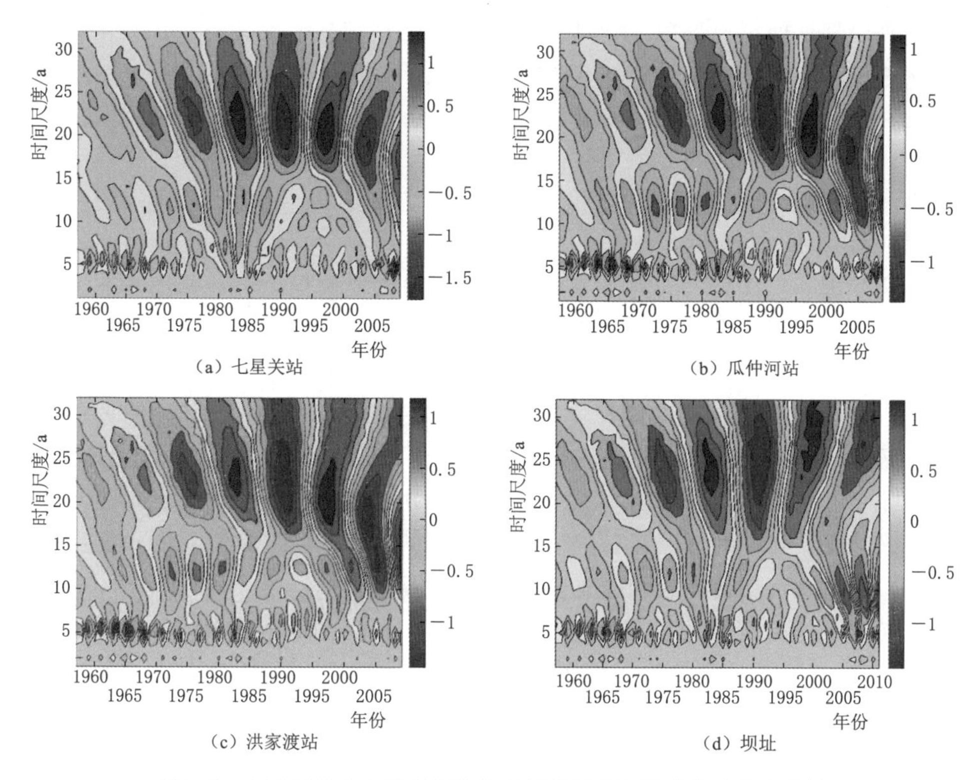

图 2.7 六冲河各水文站及坝址处年径流序列小波变换系数实部图

瓜仲河站年径流在 20～25 年时间尺度上出现枯丰交替的准 4 次变化，大体为“枯—丰—枯—丰—枯—丰—枯”，在这个时间尺度上瓜仲河站年径流的周期变化在整个分析时段表现得非常稳定，具有全域性，2005 年后有偏丰的趋势，其中心时间尺度约在 22 年。在 10～15 年时间尺度上，瓜仲河站在 1965 年后表现出较明显的丰枯交替现象，其中心时间尺度约在 13 年。在 4～6 年时间尺度上，瓜仲河站在 1957—1985 年期间表现出比较明显的丰枯交替特征，在其他时段则表现得不是很明显，其中心时间尺度约在 5 年。

洪家渡站年径流在 20～25 年时间尺度上出现枯丰交替的准 4 次变化，大体为“枯—丰—枯—丰—枯—丰—枯”，在这个时间尺度上洪家渡站年径流的周期变化在整个分析时段表现得非常稳定，具有全域性，2005 年后有偏丰的趋势，其中心时间尺度约在 23 年。在 10～15 年时间尺度上，洪家渡站在 1965—2000 年期间表现出较明显的丰枯交替现象，其中心时间尺度约在 13 年。在 4～6 年时间尺度上，洪家渡站在 1957—1995 年期间表现出比较明显的丰枯交替特征，在其他时段则表现得不是很明显，其中心时间尺度约在 5 年。

夹岩坝址处年径流在23～30年时间尺度上出现枯丰交替的3次变化，大体为“枯—丰—枯—丰—枯—丰—枯”，在这个时间尺度上坝址年径流的周期变化在整个分析时段表现得非常稳定，具有全域性，2005年后有继续偏枯的趋势，其中心时间尺度约在25年。在4～6年时间尺度上，坝址处年径流在1957—1995年期间表现出比较明显的丰枯交替特征，在其他时段则表现得不是很明显，其中心时间尺度约在5年。

为了进一步探究六冲河干流年径流序列的主要周期，可计算出小波方差用以确定径流序列中存在的主要时间尺度。各个年径流序列的小波方差图如图2.8所示。图2.8（a）所示为七星关站小波方差图，图中主要有2个峰值，分别对应21年、5年的时间尺度，第一峰值是21年，说明21年左右的周期震荡最强，为六冲河上游年径流量的第1周期，即主周期；第2周期为5年。图2.8（b）所示为瓜仲河站小波方差图，图中主要有3个峰值，分别对应22年、13年、5年的时间尺度，第一峰值是22年，说明22年左右的周期震荡最强，为六冲河中游年径流量的第1周期，即主周期；第2周期为13年、5年。图2.8（c）所示为洪家渡站小波方差图，图中主要有3个峰值，分别对应22年、13年、5年的时间尺度，第一峰值是22年，说明22年左右的周期震荡最强，为六冲河下游年径流量的第1周期，即主周期；第2周期为13

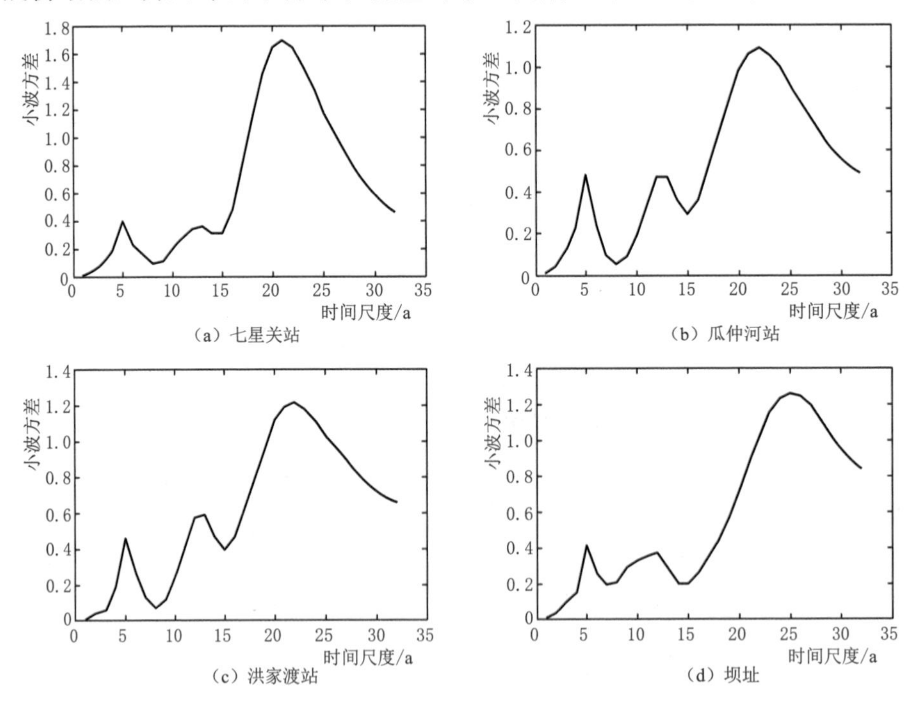

图2.8 六冲河各水文站及坝址处年径流序列小波方差图

年、5 年。图 2.8（d）所示为坝址处年径流序列小波方差图，图中主要有 2 个峰值，分别对应 25 年、5 年的时间尺度，第一峰值是 25 年，说明 25 年左右的周期震荡最强，为六冲河夹岩坝址处年径流量的第 1 周期，即主周期；第 2 周期为 5 年和 13 年。

六冲河干流各断面年径流量序列周期统计结果见表 2.4。六冲河干流年径流的主周期为 21～25 年，次主周期为 5 年或 13 年。

表 2.4　　六冲河各断面年径流序列周期统计表

断面	第一主周期/a	次主周期/a
七星关站	21	5、13
瓜仲河站	22	13、5
洪家渡站	22	13、5
坝址	25	5、13

2. 年径流演变趋势

根据小波方差检验的结果，绘制六冲河干流 4 个站址的年径流演变第 1 主周期及次主周期的小波系数图，如图 2.9 所示。

图 2.9（a）为七星关站年径流量序列 21 年、5 年时间尺度周期的小波系数变化情况。从 21 年时间尺度来看，20 世纪 50 年代以来，六冲河上游年径流量大约经历了 4 个丰水期—枯水期的循环阶段，根据小波系数的变化趋势，初步可以预计六冲河上游来水量可能于几年后，由偏枯期转为偏丰期。

图 2.9（b）为瓜仲河站年径流量序列 22 年、13 年、5 年时间尺度周期的小波系数变化情况。从 22 年时间尺度来看，20 世纪 50 年代以来，六冲河中游年径流量大约经历了 4 个丰水期—枯水期的循环阶段，根据小波系数的变化趋势，初步可以预计六冲河中游来水量可能于几年后，由偏枯期转为偏丰期。

图 2.9（c）为洪家渡站年径流量序列 22 年、13 年、5 年时间尺度周期的小波系数变化情况。从 22 年时间尺度来看，20 世纪 50 年代以来，六冲河下游年径流量大约经历了 4 个丰水期—枯水期的循环阶段，根据小波系数的变化趋势，初步可以预计六冲河下游来水量可能于近几年后，由偏枯期转为偏丰期。

图 2.9（d）为夹岩坝址处年径流量序列 25 年、5 年时间尺度周期的小波系数变化情况。从 25 年时间尺度来看，20 世纪 50 年代以来，六冲河下游年径流量大约经历了 3 个丰水期—枯水期的循环阶段，根据小波系数的变化趋势，初步可以预计近几年坝址处年径流依然会处于枯水期，未来会由偏枯期转为偏丰期。

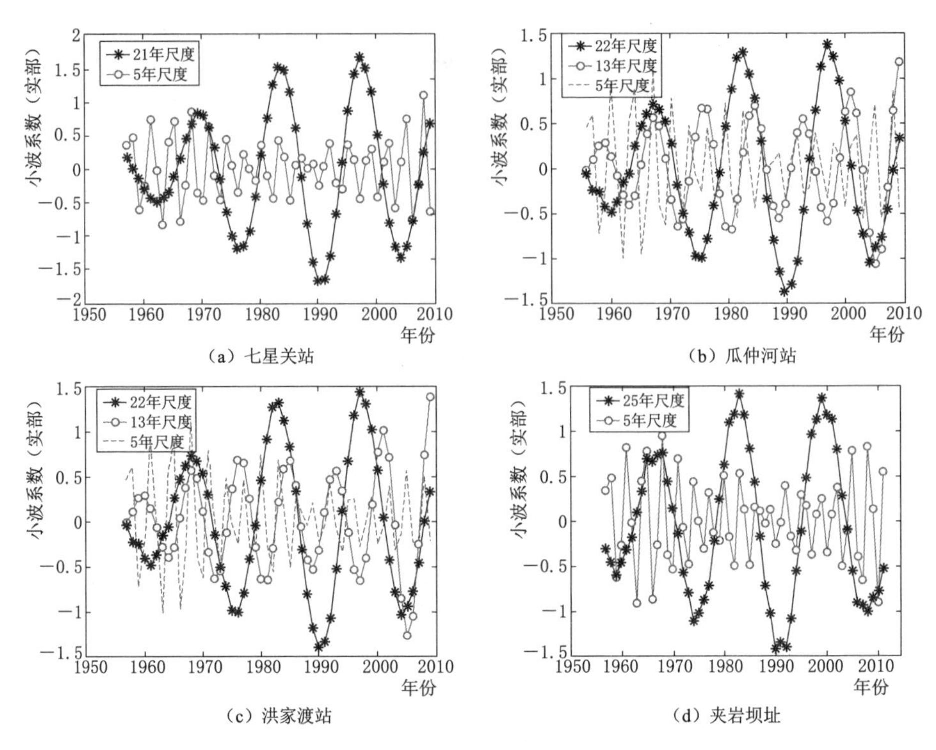

（a）七星关站　（b）瓜仲河站

（c）洪家渡站　（d）夹岩坝址

图 2.9　六冲河主要水文站及夹岩坝址处年径流序列不同尺度变化趋势

2.1.3　月径流趋势性、突变性与周期性

为进一步揭示六冲河汛期（5—8 月）、枯水期及各月径流长期演变特征，采用 1957—2012 年坝址径流序列，分析其趋势性、突变性和周期性。

2.1.3.1　月径流趋势性变化

将 M－K 趋势检验和 Spearman 秩次相关检验应用于夹岩坝址年内各月及汛、枯水期的径流变化趋势检测，结果见表 2.5。

表 2.5　夹岩坝址月径流及汛期、非汛期径流变化趋势

时间	M－K 趋势检验			Spearman 秩次相关检验		
	统计量 Z	阈值	趋势性	相关系数 γ_s	阈值	趋势性
1 月	−0.78	1.96	不显著下降	−0.11	0.27	不显著下降
2 月	0.31	1.96	不显著上升	0.04	0.27	不显著上升
3 月	0.33	1.96	不显著上升	0.04	0.27	不显著上升
4 月	−0.68	1.96	不显著下降	−0.09	0.27	不显著下降
5 月	−2.16	1.96	显著下降	−0.32	0.27	显著下降

续表

时间	M-K 趋势检验			Spearman 秩次相关检验		
	统计量 Z	阈值	趋势性	相关系数 γ_s	阈值	趋势性
6月	−1.63	1.96	不显著下降	−0.20	0.27	不显著下降
7月	−0.68	1.96	不显著下降	−0.07	0.27	不显著下降
8月	−0.24	1.96	不显著下降	−0.03	0.27	不显著下降
9月	−0.91	1.96	不显著下降	−0.12	0.27	不显著下降
10月	−1.74	1.96	不显著下降	−0.23	0.27	不显著下降
11月	−2.98	1.96	显著下降	−0.37	0.27	显著下降
12月	−2.33	1.96	显著下降	−0.31	0.27	显著下降
汛期	−1.37	1.96	不显著下降	−0.18	0.27	不显著下降
枯水期	−1.29	1.96	不显著下降	−0.17	0.27	不显著下降

由表2.5可知：①M-K趋势检验和Spearman秩次相关检验的夹岩坝址年内各月及汛、枯水期的径流趋势性验结果一致；②即夹岩坝址在汛期和枯期的径流均呈不显著下降趋势；③各月中除2月、3月径流量表现为不显著上升趋势外，其余各月呈下降趋势；其中在5月、11月、12月的 Z 值分别为−2.16、−2.98和−2.33，对应的 γ_s 值分别为−0.32、−0.37和−0.31，其变化趋势显著，其余时段径流变化趋势并不显著。

2.1.3.2 月径流突变性检验

采用M-K突变检验，Pettitt检验、有序聚类和滑动 t 检验法，对夹岩坝址逐月径流进行突变检验，识别各月份夹岩坝址径流的突变年份，计算结果见表2.6。

表2.6 夹岩坝址月径流突变点统计表

月份	突 变 年 份				突变点年份
	M-K突变检验	Pettitt检验	有序聚类	滑动 t 检验	
1	1987	1984	1983、	1981—1984，1993	1984
2	1988、2000	1969、1973	1983	1983、1993	1983
3	1970	1980	1980	—	1980
4	—		1999	—	
5		1984	1984	1984、1985	1984
6	1987	—	1985	1985	1985
7	1970、1994	1970	1994	1994—1996	1970、1994
8			2002	—	2002

续表

月份	突变年份				突变点年份
	M-K 突变检验	Pettitt 检验	有序聚类	滑动 t 检验	
9		1988	1983	—	1983
10	2000	2001	1997	1997	1997
11	1997	—	—	1983	1983、1997
12	1987	1983	1983	1981—1984、1993	1983、1997

从表 2.6 可知，各月份出现突变点的年份并不一致，其中 1 月、2 月、3 月、5 月、6 月、9 月、11 月、12 月的均可能在 20 世纪 80 年代初出现突变。而 10 月、11 月、12 月可能在 1997 年出现突变，7 月的可能突变点是 1970 年和 1994 年。

2.1.3.3　月径流周期性检验

采用小波分析法，对坝址逐月径流、汛期径流及枯水期径流进行统计分析，识别各径流序列的第一主周期和次主周期，计算结果见表 2.7。从表 2.7 中可以看出，汛期径流的周期变化尺度与年径流基本相同，第一主周期为 25 年，次主周期为 12 年或 5 年。各月径流的周期变化尺度则差别较大，总体来讲，1 月、3 月、4 月、5 月的第一主周期基本稳定在 15 年左右，7 月、9 月、10 月、12 月的第一主周期基本稳定在 20 年左右，2 月、11 月径流的第一主周期均为 10 年，6 月径流的第一主周期时间尺度最大，为 28 年。各月径流的次主周期差别不大，时间尺度基本可定为 5 年和 15 年。

表 2.7　　夹岩坝址月径流及汛期、非汛期径流序列周期统计表

时间	第一主周期/a	次主周期/a	时间	第一主周期/a	次主周期/a
1 月	17	5	8 月	27	12、8
2 月	10	5	9 月	19	7
3 月	17	5	10 月	21	5
4 月	15	6	11 月	10	5、24
5 月	17	9	12 月	20	7
6 月	28	20、15	汛期	25	12、5
7 月	21	12、8	枯水期	17	22、5

2.2　径流年内分配特征

河川径流不仅存在年际变化而且存在年内变化，即季节性变化。在河流水资源规划及水利工程设计中，径流年内变化对水库库容大小及水量分配有着重要影响。径流年内分配特征指标反映的是年内不同时间段上的径流组分的分布状态，径流年内分配百分比是常用的年内分配特征指标。六冲河干流主要水文站及夹岩坝址径流多年平均年内分配情况见表 2.8 和图 2.10。

表 2.8　　六冲河主要水文站及夹岩坝址径流多年平均年内分配情况

断面	项　目	5月	6月	7月	8月	9月	10月	11月	12月	1月	2月	3月	4月	年
七星关	平均流量/(m^3/s)	30.0	68.4	86.2	72.2	57.9	39.6	23.8	16.2	14.1	14.4	13.9	16.8	37.8
	径流量/亿 m^3	0.79	1.80	2.26	1.90	1.52	1.04	0.63	0.43	0.37	0.38	0.36	0.44	11.91
	占年百分比/%	6.61	15.1	19.0	15.93	12.7	8.73	5.25	3.58	3.11	3.18	3.05	3.70	100
瓜仲河	平均流量/(m^3/s)	60.0	132	155	126.2	102	73.2	43.5	29.9	26.1	26.4	25.5	32.3	69.3
	径流量/亿 m^3	1.57	3.45	4.08	3.31	2.67	1.92	1.14	0.79	0.69	0.69	0.67	0.85	21.84
	占年百分比/%	7.21	15.8	18.7	15.17	12.2	8.80	5.23	3.60	3.14	3.18	3.07	3.88	100
洪家渡	平均流量/(m^3/s)	126.8	260	296	234.2	196	149	94.5	63.3	55.0	54.2	53.9	66.1	137.5
	径流量/亿 m^3	3.33	6.84	7.78	6.15	5.16	3.92	2.48	1.66	1.45	1.42	1.42	1.74	43.3
	占年百分比/%	7.68	15.8	17.9	14.19	11.9	9.05	5.73	3.84	3.33	3.28	3.27	4.00	100
坝址	平均流量/(m^3/s)	49.5	113	136	108.2	87.6	62.2	36.8	24.8	21.2	21.9	20.9	26.4	59.1
	径流量/亿 m^3	1.30	2.97	3.58	2.84	2.30	1.63	0.97	0.65	0.56	0.58	0.55	0.69	18.62
	占年百分比/%	6.98	16.0	19.2	15.26	12.4	8.77	5.20	3.50	3.00	3.09	2.94	3.72	100

七星关水文站多年平均流量为 37.8m^3/s（1957—2009 年），按水文年统计，最大年平均流量为 71.6m^3/s，最小年平均流量为 19.2m^3/s，最大年平均流量和最小年平均流量分别为多年平均流量的 1.9 倍和 0.5 倍；5—10 月占全年径流量的 78.1%，11 月至次年 4 月占全年径流量的 21.9%。瓜仲河水文站多年平均流量为 69.3m^3/s（1957—2009 年），最大年平均流量为 103.7m^3/s，最小年平均流量为 37.2m^3/s，最大年平均流量和最小年平均流量分别为多年平均流量的 1.5 倍和 0.54 倍；5—10 月占全年径流的 77.9%，11 月至次年 4 月占全年径流量的 22.1%。洪家渡水文站多年平均流量为 137.5m^3/s（1957—2009 年），按水文年统计，最大年平均流量为

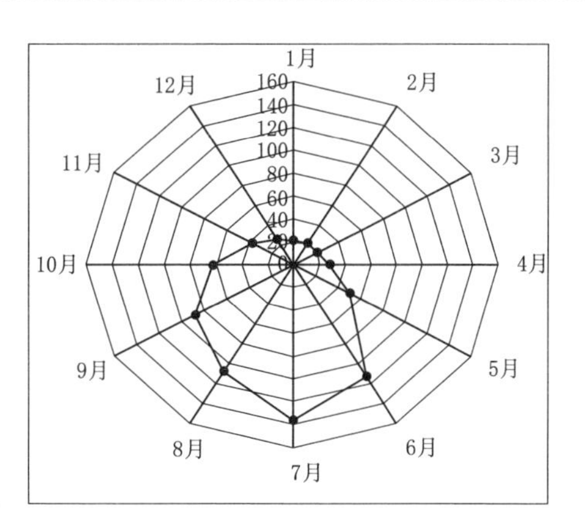

图 2.10　夹岩坝址 1957—2012 年多年平均逐月径流向量

202.6m^3/s，最小年平均流量为69.2m^3/s，最大年平均流量和最小年平均流量分别为多年平均流量的1.47倍和0.5倍；5—10月占全年径流量的76.6%，11月至次年4月占全年径流量的23.4%。夹岩坝址径流多年平均流量为59.1m^3/s（1957—2011年），按水文年统计，最大年平均流量为100.0m^3/s，最小年平均流量为24.4m^3/s，最大年平均流量和最小年平均流量分别为多年平均流量的1.69倍和0.41倍。5—10月占全年径流量的78.6%，11月至次年4月占全年径流量的21.4%。

下面采用径流年内分配不均匀系数与集中度、集中期作为衡量年内分配的标度，分析夹岩坝址径流年内分配的多年变化规律。

（1）不均匀系数。对于某一年，以月为时段，不均匀系数 C_v 的表达式为

$$C_v = \frac{1}{\overline{R}}\left[\frac{1}{12}\sum_{i=1}^{12}(R_i - \overline{R})^2\right]^{1/2} \tag{2.18}$$

式中：R_i 为第 i 月平均流量；$\overline{R}$ 为年平均流量。

C_v 越大，各时段平均流量差异越悬殊，表示径流年内分配越不均匀。

（2）集中度和集中期。径流集中度指各月径流量按月以向量方式累加，其各分量之和的合成量占年径流量的比例，其意义是反映径流量在年内的集中程度。集中期是指径流向量合成后的方位，反映全年径流量集中的重心所出现的月份，以12个月分量和的比值正切角度表示。集中度和集中期计算式如下（汤奇成等，1982；杨远东，1984）：

$$RCD = \frac{\sqrt{R_x^2 + R_y^2}}{R} \tag{2.19}$$

$$RCP = \arctan\left(\frac{R_x}{R_y}\right) \tag{2.20}$$

$$R_x = \sum_{i=1}^{12} R_i \sin\theta_i \text{，} R_y = \sum_{i=1}^{12} R_i \cos\theta_i \tag{2.21}$$

式中：RCD 为年径流集中度；RCP 为年径流集中期；R_x、R_y 分别为12个月径流向量在 x、y 方向上的分量之和；R_i 为第 i 月径流量；θ_i 为第 i 月所对应的方位角。

规定1月径流量的方位角为0°（或360°），以后每个月以30°递增，12月方位角为330°。RCD 越大，表示年径流越集中，其重心对应的月份通过 RCP 表达。

夹岩坝址径流年内分配指标年际过程如图2.11和图2.12所示。由图2.11可知，坝址处径流的集中度与不均匀系数具有良好的同步性，年际变化趋势较为平稳，没有明显的升降趋势。从 RCP 的变化来看，最小值为0.24，

出现在 2011 年，最大值为 0.65，出现在 1998 年。由图 2.12 可知，就年内集中期而言，*RCP* 集中在 168°～207°之间（4 月）；逐年而论，径流集中期年际变化较大，1976 年出现最小值 168°（7 月中旬），1979 年为最大值 207°（8 月中旬），相差约 1 个月。总体上，*RCD*、*RCP* 分别以－0.004/10a，0.6/10a 的速率变化，表明各月径流流量差异趋于减小，集中期有缓慢后移的趋势。

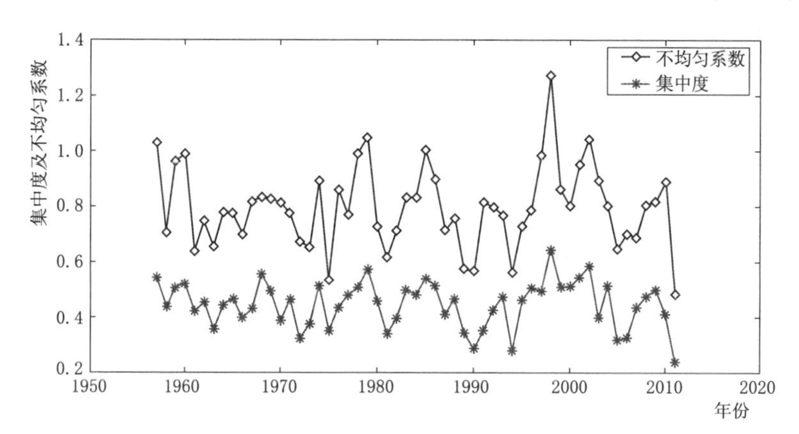

图 2.11　坝址径流集中度及不均匀系数年际变化

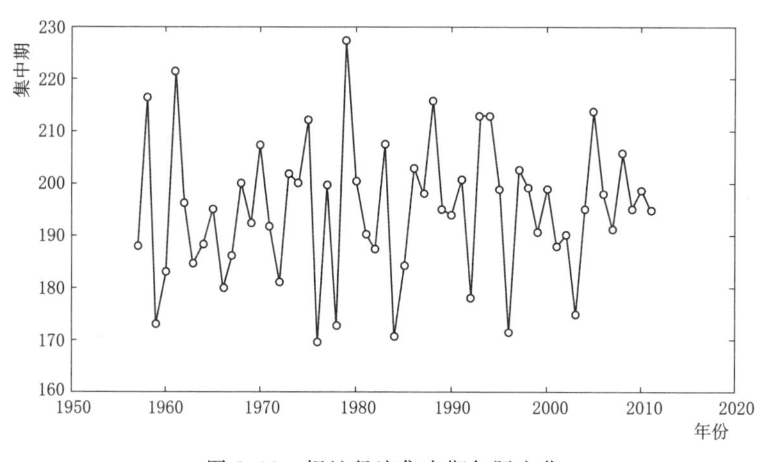

图 2.12　坝址径流集中期年际变化

2.3　坝址水文情势与环境流组

为了全面认识坝址天然水文情势，识别其中关键组分，采用总溪河专用站 2002—2012 年逐日平均流量，计算坝址水文变化指标和环境流量组分，为后续确定生态需水过程提供依据。

2.3.1 水文变化指标

在20世纪90年代早期，自然保护协会（The Nature Conservancy，TNC）开发了一个被称为水文改变指标（IHA）的软件程序，以支持河流水文情势评价（Richter et al.，1996，1997）。该软件针对日流量系列，基于生态相关性和反映流量情势变化的能力，计算33个水文指标（参数）的值，这些水文指标包括流量或水位的幅度、频率、持续时间、时间和变化速率5大类，表征了水流条件的年内和年际变化，对河流生态系统的影响是多方面的（见表2.9）。

表2.9 水文情势指标（IHA）及其生态影响

IHA指标	水文参数（33个）	对生态系统的影响
月流量	每月流量均值或中位数（12个）	①水生生物栖息地效用性；②滨水植物所需土壤湿度；③水资源的可获性；④野生生物饮水易获性；⑤影响水温、光合作用与溶解氧
极端流量	年最小1d、3d、7d、30d、90d平均流量； 年最大1d、3d、7d、30d、90d平均流量； 零流量天数； 基流指数（12个）	①生物体竞争与忍耐的平衡；②提供植物散布的条件；③形成河渠地形与栖息地物理条件；④植物土壤含水胁迫；⑤动物脱水；⑥水胁迫持续期；⑦河道与河滩营养物质交换；⑧较差水环境状况持续时间；⑨湖泊、水塘及洪泛区动植物群落分布
极端流量发生时间	年最大1d流量出现日期（儒略日）； 年最小1d流量出现日期（儒略日）（2个）	①对生物体胁迫的预测与规避；②迁徙鱼类产卵信号
高、低流量脉冲	年低流量脉冲数 年低流量历时平均值或中位数； 年高流量脉冲数 年高流量历时平均值或中位数（4个）	①植物土壤含水紧张的频率与尺度；②漫滩及洪泛区水生生物栖息可能性；③水鸟捕食、栖息及繁殖场所的有用性；④土壤矿物效用性；⑤影响床沙分布
变化率及逆转次数	上涨率：涨水日流量增幅的均值或中位数； 下降率：落水日流量降幅的均值或中位数； 日流量逆转次数（3个）	①植物干旱压力；②非游动性河滨生物体干燥压力

针对某年（水文年、日历年或年内特定时期），月流量采用该月日流量的均值或中位数表示，年最小（大）1d、3d、7d、30d及90d流量采用滑动平均计算，基流指数采用最小7d平均流量与年平均流量之比表示。高、低流量是根据高（低）流量阈值划定的。高流量阈值的缺省值取的是所有日流量中25%分位数（按水文学习惯，数据从大到小排序，下同），低流量阈值的缺省

值取的是所有日流量中75%分位数，凡是日流量大于25%分位数认为是高流量，低于75%分位数认为是低流量。连续高流量构成高流量脉冲事件。上涨率定义为相邻日流量之间所有正增量（涨水）的平均值或中位数，下降率定义为相邻日流量之间所有负增量（落水）的平均值或中位数。年最大1d、最小1d流量发生时间采用儒略日表示。儒略日规定：从每年1月1日开始排序，依次排到12月31日，共计366d，不区分平年与闰年。对于平年，在2月28日和3月1日间增加1日。

在各年上述指标基础上，按参数统计法或非参数统计法计算各指标的均值或中位数，计算各指标的变差系数或离势系数，作为最终IHA指标。

采用总溪河站2002—2012年逐日平均流量，计算夹岩坝址径流的IHA指标。具体步骤是先逐年计算每年1—12月的流量中位数；每年的最小（最大）1d、3d、7d、30d、90d平均流量及零流量（断流）天数、基流指数；每年的最小（大）1d流量出现日期；每年的低（高）流量脉冲次数、历时的中位数；每年的涨水日流量增幅的中位数、落水日流量降幅的中位数及流量由涨转落（或由落转涨）逆转次数。然后再求2002—2012年上述指标的各分位数及离势系数，即为所求的IHA指标，结果见表2.10。据此作出夹岩坝址月流量在不同分位数下的IHA指标变化图（见图2.13）。表2.10中离势系数定义为25%分位数减去75%分位数的值与50%分位数（中位数）之比。

表2.10　　夹岩坝址IHA指标计算结果表　　流量：m^3/s

类型	IHA指标	90%分位数	75%分位数	50%分位数	25%分位数	10%分位数	离势系数
月流量	1月	13.96	15.4	19.3	23.6	26.74	0.4249
	2月	13.08	16.1	21.6	22.4	22.91	0.2917
	3月	11.38	15	18.4	23.3	31.54	0.4511
	4月	11.11	11.7	15.6	17.75	28.53	0.3878
	5月	12.88	14.3	22	27.6	50.02	0.6045
	6月	15.54	26.9	61.15	82.85	164.5	0.915
	7月	33.3	51.9	81.2	126	229.2	0.9126
	8月	30.6	32.2	62	85.6	160.8	0.8613
	9月	19.25	33.3	43.65	90.85	104.3	1.318
	10月	28.12	33.7	40.8	53.2	95.06	0.4779
	11月	17.65	22.2	24.85	27.75	74.75	0.2233
	12月	11.68	16.4	18.9	25.5	34.06	0.4815
极端流量	最小1d	8.908	9.81	12.5	13.3	16.28	0.2792
	最小3d	9.075	10.27	12.9	14.17	16.59	0.3021

续表

类型	IHA 指标	90%分位数	75%分位数	50%分位数	25%分位数	10%分位数	离势系数
极端流量	最小 7d	9.469	10.61	13.41	14.64	17.17	0.3003
	最小 30d	10.7	11.64	14.74	16.41	18.93	0.3236
	最小 90d	11.86	14.64	18.49	20.03	24.32	0.2913
	最大 1d	283.2	515	585	812	890.6	0.5077
	最大 3d	202.7	349.7	454	613.3	646.5	0.5808
	最大 7d	147.7	211.1	356.3	417.7	513.8	0.5799
	最大 30d	71.03	128.8	163.4	235.8	334.8	0.6548
	最大 90d	50.56	76.12	101.4	154.5	208.2	0.7731
	断流天数	0	0	0	0	0	0
	基流指数	0.145	0.2204	0.2609	0.3633	0.3956	0.5478
极端流量出现时间	最小 1d 流量发生日期(儒略日)	50	95	125	156	361	0.1667
	最大 1d 流量发生日期(儒略日)	174.2	175	192	238	243.6	0.1721
高低流量脉冲	低流量脉冲次数	2	3	6	8	11.4	0.8333
	低流量脉冲持续时间/d	2.6	3	9	16	29.3	1.444
	高流量脉冲次数	3.2	5	7	8	12.6	0.4286
	高流量脉冲持续时间/d	3	4	4.5	7	8.8	0.6667
变化率与逆转次数	上涨率/[$m^3/(s\cdot d)$]	0.72	0.8	1	1.7	9.02	0.9
	下降率/[$m^3/(s\cdot d)$]	−4.25	−1.6	−1.45	−1.2	−1.01	−0.2759
	流量逆转次数/次	99	121	136	144	153.4	0.1691

由表 2.10 和图 2.13 可见：

(1) 6—10 月流量 50%分位数（中位数）明显高于其他月份，其中 7 月流量中位数最大，为 81.2m^3/s；5—9 月离势系数较大，表明这 5 个月每年的流量中位数变化较大，其中 9 月的离势系数最大，达到 1.318，2 月、11 月是离势系数最小的两个月。

(2) 年最小 1d、3d、7d 流量中位数比较接近，其中最小 1d 流量中位数为 12.5m^3/s。全年无断流出现。基流指数中位数为 0.2609，其离势系数为 0.5478，比年最小 1d、3d、7d、30d、90d 流量的离势系数大，但比年最大 1d、3d、7d、30d、90d 流量的离势系数小。这说明枯水（低）流量在年际之

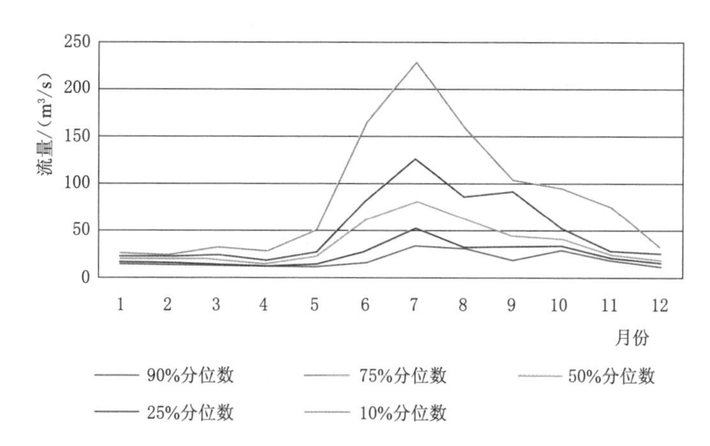

图 2.13　夹岩坝址月流量在不同分位数下的 IHA 指标过程线

间变化较高（洪水）流量小。

（3）年最小 1 日流量出现在儒略日 44～156d 及 357～362d 之间，即公历日 12 月 23 日至次年 6 月 2 日之间，中位数日期是 5 月 4 日。年最大 1 日流量出现在儒略日 174～245d 之间，即公历日 6 月 20 日—8 月 30 日之间，中位数日期是 7 月 10 日。

（4）高、低流量脉冲次数中位数分别是 7 次、6 次，高、低流量脉冲历时中位数分别是 4.5d、9d，而且各年的低流量脉冲历时中位数变化较大，从 2.5～31.5d 不等。各年的高流量脉冲历时中位数在 3～9d 之间。

（5）涨水日流量上涨率中位数是 $1.0m^3/(s \cdot d)$，落水日流量下降率中位数是 $-1.45m^3/(s \cdot d)$，上涨率变化范围比下降率变化范围大。流量逆转次数中位数是 136 次，最小逆转次数为 94 次，最大逆转次数为 154 次。

2.3.2　环境流组

IHA 能够描述天然河流或受人工干扰河流的水文情势，与 RVA 法（Range of Variability Approach）结合，可用于评价河流水文改变程度（Richter et al.，1998）。然而，对于河流或水库管理者而言，同时控制 33 个水文指标在设定范围内是件很困难的事情。例如，当流量变化很大时，管理 30d 或 90d 流量难度很大，况且管理目标是否达成只有在每年结束时才能知晓。针对应用 IHA 的困难，2005 年研究人员提出了一组被称为环境流组（environmental flow components，EFC，也称生态流组）的新水文参数，并添加到 IHA 软件（Richter et al.，2006；TNC，2007；Mathews et al.，2007）。

EFC 针对 5 种水文事件（流量模式）共采用 34 个参数描述水文情势。这 5 种水文事件分别是极低流量、低流量、高流量脉冲、小洪水以及大洪水事件。环境流组中每种水文事件又通过多个 EFC 指标来刻画。环境流组指标及其生态影响见表 2.11。

表 2.11　环境流组指标及其生态系统影响

水文事件	EFC 指标	对生态影系统的影响
低流量	每月低流量的均值或者中位数（12 个）	①为水生生物提供所需的栖息地； ②保持适当的水温、溶解氧和水化学成分； ③保持洪泛平原的水位、植物土壤水分； ④为陆生动物提供饮用水； ⑤保持鱼类和两栖动物卵悬浮； ⑥使鱼类能够迁移到喂养和产卵区
极低流量	极低流量事件发生的次数（频率）；极低流量事件谷值的均值或中位数；极低流量持续天数的均值或中位数；极低流量出现时间的均值或中位数（4 个）	①允许某些洪泛平原植物物种繁殖； ②清除水生和河岸群落中入侵的、引进物种； ③将猎物集中到有限的区域，以方便食肉动物捕食
高流量脉冲	高流量脉冲发生的次数（频率）；高流量脉冲峰值的均值或中位数；高流量脉冲流量持续天数的均值或中位数；高流量脉冲出现时间的均值或中位数；高流量脉冲上涨率、下降率的均值或中位数（6 个）	①塑造河道的物理特征，包括池潭、浅滩； ②确定河床基质（砂、砾石、卵石）的大小 ③阻止河岸植被侵入河道； ④在长时间的低流量后冲洗废物和污染物，恢复正常的水质状况； ⑤使产卵砾石中的卵暴露，防止淤积； ⑥维持河口适宜的盐分浓度
小洪水	小洪水事件发生的次数；小洪水峰值的均值或中位数；小洪水持续天数的均值或中位数；小洪水出现时间的均值或中位数；小洪水上涨率、下降率的均值或中位数（6 个）	适用于小洪水和大洪水： ①为鱼类提供迁移和产卵信号； ②使鱼类能够在洪泛区产卵，为幼鱼提供育苗区； ③为鱼类、水禽提供新的觅食机会； ④抬升洪泛区水位； ⑤通过长时间的淹没保持洪泛区森林类型的多样性； ⑥控制洪泛平原植物的分布和丰度； ⑦补充洪泛平原沉积物养分
大洪水	大洪水事件发生的次数；大洪水峰值的均值或中位数；大洪水持续天数的均值或中位数；大洪水出现时间的均值或中位数；大洪水上涨率、下降率的均值或中位数（6 个）	适用于小洪水和大洪水： ①保持水中和河岸群落物种的平衡； ②为拓植植物的繁殖创造场所； ③塑造洪泛平原的物理生境； ④使砾石和鹅卵石在产卵区沉积； ⑤将有机物料和木本碎片冲刷进河道； ⑥清除水生和河岸群落中入侵的、引进物种； ⑦分配河岸植物的种子和果实； ⑧驱动河道的横向摆动，形成新的生境； ⑨为植物幼苗提供长期接触土壤水分的机会

采用 IHA 软件对总溪河站日径流实测数据进行环境流组的划分及指标的统计。首先根据所有日流量数据，从大到小排列，求出 10%分位数、50%分位数、75%分位数分别作为高流量阈值、低流量阈值和极低流量阈值，结果分别为 51.73m^3/s、26m^3/s 和 14.2m^3/s；按年最大值法取样，求出对应 2 年重现期的日流量 585m^3/s 作为小洪水阈值；求出对应 10 年重现期的日流量 900m^3/s 作为大洪水阈值。然后，根据上述 5 个阈值和划分方法，划分 5 种水流模式。具体计算时，先按年（或年内某个时期）统计 EFC 的 34 个指标，然后求所有年份相应指标的均值或中位数，即为所求结果。夹岩坝址径流 EFC 指标分析结果见表 2.12 和图 2.14。表 2.12 中高流量事件、小洪水、大洪水的上涨率、下降率计算不同于 IHA 中流量上涨率、下降率计算。以高流量事件为例，对于一个高流量事件，其上涨率定义为上涨历时除以高流量峰值与起涨流量之差，下降率定义为退水历时除以结束流量与高流量峰值之差。

表 2.12　　　　夹岩坝址径流 EFC 指标分析表

事件	EFC 指标		90%分位数	75%分位数	50%分位数	25%分位数	10%分位数	离势系数
低流量	低流量均值/(m^3/s)	1 月	14.64	15.55	19.3	23.6	26.74	0.4171
		2 月	15.2	16.44	21.75	22.44	22.96	0.2759
		3 月	15.72	17.1	18.3	23.6	32.42	0.3552
		4 月	14.97	15.4	16.7	19.1	22.81	0.2216
		5 月	15.01	16.4	20.9	22.45	23.84	0.2895
		6 月	18.1	21.28	35.05	38.1	46.2	0.48
		7 月	22.5	24.3	35.25	48.2	48.65	0.678
		8 月	23.7	30.25	39.25	43.3	46.85	0.3325
		9 月	18.3	25.91	35.85	48.13	51.4	0.6196
		10 月	26.04	32.1	36.65	43.55	46.63	0.3124
		11 月	17.56	21.7	23.6	27.2	45.99	0.2331
		12 月	15.44	16.4	18.9	25.5	34.06	0.4815
极低流量	极低流量谷值/(m^3/s)		10.24	12.88	13.25	13.73	14.07	0.0642
	极低流量历时/d		1	1	2.25	7.125	12.45	2.722
	极低流量谷值发生时间/儒略日		74.45	84.5	109.5	127.5	227.1	0.1175
	极低流量事件次数		0.4	2	3	7	12	1.667
高流量脉冲	高流量峰值/(m^3/s)		46.12	55.4	61.9	73.15	88.14	0.2868
	高流量历时/d		3.2	4.5	5	6	10.4	0.30

续表

事件	EFC 指标	90%分位数	75%分位数	50%分位数	25%分位数	10%分位数	离势系数
高流量脉冲	高流量峰值发生时间/儒略日	131.2	156.5	181	233	235.8	0.209
	高流量事件次数	4.2	7	8	11	13.6	0.5
	高流量事件上涨率/[m^3/(s·d)]	11.41	13	17.7	20.33	35.64	0.4138
	高流量事件下降率/[m^3/(s·d)]	−8.49	−7.88	−6.175	−5.3	−3.926	−0.4178
小洪水	小洪水峰值/(m^3/s)	585	614	769	832.5	853	0.2841
	小洪水事件历时/d	25	25.5	34	56.5	67	0.9118
	小洪水发生时间/儒略日	175	183.5	208	241.5	245	0.1585
	小洪水次数	0	0	0	1	1	0
	小洪水上涨率/[m^3/(s·d)]	21.44	27.93	139.7	226.2	306.3	1.419
	小洪水下降率/[m^3/(s·d)]	−31.7	−29.21	−24.26	−23.79	−23.67	−0.2233
大洪水	大洪水峰值/(m^3/s)			900			
	大洪水事件历时/d			172			
	大洪水发生时间/儒略日			174			
	大洪水次数	0	0	0	0	0.8	0
	大洪水上涨率/[m^3/(s·d)]			72.3			
	大洪水下降率/[m^3/(s·d)]			−5.276			

表2.12列出的是2002—2012年间EFC各个指标的分位数及离势系数。图2.14给出了各月低流量中位数与IHA计算的各月流量中位数的比较。从图2.14可见，由于EFC将各月的日流量划分5类，EFC各月低流量的各分位数不一定等于IHA各月流量相应的分位数。以50%分位数为比较，EFC的6—10月低流量明显小于IHA的6—10月流量，原因是6—10月出现较多的流量大于51.73m^3/s的天数。但EFC的2—4月低流量比IHA的2—4月流量大，原因是IHA计算月流量时计入了极低流量。从离势系数看，EFC各月低流量的离势系数明显比IHA月流量的小。

从总溪河11年的日流量数据看，年极低流量事件（日流量小于14.2m^3/s）次数的50%分位数是3次，持续时间的50%分位数是2.25d，极低流量事件

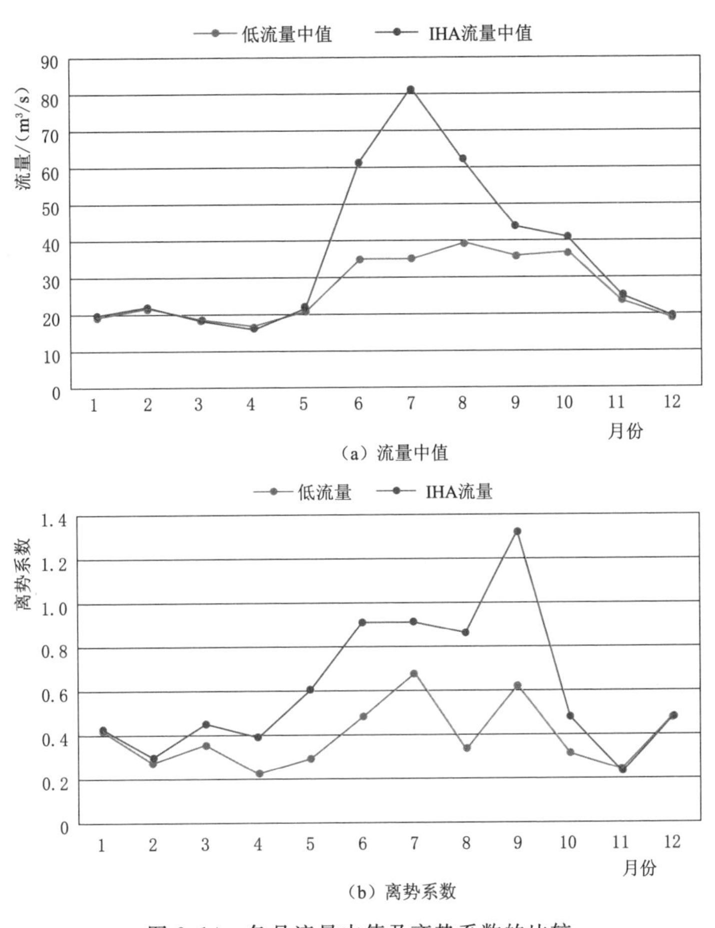

(a) 流量中值

(b) 离势系数

图 2.14 各月流量中值及离势系数的比较

谷值的 50%分位数是 13.25m^3/s，极低流量谷值发生时间的 50%分位数是 109.5d（儒略日），换算成公历是 4 月 19—20 日。极低流量事件次数、历时的离势系数均很大，说明有的极低流量事件历时很长，有的历时很短，有的年极低流量事件次数多，有的年却很少。但是，各年的极低流量谷值中位数变化却不大，其离势系数仅为 0.0642。

与极低流量事件比较，每年的高流量脉冲事件次数、高流量事件历时变化不大，其离势系数分别为 0.50 和 0.30，多年的高流量脉冲事件次数 50%分位数、高流量事件历时 50%分位数分别是 8 次和 5d，比低流量事件相应指标大，说明年高流量脉冲事件次数和历时，一般应大于年极端流量事件次数和历时。高流量事件上涨率中位数的 50%分位数为 17.7$m^3/(s·d)$，下降率中位数的 50%分位数为−6.175$m^3/(s·d)$，说明高流量事件上涨速度远远大于下降速度。

2.3.3 枯水过程

河流枯水过程和高流量（洪水）脉冲过程对河流生态系统的影响大不一样。前者与鱼类栖息地保护关联，后者与鱼类产卵繁殖有关。枯水过程和高流量（洪水）脉冲过程是夹岩水库的关键生态水文过程。

采用IHA软件统计了2002—2012年的每年最小1d、3d、7d、30d和90d流量，结果见表2.13和图2.15。由表2.13和图2.15可见，随着历时延长，最小流量逐渐增加，但各年增加幅度大不相同。2003年和2010年是增加幅度最小的两年。表明这两年出现了连续90d以上的极低流量（小于14.2m^3/s）。另外，2011年、2012年出现了连续30d以上的极低流量。从最小7d流量看，除2004年、2006年、2009年大于14.2m^3/s外，其他8年均小于14.2m^3/s，说明这8年出现了7d以上极低流量过程。

表2.13　　夹岩坝址不同历时的最小流量　　单位：m^3/s

年份	最小1d	最小3d	最小7d	最小30d	最小90d
2002	12.5	12.9	13.41	14.74	18.77
2003	9.81	10.27	10.7	11.64	12.5
2004	16.9	17.13	17.6	19.43	22.85
2005	13.1	13.27	13.63	16.41	18.49
2006	13.8	14.17	14.64	16.91	20.03
2007	12.1	12.87	13.1	14.29	16.39
2008	13.3	13.3	13.69	15.37	24.69
2009	12.8	14.43	15.44	15.71	19.6
2010	8.9	9.053	10.22	10.54	11.7
2011	8.94	9.163	9.28	11.32	15.71
2012	10.2	10.33	10.61	11.66	14.64

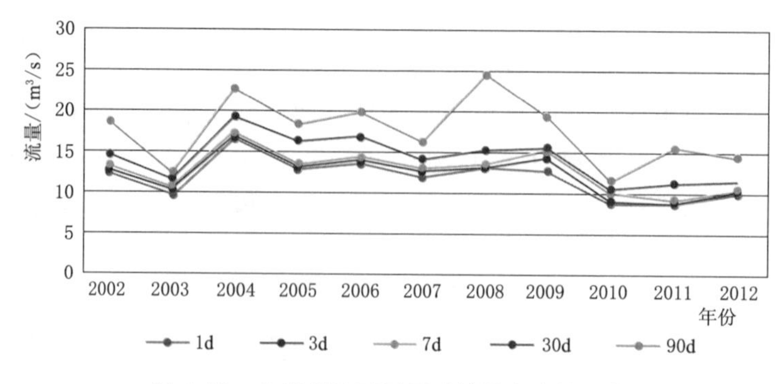

图2.15　夹岩坝址不同历时的最小流量比较

图 2.16 和图 2.17 分别为各年基流指数（定义为最小 7d 流量/年均流量）比较图和各年极低流量谷值的中位数比较图。由图 2.16 可见，2008 年基流指数最低，仅 0.1409，2012 年基流指数第二低，为 0.1615。2009 年基流指数最高，达到 0.4018，2011 年和 2006 年也高于 0.35。从图 2.17 可见，各年极低流量事件谷值的中位数，以 2003 年最小，仅 9.95m^3/s，2004 年未发生极低流量事件。除 2003 年、2004 年外，其他 9 年的极低流量事件谷值的中位数均大于 12.1m^3/s 但小于 14.2m^3/s。

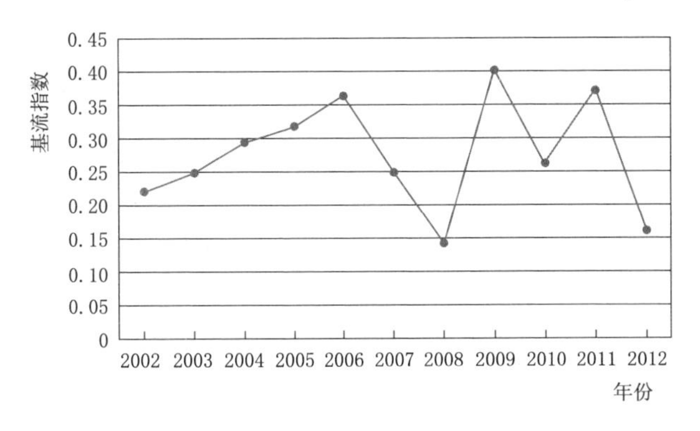

图 2.16　各年基流指数

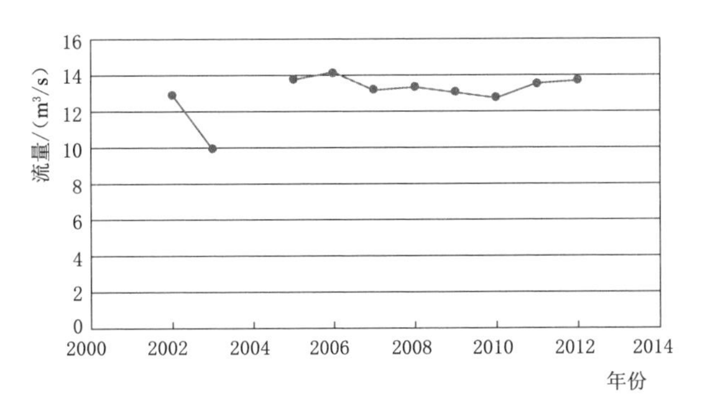

图 2.17　各年极低流量谷值的中位数

流量历时曲线 FDC（flow duration curve）是枯水研究中提供最多信息的方法，它显示了从枯水到洪水的所有流量范围。水资源开发、环境保护等实际工作中，经常采用 FDC 低端部分的流量作为设计枯水流量。按照 FDC 法的思路，将多年逐日径流资料分月整理成日均径流系列，然后利用水文频率分析计算软件获得各月相应的频率分布曲线。同理，可得到年流量历时曲线 FDC 图，结果如图 2.18 所示。注意，FDC 是按照从大到小排频的，所以枯水流量频率大于 50%。从整体上看，12 月、1—4 月的 FDC 处于较低位置，表明这5个月日流量都比较小。其中4月在大多数频率点流量都是最小的。5月在大于50%频率部分流量也较低，但在小于40%频率部分流量较大，说明5月从枯水期向丰水期过渡，流量变化剧烈。

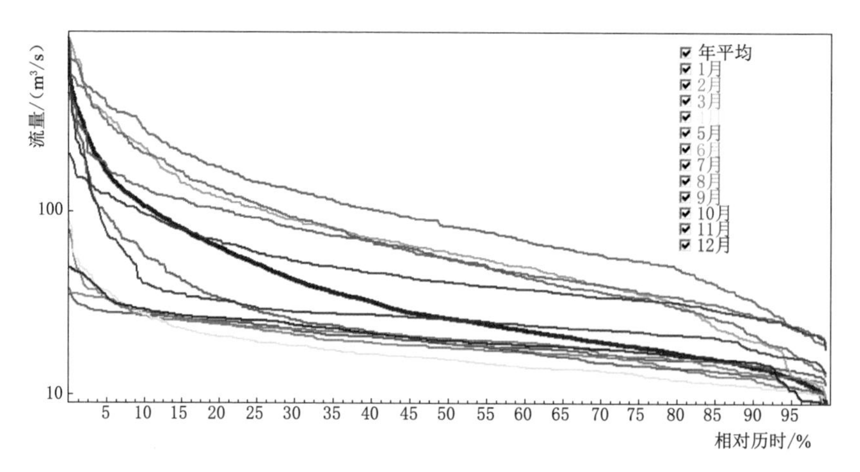

图2.18 2002—2012年总溪河站各月径流FDC

表2.14给出了各月95%、90%和75%频率对应的流量及低流量中位数，其过程比较如图2.19所示。从中可见，枯水流量（低流量）部分，4月流量最小，其75%频率对应流量小于极低流量阈值14.2m³/s，3月、5月流量大于75%频率的流量也比较小。除7月外，各月低流量中位数均大于75%频率对应的流量。7月低流量中位数与90%频率对应流量接近，说明7月枯水流量少，流量整体上最大。

表2.14　　2002—2012年夹岩坝址各月不同频率流量　　单位：m³/s

月份	不同频率流量			低流量中位数
	95%	90%	75%	
1	13.6	14.5	15.8	19.3
2	12.6	13.1	16.1	21.75
3	11.1	12.3	15.5	18.3
4	10.8	11.1	13.0	16.7
5	11.2	12.8	14.4	20.9
6	13.7	20.0	36.5	35.05
7	24.3	33.5	54.1	35.25
8	24.2	27.8	36.8	39.25
9	17.7	21.6	34.0	35.85

续表

月份	不同频率流量			低流量中位数
	95%	90%	75%	
10	23.9	26.8	33.1	36.65
11	16.1	17.9	22.1	23.6
12	10.6	15.1	17.2	18.9

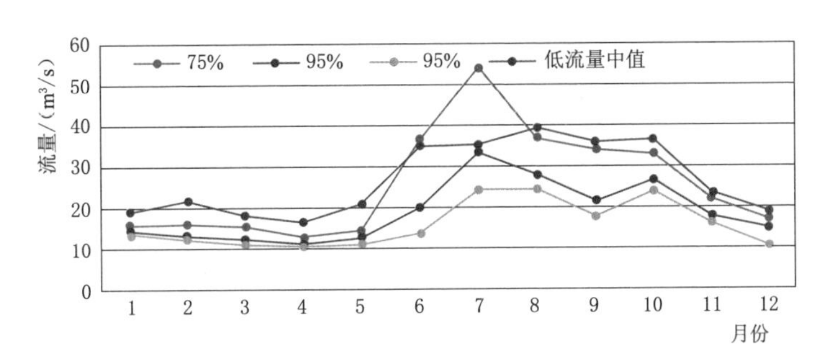

图 2.19 各月 95%、90%和 75%频率对应的流量及低流量中位数

2.4 本章小结

本章基于滑动平均法、M-K 趋势检验、Spearman 秩次相关检验、M-K 突变检验、Pettitt 突变检验、有序聚类、滑动平均法以及小波分析等方法探讨了七星关、瓜仲河、洪家渡水文站 1957—2009 年年径流系列以及夹岩坝址 1957—2011 年年径流系列的趋势性、突变性及周期性变化，采用 M-K 趋势检验、Spearman 秩次相关检验及小波分析法对坝址逐月径流、汛期径流及枯水期径流的趋势和周期情况进行了分析。采用不均匀系数、集中度、集中期等方法。坝址年径流的年内分配进行了统计分析，最后，基于 IHA 和 EFC 方法，对坝址天然流量情势特征进行了定量统计。主要研究结论如下：

(1) 六冲河干流的年径流年际变化较小，干流 3 个水文站及夹岩坝址年径流序列均表现出不显著的下降趋势。

(2) 检测到 1986 年是干流 3 个水文站及坝址年径流可能突变点，2001 年左右，瓜仲河站和洪家渡站检测到突变，但七星关和坝址未检测到突变。

(3) 七星关站、瓜仲河站、洪家渡站及夹岩坝址年径流的第一主周期为 21～25 年，七星关站和夹岩坝址年径流次主周期为 5 年，瓜仲河站和洪家渡站年径流次主周期为 13 年。夹岩坝址各月径流的周期变化尺度则差别较大，1 月、3 月、4 月、5 月的第一主周期基本稳定在 15 年左右，7 月、9 月、10

月、12月的第一主周期基本稳定在20年左右，2月、11月径流的第一主周期均为10年，6月径流的第一主周期时间尺度最大，为28年。从25年时间尺度来看，20世纪50年代以来，六冲河下游年径流量大约经历了3个丰水期—枯水期的循环阶段，根据小波系数的变化趋势，初步可以预计近几年坝址处年径流依然会处于枯水期，未来会由偏枯期转为偏丰期。

（4）将总溪河站11年的日流量数据从大到小排频，求出10%分位数、50%分位数、75%分位数分别作为高流量阈值、低流量阈值和极低流量阈值，结果分别为51.73m^3/s、26m^3/s和14.2m^3/s；极低流量事件（日流量小于14.2m^3/s）次数的50%分位数是3次，持续时间的50%分位数是2.25d，极低流量事件谷值的50%分位数是13.25m^3/s。各年极低流量事件次数、历时变化大。

第3章 生态流量过程与生态流量阈值研究

满足人类经济社会用水需求的同时保证维持河流生态系统健康的用水需求，已成为当代水资源管理面临的重要挑战。根据河流径流过程及其变化特征，科学、合理地确定河流生态流量过程是保护河流及其生态系统的关键措施，也是河流水资源优化配置的重要前提。

河流生态需水是指为维护河流生态环境功能和生态系统健康，需要保留在河道内的水量。生态环境需水具有空间差异性、时间动态性和阈值性特点。空间差异性是指生态系统存在于一定的地理空间范围，不同区域的生态系统组成结构及功能均不相同，因而生态环境需水的要求也将不同。另外，构成生态系统的生物，在不同生长阶段对水的需求也有差别。水生生物与陆生生物对水的需求则完全不同，因此生态系统的需水量具有季节性变化。阈值性强调的是对于一种生物，存在一个适宜的需水范围，超出这个范围都不利于其生长。对于一个生态而言，相应的有最小（基本）生态需水和最大生态需水。当水量不满足最小生态需水时，生态系统将退化，出现不可逆转的破坏；当水量超过最大生态需水时，生态系统的多样性可能受到损害。在最小生态需水和最大生态需水之间，一般还存在适宜生态需水区间，当水量在此范围值时，生态系统健康达到最佳水平，河流功能保持长期稳定。

据 Tharme（2003）的总结，全球关于河流生态需水计算的方法超过 200 种，大致分为 4 类：以历史水文数据为基础的水文学法（Tennant 法、Texas 法等）、基于河道断面水力参数的水力学法（湿周法、R2CROSS 法等）、基于生境适宜性分析的栖息地模拟法（IFIM 法等）以及基于河流系统整体性理论的综合法（BBM 法等）。其中，水文学法不需要水生生物的具体生境资料，因而成为水资源规划中经常采用的生态需水量确定方法。

Tennant 法和频率曲线法是国内外广泛应用的生态需水量计算方法。Tennant 法以多年平均天然流量乘以特定百分比获得汛期和非汛期不同河道内生态环境状况的生态流量。尽管该法计算的汛期、非汛期生态流量不同，但汛期（或非汛期）内各月生态流量相同，不能很好地反映河流径流年内变化和相应的生态需水节律性。频率曲线法以月平均流量（或径流量）频率曲线上的特定频率（如 95%）求得各月生态环境需水量，能够体现河流径流的年内变化特征，但特定频率的选择有一定主观性。为了体现生态需水季节性变化和阈值性特点，本书采用改进年内展布法、DRM 法及非参数核密度估计法计算夹岩坝址生态需水过程，并与 Tennant 法结果进行比较。在此基础上，提出夹岩坝址生态流量阈值。

3.1　主要计算方法

3.1.1　改进年内展布法

最初的年内展布法采用各月月均流量的多年平均值乘以一个比例系数（称为同期均值比）作为各月河道基本生态流量（潘扎荣等，2013）。其中同期均值比定义为最小年平均流量（通过计算 12 个月的多年期间最小月均流量的平均值获得）与多年平均的年均流量之比。但由于年内 12 个月均采用一个同期均值比，未能反映年内汛期与非汛期的差异。特别是对于丰、平、枯水年，求得的河道内生态环境需水都是相同。之后，有研究将同期均值比修改为特枯年（$P=90\%$）河道年径流量与多年平均径流量的比值，结合多年平均的月均径流量进行河道内基本生态需水量计算（赵然杭等，2018）。本书将长系列径流资料分成丰、平、枯三种年型，对每种年型又分成汛期与非汛期两个时期，然后分别计算各年型各时期同期均值比和河道基本生态流量。方法具体步骤如下：

（1）丰、平、枯水年型的划分。划分方法主要有两种，第一种采用保证率（或频率）来划分，如年径流量的频率小于 25%的为丰水年，大于 75%的为枯水年，其他的为平水年；第二种根据距平百分率划分。

距平百分率计算：

$$E=\frac{Q_i-Q_a}{Q_a}\times 100\% \tag{3.1}$$

式中：E 为距平百分率，%；Q_i 为第 i 年平均流量，m^3/s；Q_a 为多年平均流量，m^3/s。

$E>25\%$为丰水年，$E<-25\%$为枯水年，其他为平水年，每一年型包含若干个年份。

（2）针对丰、平、枯水年型，分别计算其年、汛期和非汛期平均流量的多年平均值。以枯水年型为例，其汛期和非汛期的多年平均流量分别以 $\overline{Q}_1$、

$\overline{Q}_2$ 表示；然后分别计算汛期、非汛期最小平均流量。以月或旬划分时段，设汛期、非汛期时段数分别为 m_1，m_2，统计汛期、非汛期各个时段的最小时段平均流量 $q_{\min,j}$，计算公式如下：

$$q_{\min,j}=\begin{cases}\min\{q_{ij}^1, i=1,2,\cdots,n_1\}, & j \text{ 属于汛期} \\ \min\{q_{ij}^2, i=1,2,\cdots,n_1\}, & j \text{ 属于非汛期}\end{cases} \tag{3.2}$$

式中：n_1 为枯水年型包含的枯水年数目；$q_{\min,j}^1$、$q_{\min,j}^2$ 分别为第 i 年汛期、非汛期第 j 时段最小平均流量，m^3/s。

根据 $q_{\min,j}$ 可计算得到枯水年型汛期、非汛期的最小平均流量，分别记为 $\overline{Q}_{1,\min}$、$\overline{Q}_{2,\min}$。

（3）计算各时期的同期均值比。汛期、非汛期同期均值比 η_j 的计算式为

$$\eta_j=\begin{cases}\dfrac{\overline{Q}_{1,\min}}{\overline{Q}_1}, & j \text{ 属于汛期} \\ \dfrac{\overline{Q}_{2,\min}}{\overline{Q}_2}, & j \text{ 属于非汛期}\end{cases} \tag{3.3}$$

（4）计算年内生态基流过程。汛期、非汛期各时段的生态流量计算公式为

$$Q_j=\begin{cases}\eta_1 q_j, & j \text{ 属于汛期} \\ \eta_2 q_j, & j \text{ 属于非汛期}\end{cases} \tag{3.4}$$

式中：Q_j 为枯水年型年内第 j 时段的河道基本生态流量，m^3/s；q_j 为汛期或非汛期第 j 时段多年平均流量，m^3/s。

对于平、丰水年型按上述步骤，可计算出相应的年内基本生态流量过程。

3.1.2 DRM 法

DRM（desktop reserve model）法属于河流生态需水计算的一种整体分析法（Hughes et al.，2003、2014；陈星等，2007）。与构造块方法（building block methodology，BBM）（King J et al.，1998）类似，DRM 将径流分为基流量与高流量两部分，基流是指流量中低振幅、高频率的部分，而高流量指的是高振幅、低频率的流量组成部分。然后针对正常的一般年份（称平水年）和枯水年份，计算河流的水文情势特征参数，通过构造公式计算得到基流量和高流量的年水量值，再按照一定的分配方法分配至各月，从而得到年内生态流量过程。

3.1.2.1 水情特征指数

（1）水情特征指数 CVB 定义为变差系数 C_v 与基流指数 BFI 之比值：

$$CVB=\frac{C_v}{BFI} \tag{3.5}$$

变差系数 C_v 表征河流枯水季与丰水季水量的长期变化特征，计算式如下：

$$C_v = C_{v_w} + C_{v_d} \tag{3.6}$$

式中：C_{v_w} 为丰水季的特征值，表示丰水季3个主要月份 C_v 值的平均值；C_{v_d} 为枯水季的特征值，表示枯水季3个主要月份 C_v 值的平均值；C_v 为年特征值。

（2）基流指数 BFI 是指基流量占总径流量的比例，反映了河流水情的短期变化特征。BFI 值大则河流的水情变化度较小。计算基流指数首先需要进行基流分割。实际工作中较为简单的方法有斜线分割法、直线分割法以及下包线分割法等，但是这些方法的主观性比较强，操作比较复杂。DRM模型中采用基于Lyne-Hollick算法（Lyne et al.，1979）的数字滤波方法进行基流分割。将长期逐月（旬）径流序列按时间顺序编号，第 t 时段（月或旬）总流量 Q_t 由基流量 QB_t 和高流量（脉冲流量）q_t 组成，其计算公式如下：

$$q_t = \beta q_{t-1} + \alpha(1+\beta)(Q_t - Q_{t-1}) \tag{3.7}$$

$$QB_t = Q_t - q_t \tag{3.8}$$

式中：α、β 分别为滤波参数。

α 取0.5，β 为影响基流的衰减度，一般取0.9～0.975（Hughes et al.，2003；崔玉洁等，2011）。

基流划分完成后，根据定义计算出基流指数 BFI 和水情特征指数 CVB。CVB 越接近与1，河流的水情变化越小，反之，河流水情变化较大时，其水情特征指数会更大。

3.1.2.2 各构造块水量计算

DRM法包括4个部分的构造块：平水年基流量、枯水年基流量、平水年高流量、枯水年高流量。4个部分水量计算方式有所不同，其中平水年高流量、平水年基流量的水量大小与河流生态状况有关。DRM法根据整体水文改变度，将河流生态状况划分为 A～E 5个等级（类别），各个生态类别判定见表3.1。枯水年基流量是河道流量的最小值，其大小等于平水年基流量中D等级的计算值，而枯水年高流量则不专门考虑，在绘制生态流量保证率曲线时加以考虑。4个构造块的计算结果均以占多年平均流量的百分比呈现。

表3.1　DRM法生态类别判定表

类别	整体水文改变度	描　述
A	0～10%	几乎为天然的河流
B	11%～20%	河流生态功能基本没有变化，人为影响极少
C	21%～50%	河流生态功能基本没有变化，有一定的人为影响
D	51%～70%	河流生态功能变化大，受到较大的人为影响
E	71%～100%	河流生态功能大范围丧失，受到很大的人为影响

（Hughes et al.，2003）

（1）平水年基流量。平水年基流量年值（即年水量）除了与总水情变化指数 CVB 有关以外，还与所选取的生态类别密切相关。采用下式进行计算：

$$WL = LP_4 + \frac{LP_1 \times LP_2}{(CVB^{LP_3})^{(1-LP_1)}} \tag{3.9}$$

式中：WL 为平水年基流量年值，用平水年基流量占多年平均径流量的比例（百分比）表示；LP_1、LP_2、LP_3、LP_4 为不同生态类别对应的参数，其取值见表 3.2。

表 3.2　　平水年基流量计算参数表

参数	生态类别						
	Ⅰ	Ⅰ/Ⅱ	Ⅱ	Ⅱ/Ⅲ	Ⅲ	Ⅲ/Ⅳ	Ⅳ
LP_1	0.9	0.905	0.91	0.915	0.92	0.925	0.93
LP_2	79	61	46	37	28	24	20
LP_3	6	5.9	5.8	5.6	5.4	5.25	5.1
LP_4	8	6	4	2	0	−2	−4

（Hughes et al.，2003）

（2）枯水年基流量。枯水年基流量是枯水年河流保持生态系统基本功能时河道保留水量的最小值，可以认为其值等于平水年基流量中生态类别为Ⅳ等级时所对应的流量。其计算过程与平水年基流量相同。

（3）平水年高流量。与低流量不同的是，高流量值随着河流水文情势变化的增大而增大，即当 CVB 增大时，高流量所占多年平均径流量的比例增大。为了表现出高流量和 CVB 值之间的趋势，DRM 采用下式计算平水年高流量值：

$$WH = \begin{cases} \gamma \times HP_2 + HP_3 & ,CVB \leqslant 15 \\ \gamma \times HP_2 + HP_3 + (CVB - 15) \times HP_4 & ,CVB > 15 \end{cases} \tag{3.10}$$

式中：WH 为平水年高流量年值，同样用占多年平均径流量百分数表示；γ 为 0～1 之间的参数。HP_1、HP_2、HP_3 和 HP_4 分别为生态类别Ⅰ～Ⅳ对应的参数，见表 3.3。

表 3.3　　平水年高流量计算参数表

参数	生态类别						
	Ⅰ	Ⅰ/Ⅱ	Ⅱ	Ⅱ/Ⅲ	Ⅲ	Ⅲ/Ⅳ	Ⅳ
HP_1	0.9	0.8	0.72	0.66	0.61	0.58	0.55
HP_2	13	11	9	7.75	6.7	5.9	5.5
HP_3	10	8.5	7.2	6.2	5.5	4.9	4.5
HP_4	0.015	0.015	0.015	0.015	0.015	0.015	0.015

（Hughes et al.，2003）

令

$$x = \ln(CVB)/\ln(100) \tag{3.11}$$

对 x 进行 Box－Cox 变换（Hamasaki et al.，2007），获得服从标准正态分布的变量 y

$$y = \frac{x^{\lambda} - 1}{\lambda} \tag{3.12}$$

式中：λ 为参数，认为等于 HP_1。

γ 就等于 y 所对应的概率密度函数下的面积（即概率，在 0～1 范围内）。

式（3.11）、式（3.12）适用条件为 $100 \geqslant CVB \geqslant 1$。当 $CVB < 1$ 时，取 $CVB = 1$；当 $CVB > 100$ 时，取 $CVB = 100$。

3.1.2.3 生态流量过程计算

根据以上步骤计算得到的是平水年和枯水年基流量、高流量的年水量值，进一步将年值分配到各月（旬），得到生态流量的年内过程。假定汛期按旬划分、非汛期按月划分时段，年内共有 K 个时段。

1. 平水年基流量的年内过程分配

在获得平水年基流量年水量后，DRM 法采用时段分配系数，计算平水年基流量的年内分配，计算式为

$$Qb_k = p_k \times WL \tag{3.13}$$

式中：Qb_k 为第 k 时段（月或旬）生态基流量，以占多年平均径流量的百分比表示；p_k 为第 $k(k=1,2,\cdots,K)$ 个时段（月或旬）的分配系数。

分配系数 p_k 通过下式计算：

$$p_k = c_k / \sum_{k=1}^{K} c_k \tag{3.14}$$

$$c_k = QB_{\min} + (QB_k - QB_{\min}) \times \varphi_k \tag{3.15}$$

式中：QB_k 为多年基流量序列中第 k 时段基流量的平均值；$QB_{\min} = \min\{QB_k, k=1,2,\cdots,K\}$；$\varphi_k$ 为一个计算调整系数，通常不大于 1，而且对不同生态等级，φ_k 取值也可不一样。

DRM 法通过调整系数 φ_k 影响基流量的年内分配。但是如何确定 φ_k，并没有给出客观依据。为此，本书提出一种不同的分配方式。

设 QB_k 为第 k 时段多年平均基流量，$QB_{\min} = \min\{QB_k, k=1,2,\cdots,K\}$，则有

$$r_b = \frac{\sum_{k=1}^{K} QB_{\min} t_k}{\sum_{k=1}^{K} QB_k t_k} \tag{3.16}$$

$$WL_1 = r_b \cdot WL^*;\quad WL_2 = (1 - r_b)WL^* \tag{3.17}$$

式中：r_b 为最小基流量相应的年水量占多年平均基流量年水量的比例；t_k 为第 k 时段单位换算系数；WL^* 为 WL 对应的年径流量。

显然通过 r_b 将 WL 分成两部分，相应的各时段基流量也由两部分组成：

$$Qb_k = Qb_k^1 + Qb_k^2 \tag{3.18}$$

其中

$$Qb_k^1 = WL_1/\tau \tag{3.19}$$

$$Qb_k^2 = pc_k \cdot WL_2/\tau \tag{3.20}$$

$$pc_k = \frac{(QB_k - QB_{\min})t_k}{\sum_{k=1}^{K}(QB_k - QB_{\min})t_k} \tag{3.21}$$

式中：τ 为将年水量单位换算为流量单位的换算系数。

2. 枯水年基流量的年内过程分配

枯水年基流量的年内分配计算与平水年相同。

3. 平水年高流量的年内过程分配

与生态基流计算式类似，DRM 法通过引入高流量分配系数 h_k 计算各时段高流量。由于 h_k 的计算比较复杂，而且主观性较大。本书采用式（3.18）计算高流量的年内分配过程。

3.1.3 核密度估计法

核密度函数估计法，简称核密度估计（kernel density estimation），最早由 Rosenblatt（1956）和 Parzen（1962）提出。这种方法虽然与概率密度估计在表观上基本相同，但其统计学原理和方法完全不同。核密度估计是以数据样本点密度为基础，通过核函数来控制同一组样本中不同误差的数据对总体密度函数贡献的大小，使最终的估计结果更贴近实际情况。这种方法在概率论中常被用来估计未知的密度函数，是非参数检验方法之一，近年来被广泛用于各个领域，如军事、金融学、信号学，是一种较新的密度估计法。在水文学领域，近年来也被用来推求河流生态流量及湖泊生态水位（刘剑宇等，2015）。

假设样本数据 X 服从概率密度分布总体 $f(x)$，$x_j(j=1,2,\cdots,n)$ 表示 X 的一组测量值，则 $f(x)$ 的核密度估计实际上是将一系列样本点 x_j 用平滑且峰值突出的核函数表示，赋予大小为 $1/n$ 的权重；然后，将所有核函数逐点叠加得到一条光滑曲线，即核密度估计曲线，可由下式表达：

$$\hat{f}(x) = \frac{1}{nh}\sum_{j=1}^{n}K\left(\frac{x - x_j}{h}\right) \tag{3.22}$$

式中：$K(u)$ 为核函数，有多种不同的核函数，常见的有均匀分布、三角形分布、高斯分布（正态分布）；h 为带宽，为大于零的数，带宽控制曲线的平滑度和精确度对估计值的影响很大。

在核函数估计中，试验发现，对于给定的带宽，不同的核函数计算得到的结果影响不是很大，而带宽的大小则对估计结果产生很大的影响。如果带宽取得过小，会增加随机性的影响，使得曲线锯齿状突出；相反，带宽取得过大，得到的曲线会过于平稳，灵敏性不高，因此选择合适的带宽尤为重要。

当前比较常见和有效的方法就是求解最优固定窗宽（带宽）。通过极小化均方积分误差（mean integrated square error），求出最优窗宽。MISE 表达式如下：

$$MISE(h)=E\left[\int[\hat{f}(x)-f(x)]^2\mathrm{d}x\right] \tag{3.23}$$

式中：$\hat{f}(x)$ 为概率密度函数的估计；$f(x)$ 为概率密度函数的真实值。

经过推导得到最优固定窗宽表达式如下（Silverman，1986；Bolancé et al.，2003）：

$$h(x)=\left\{\frac{\int_{-\infty}^{+\infty}K^2(u)\mathrm{d}u}{nk_2^2\int[f''(x)]^2\mathrm{d}x}\right\}^{1/5} \tag{3.24}$$

其中
$$k_2=\int_{-\infty}^{+\infty}u^2K(u)\mathrm{d}u$$

采高斯函数作为核函数，相应的最优固定窗宽 h_{opt} 为

$$h_{\text{optimal}}=\hat{\sigma}\left(\frac{4}{3n}\right)^{1/5}=1.059\hat{\sigma}n^{-\frac{1}{5}} \tag{3.25}$$

式中：$\hat{\sigma}$ 表示样本方差。

窗宽的取值与样本的稀疏程度有关，固定的窗宽无法适应数据的变化，因此需要自适应数据变化的窗宽用于概率估计。于传强等（2009）针对核密度估计中窗宽难以确定的问题，提出了基于估计点的滑动窗宽核密度估计算法，通过采用固定窗宽的密度估计函数代替假设的正态分布密度函数的方法，对估计域中的每个估计点求其最优窗宽值，实现了窗宽根据样本的分布情况，在不同的估计点自动调整窗宽的取值。变窗宽核密度估计方法的基本步骤如下：

（1）根据最优固定窗宽计算公式（3.25），计算得到最优固定窗宽 h_{optimal}。

（2）利用高斯核函数和核密度估计公式（3.22），将第（1）步计算所得的最优固定窗宽 h_{optimal} 代入，计算得到点 x 的核密度估计 $\tilde{f}(x)$。

（3）基于最小化均方误差原则，即使密度核估计 $\hat{f}(x)$ 与 $\tilde{f}(x)$ 之间的

均方误差达到最小的 h 作为最优窗宽值。点 x 的最优窗宽表达式为

$$h^*(x)=\left\{\frac{\tilde{f}(x)\int_{-\infty}^{+\infty}K^2(u)\mathrm{d}u}{[k_2\tilde{f}''(x)]^2 n}\right\}^{1/5} \tag{3.26}$$

(4) 将滑动窗宽 $h^*(x)$ 代入核密度估计式 (3.22) 中，求出最终的概率密度估计 $\hat{f}(x)$。

3.2 夹岩坝址生态流量过程

3.2.1 改进年内展布法计算结果及分析

采用夹岩水库坝址 1957—2012 年径流系列进行计算。为与水库调度对接，汛期（5—8 月）以旬为时段，其他月份以月为时段，全年划分为 20 个时段。计算方案设置如下：

方案 A：表示年内区分汛期和非汛期，并去掉了各时段流量的极大值和极小值。

方案 B：表示年内区分汛期和非汛期计算，没有去掉极大值和极小值。

方案 C：表示年内不区分分汛期和汛期，并且没有去掉极大值和极小值。

针对丰、平、枯水年组及未区分丰平枯水年系列，一共有 12 种计算方案，各方案的夹岩坝址河道基本生态流量过程见表 3.4。

表 3.4　年内展布法计算的夹岩坝址河道基本生态流量过程　单位：m^3/s

时间	丰水年			平水年			枯水年			未区分		
	A1	B1	C1	A1	B1	C1	A1	B1	C1	A0	B0	C0
1月	15.68	14.84	4.21	13.06	12.88	4.18	11.39	11.52	3.66	10.8	10.57	3.66
2月	16.01	15.25	4.32	13.32	13.3	4.32	11.9	11.84	3.78	11.06	10.92	3.78
3月	16.56	16.42	4.66	12.17	11.92	3.87	11.38	11.28	3.61	10.43	10.42	3.61
4月	18.79	18.37	5.21	16.62	17.22	4.56	11.41	11.61	4.7	12.99	13.17	4.56
5月上旬	19.94	19.88	8.79	10.29	10.44	7.12	8.66	8.6	5.89	8.27	8.25	6.23
5月中旬	20.07	19.8	8.75	15.46	15.48	7.84	8.1	8.58	5.87	10.35	10.37	7.84
5月下旬	24.66	26.61	11.76	21.44	22.34	11.27	12.86	13.55	9.28	14.51	14.92	11.27
6月上旬	38.37	38.89	17.19	20.44	20.21	13.79	19.19	19.5	13.36	16.48	16.5	12.46
6月中旬	60.97	61.96	27.39	30.06	29.7	20.27	24.97	24.91	17.07	24.01	24.22	18.29
6月下旬	86	88.92	39.3	44.64	43.85	29.92	44.64	36.79	27.79	36.88	36.79	27.79

续表

时间	丰水年			平水年			枯水年			未区分		
	A1	B1	C1	A1	B1	C1	A1	B1	C1	A0	B0	C0
7 月上旬	106.61	102.5	45.31	40.82	40.4	27.57	40.72	39.9	27.33	36.35	36.33	27.44
7 月中旬	73.72	73.62	32.54	38.83	39.22	26.76	33.95	34.58	23.69	31.4	31.3	23.64
7 月下旬	54.26	53.57	23.68	37.2	37.13	20.02	25.9	25.42	17.41	26.54	26.5	20.02
8 月上旬	61.33	60.62	26.79	27.85	28.11	19.18	24.21	23.38	16.02	23.17	23.08	17.43
8 月中旬	73.24	74.91	33.11	31.63	32.56	22.22	19.77	19.87	13.61	26.07	26.28	19.85
8 月下旬	66.01	64.11	28.34	31.34	31.19	21.28	21.16	22.34	15.31	24.96	24.68	18.64
9 月	48.69	50.29	22.23	25.14	24.92	17.01	20.82	20.25	13.87	19.93	20.02	15.12
10 月	30.83	29.02	12.83	18.56	18.16	12.39	14.47	14.21	10.74	14.47	14.21	10.74
11 月	27.06	30.06	8.53	22.07	22.03	7.16	16.77	16.83	6.81	17.95	18.35	6.35
12 月	18.6	17.77	5.04	15.25	15.16	4.92	12.95	12.73	4.28	12.57	12.37	4.28

相应的丰、平、枯水年型及未区分丰、平、枯 3 种情形下的生态基流年水量及其占多年平均水量的百分比见表 3.5。

表 3.5　丰、平、枯水年组生态基流年水量及其占多年平均水量的百分比

方案	丰水年		平水年		枯水年		未区分丰平枯	
	基流水量/亿 m^3	占年均水量比/%	基流水量/亿 m^3	占年均水量比/%	基流水量/亿 m^3	占年均水量比/%	基流水量/亿 m^3	占年均水量比/%
A	11.07	59.20	6.66	35.61	5.41	28.92	5.35	28.59
B	11.06	59.17	6.65	35.56	5.33	28.51	5.34	28.58
C	4.43	23.67	3.54	18.92	3.05	16.29	3.23	17.26

从表中可以得到以下结论：

(1) 区分丰、平、枯年型计算的河道基本生态流量过程与未区分丰、平、枯计算的河道基本生态流量过程差别很大（A1、B1、C1 与 A0、B0、C0 比）。这说明，考虑径流年际变化，确定的河道内生态流量更符合实际。

(2) 区分汛期与非汛期计算的河道内基本生态流量过程与未区分汛期计算的河道基本生态流量过程也有明显差别（A1、B1 与 C1 比，A0、B0 与 C0 比）。说明考虑径流季节性变化，对确定河道内生态流量是必要的。

(3) 无论是 A1 与 B1 比较还是 A0 与 B0，对于夹岩坝址来说，改进年内展布法是否去掉系列极大极小值对生态流量过程影响不大。

丰、平、枯水年组 A1 及未区分丰平枯方案 A0 的各月（旬）基本生态流量占同期多年平均流量之比如图 3.1 所示。

由表 3.4 及图 3.1 可见，丰水年型的生态流量占同期多年平均流量之比大于平水年型，平水年型又大于枯水年型。3 种年型 11 月至次年 4 月的基本生态流量占比明显大于汛期（5—8 月），各月（旬）生态流量占比有一定波动。基本生态流量占多年平均流量之比与其占同期多年平均流量之比的情形大不相同，在汛期 5—8 月基本生态流量占多年平均流量之比高于非汛期。平水、枯水年型的最大占比不超过 80%，而丰水年型的最大占比达到多年平均流量的 180%。从平水年型的基本生态流量占多年平均流量的比例看，12 月至次年 5 月中旬的比例除 5 月上旬为 17%外，其余均高于 20%但低于 30%，6 月中旬至 8 月下旬的比例除 8 月上旬为 47%外，其余均高于 50%但低于 75%。枯水季生态环境流量处于 Tennant 法的“较好”等级与“好”等级之间，丰水季处于 Tennant 法的“好”等级与“很好”等级之间。

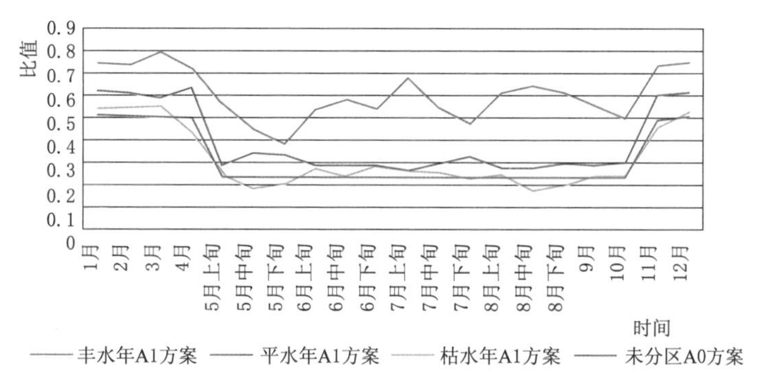

图 3.1 丰、平、枯年型基本生态流量占同期多年平均流量之比

3.2.2 DRM 法坝址生态流量过程

采用夹岩坝址 1957—2012 年的逐月（旬）径流资料计算。枯水期选择 1—3 月，丰水期选择 6—8 月，计算得到 C_v 为 0.919。

径流分割采用 Lyne - Hollick 数字滤波算法计算，取 $\alpha=0.95$、$\beta=0.5$，经过正反向滤波，计算得到 BFI 为 0.536、CVB 为 1.715。径流分割后长序列过程如图 3.2 所示，从图 3.2 中可以看出，基流的变化趋势与总流量整体上基本保持一致。

夹岩坝址径流分割后各时间流量的均值、均方差及变差系数见表 3.6。图 3.3 为夹岩坝址总流量、基流、高流量多年平均值的比较图。从表 3.6 和图 3.3 可见，基流多年均值在年内变化平缓，最小值出现在 4 月，最大值出现在 9 月，最大值是最小值的 2.96 倍。总流量及高流量多年均值在年内变化剧烈，总流量的最大值是最小值的 7.62 倍，高流量的最大值与最小值更是相差万倍以上。总流量、高流量最大值出现在 6 月下旬，比基流量的最大值出现早。总流量、高流量最小值分别在 3 月、12 月出现。从各时段变差系数 C_v 值可以

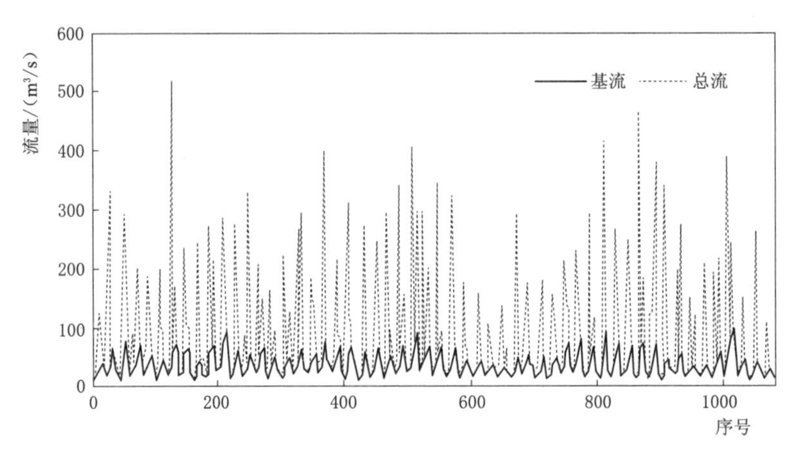

图 3.2 基流与总流量序列图

看出，基流的变差系数小于总流量，总流量又远小于高流量。基流量 C_v 在 0.20～0.36 之间变化，总流量 C_v 在 0.20～0.84 之间变化，高流量 C_v 变化范围则大得多，为 0.68～7.35，体现了高流量低频、高值的特点。

表 3.6　　夹岩坝址径流分割统计结果

时间	总流量			基流量			高流量		
	均值/(m³/s)	均方差/(m³/s)	C_v	均值/(m³/s)	均方差/(m³/s)	C_v	均值/(m³/s)	均方差/(m³/s)	C_v
1月	21.32	4.24	0.2	20.84	4.22	0.2	0.48	1.46	3.02
2月	21.92	6.12	0.28	19.82	4.41	0.22	2.1	3.51	1.67
3月	20.92	7.32	0.35	18.2	4.08	0.22	2.73	5.13	1.88
4月	26.62	15.19	0.57	17.9	4.23	0.24	8.72	12.63	1.45
5月上旬	36.21	24.46	0.68	18.36	4.76	0.26	17.85	21.56	1.21
5月中旬	45.5	33.09	0.73	19.45	5.39	0.28	26.05	30.49	1.17
5月下旬	65.5	55.17	0.84	21.24	6.47	0.3	44.26	51.04	1.15
6月上旬	70.94	43.98	0.62	23.56	7.77	0.33	47.38	39.88	0.84
6月中旬	105.19	80.83	0.77	26.79	8.97	0.33	78.4	76.45	0.98
6月下旬	159.37	91.38	0.57	31.95	10.42	0.33	127.42	86.75	0.68
7月上旬	154.31	92.98	0.6	38.2	12.19	0.32	116.11	87.47	0.75
7月中旬	134.23	89.86	0.67	43.34	13.15	0.3	90.89	86.79	0.95
7月下旬	113.74	69.93	0.61	47.16	13.6	0.29	66.59	66.52	1
8月上旬	101.08	63.09	0.62	48.52	13.54	0.28	52.56	59.49	1.13
8月中旬	114.76	83.08	0.72	50.46	14.72	0.29	64.3	74.34	1.16

续表

时间	总流量			基流量			高流量		
	均值/(m^3/s)	均方差/(m^3/s)	C_v	均值/(m^3/s)	均方差/(m^3/s)	C_v	均值/(m^3/s)	均方差/(m^3/s)	C_v
8月下旬	108.19	69.36	0.64	52.41	17.39	0.33	55.79	60.94	1.09
9月	88.24	46.99	0.53	52.91	17.93	0.34	35.33	38.71	1.1
10月	61.66	23.59	0.38	47.7	17.13	0.36	13.97	16.47	1.18
11月	36.81	17.55	0.48	35.2	12.66	0.36	1.61	6.66	4.13
12月	24.66	6.02	0.24	24.65	5.99	0.24	0.01	0.09	7.35

图 3.3 夹岩坝址总流量、基流、高流量多年均值比较图

根据上述的计算原理及公式，计算得到平水年高流量、平水年基流量不同等级的年值（%）及相应的年水量（见表 3.7）。从表 3.7 中可以看出，平水年基流量在生态等级Ⅰ时占多年平均流量的 59.2%，而平水年高流量在等级Ⅰ时占比为 12.2%，总生态流量（水量）占多年平均径流量的比例为 71.5%，处于 Tennant 法的“最佳”等级范围。在生态等级Ⅱ/Ⅲ时（适度的人类活动影响，河流生态功能改变较小），总生态流量年值占多年平均径流量的比例为 35.3%，年生态水量 6.60 亿 m^3，属于 Tennant 法的“较好”等级范围。在生态等级Ⅳ时，总生态流量年值占多年平均径流量的比例为 16.4%，年生态水量 3.06 亿 m^3，稍小于 Tennant 法的“一般”等级范围水量。

表 3.7　　　平水年基流量、高流量年值计算结果

生态等级	基流量		高流量		总流量	
	年值/%	水量/亿 m^3	年值/%	水量/亿 m^3	年值/%	水量/亿 m^3
Ⅰ	59.2	11.07	12.2	2.28	71.5	13.36
Ⅰ/Ⅱ	46.6	8.71	10.2	1.91	56.8	10.63
Ⅱ	35.5	6.64	8.4	1.57	43.9	8.21

续表

生态等级	基流量		高流量		总流量	
	年值/%	水量/亿 m^3	年值/%	水量/亿 m^3	年值/%	水量/亿 m^3
Ⅱ/Ⅲ	28.1	5.25	7.2	1.35	35.3	6.60
Ⅲ	20.3	3.80	6.3	1.18	26.6	4.98
Ⅲ/Ⅳ	15.9	2.97	5.5	1.03	21.4	4.00
Ⅳ	11.3	2.11	5.1	0.95	16.4	3.06

图 3.4 给出了不同生态等级基流、高流量年值的比较。从柱状图可以看出，平水年基流量的占比在各生态等级均大于平水年高流量，同时随着生态等级的降低，这种差距逐渐变小。

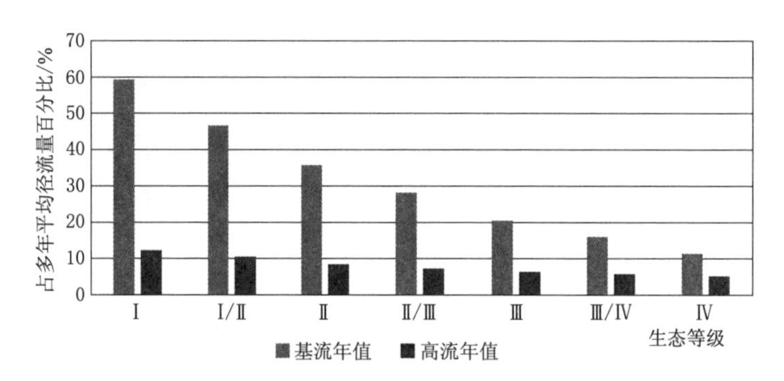

图 3.4　平水年基流量、高流量年值柱状图

获得平水年基流年值和平水年高流量年值后，根据前述分配方法，可得到的相应的基流量和高流量年内分配过程，结果列于表 3.8～表 3.10 中。图 3.5～图 3.7 表示了平水年基流量年内过程、平水年高流量年内过程及生态流量年内过程。

表 3.8　　平水年基流量年内过程　　流量：m^3/s

时间	生态等级				
	Ⅰ	Ⅰ/Ⅱ	Ⅱ	Ⅱ/Ⅲ	Ⅲ
5月上旬	20.62	16.23	12.36	9.79	7.07
5月中旬	21.80	17.16	13.07	10.35	7.47
5月下旬	24.15	19.01	14.48	11.47	8.28
6月上旬	26.33	20.72	15.79	12.50	9.03
6月中旬	29.94	23.56	17.95	14.21	10.27
6月下旬	35.71	28.11	21.41	16.95	12.24
7月上旬	42.76	33.66	25.64	20.29	14.66

续表

时间	生态等级				
	Ⅰ	Ⅰ/Ⅱ	Ⅱ	Ⅱ/Ⅲ	Ⅲ
7月中旬	48.60	38.26	29.15	23.07	16.67
7月下旬	56.23	44.27	33.72	26.69	19.28
8月上旬	54.47	42.88	32.66	25.86	18.68
8月中旬	56.61	44.56	33.95	26.87	19.41
8月下旬	62.66	49.32	37.57	29.74	21.49
9月	136.34	107.32	81.76	64.71	46.75
10月	122.73	96.60	73.59	58.25	42.08
11月	77.52	61.02	46.49	36.80	26.58
12月	43.52	34.26	26.10	20.66	14.92
1月	30.07	23.67	18.03	14.27	10.31
2月	25.95	20.43	15.56	12.32	8.90
3月	21.13	16.63	12.67	10.03	7.25
4月	19.81	15.59	11.88	9.40	6.79

表 3.9　　平水年高流量年内过程　　流量：m^3/s

时间	生态等级				
	Ⅰ	Ⅰ/Ⅱ	Ⅱ	Ⅱ/Ⅲ	Ⅲ
5月上旬	4.59	3.84	3.16	2.71	2.37
5月中旬	6.74	5.64	4.64	3.98	3.48
5月下旬	11.50	9.61	7.92	6.79	5.94
6月上旬	12.70	10.62	8.74	7.49	6.56
6月中旬	20.76	17.36	14.30	12.25	10.72
6月下旬	33.88	28.33	23.33	20.00	17.50
7月上旬	31.48	26.32	21.68	18.58	16.26
7月中旬	24.38	20.38	16.79	14.39	12.59
7月下旬	17.79	14.87	12.25	10.50	9.19
8月上旬	13.68	11.44	9.42	8.07	7.07
8月中旬	16.76	14.01	11.54	9.89	8.66
8月下旬	14.48	12.10	9.97	8.54	7.48
9月	9.11	7.62	6.27	5.38	4.70
10月	3.75	3.13	2.58	2.21	1.94

续表

时间	生态等级				
	Ⅰ	Ⅰ/Ⅱ	Ⅱ	Ⅱ/Ⅲ	Ⅲ
11月	0.42	0.35	0.29	0.25	0.21
12月	0.00	0.00	0.00	0.00	0.00
1月	0.11	0.09	0.08	0.06	0.06
2月	0.54	0.45	0.37	0.32	0.28
3月	0.69	0.58	0.48	0.41	0.36
4月	2.24	1.87	1.54	1.32	1.15

表3.10　平水年生态流量年内过程　流量：m^3/s

时间	生态等级				
	Ⅰ	Ⅰ/Ⅱ	Ⅱ	Ⅱ/Ⅲ	Ⅲ
5月上旬	25.21	20.07	15.53	12.50	9.44
5月中旬	28.54	22.79	17.71	14.32	10.96
5月下旬	35.65	28.63	22.40	18.25	14.22
6月上旬	39.03	31.34	24.53	19.99	15.59
6月中旬	50.70	40.92	32.25	26.46	20.99
6月下旬	69.59	56.43	44.74	36.94	29.74
7月上旬	74.24	59.98	47.31	38.87	30.92
7月中旬	72.98	58.64	45.93	37.46	29.26
7月下旬	74.02	59.14	45.97	37.19	28.47
8月上旬	68.15	54.32	42.08	33.93	25.74
8月中旬	73.37	58.57	45.49	36.76	28.07
8月下旬	77.13	61.43	47.54	38.29	28.96
9月	145.44	114.93	88.03	70.09	51.45
10月	126.47	99.74	76.18	60.47	44.02
11月	77.94	61.37	46.77	37.04	26.80
12月	43.53	34.26	26.10	20.66	14.93
1月	30.18	23.76	18.10	14.34	10.37
2月	26.50	20.89	15.94	12.64	9.18
3月	21.82	17.21	13.15	10.44	7.60
4月	22.04	17.46	13.42	10.72	7.95

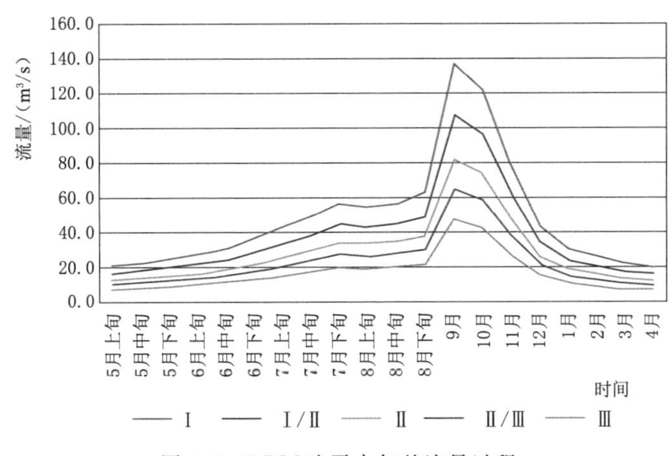

图 3.5 DRM 法平水年基流量过程

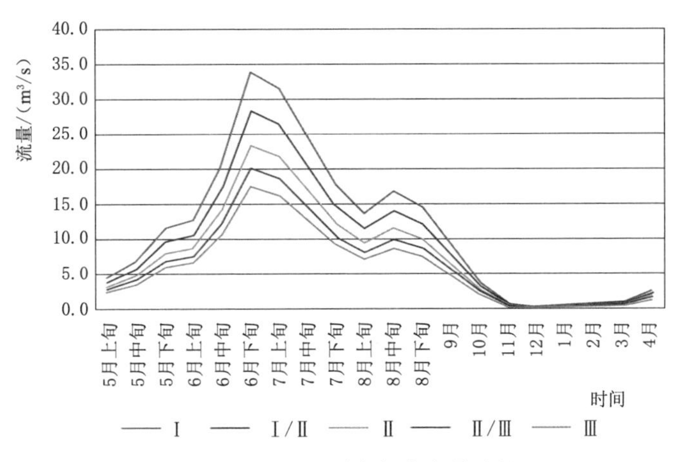

图 3.6 DRM 法平水年高流量过程

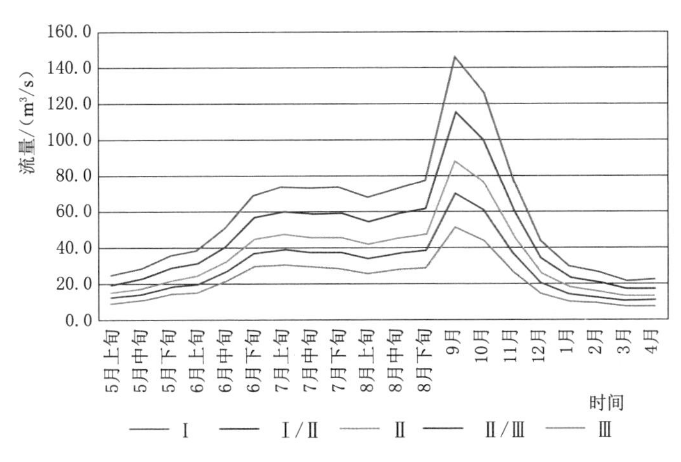

图 3.7 DRM 法平水年生态流量过程

3.2.3 核密度法坝址生态流量过程

采用2002—2012年的日均流量数据，针对每个月（旬），以该月（旬）所有日流量数据为样本，根据核密度估计法，计算得到概率密度最大的日流量作为该月（旬）最适宜生态流量。然而从生态系统的弹性和抗性的角度考虑，河流适宜生态流量不应该是一个固定不变的值，而应具有一定的变化范围。在这个范围内，河流生态系统可以保持健康稳定，所以适宜生态流量应该有一个下限和上限值，适宜流量下限是保证水生生物健康发展的最低条件，而不至于导致生态系统的退化；适宜流量上限是保证河流生态系统发展的最大值，当河流流量长期超过最大值时，同样会对河流生态系统产生负面影响。

为了保持结果一致性，针对每个月（旬），取最大日流量数据为一个样本点，形成最大日流量样本，然后根据核密度估计法，计算得到概率密度最大的日流量作为该月（旬）适宜生态流量上限。同样的，采用最小日流量样本，计算得到概率密度最大的日流量作为该月（旬）适宜生态流量下限。

图3.8表示了部分时段全部日流量、最大日流量及最小日流量的概率密度图。由图3.8可见，同一时段（月或旬）的全部日流量、最大日流量及最小日流量的概率密度图形状有明显差别，流量变化范围也有很大不同。例如1

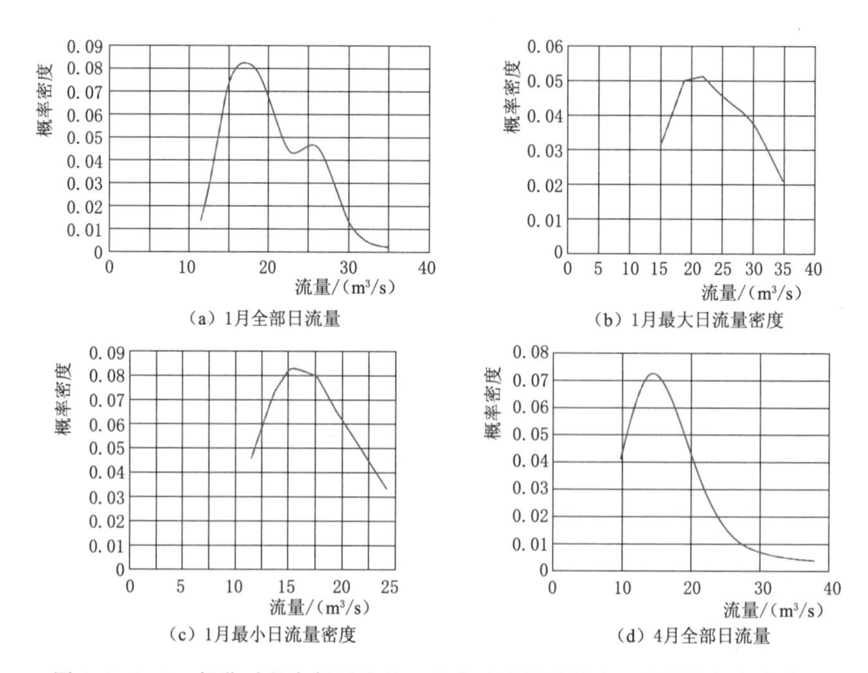

图3.8（一） 部分时段全部日流量、最大日流量及最小日流量的概率密度图

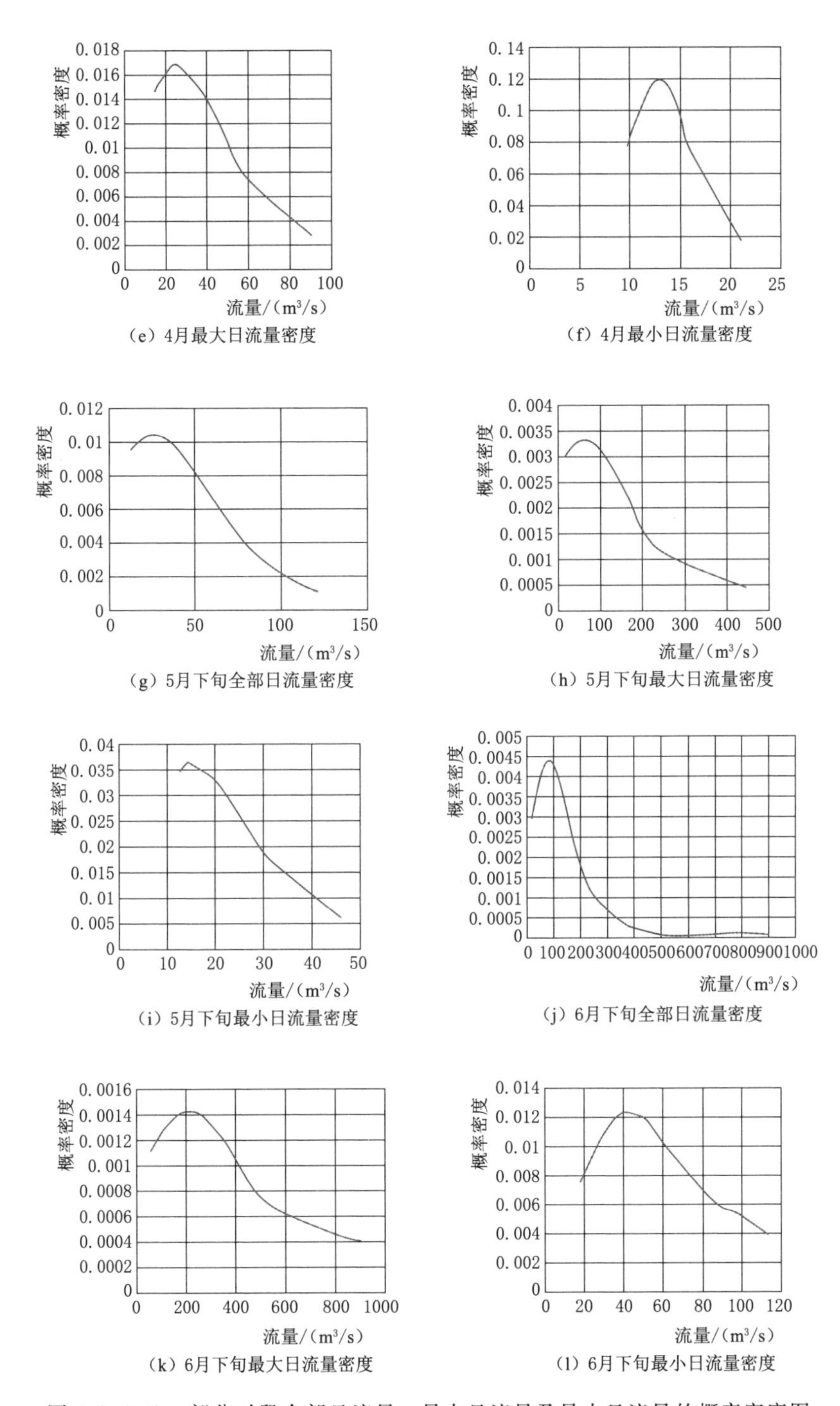

图 3.8(二) 部分时段全部日流量、最大日流量及最小日流量的概率密度图

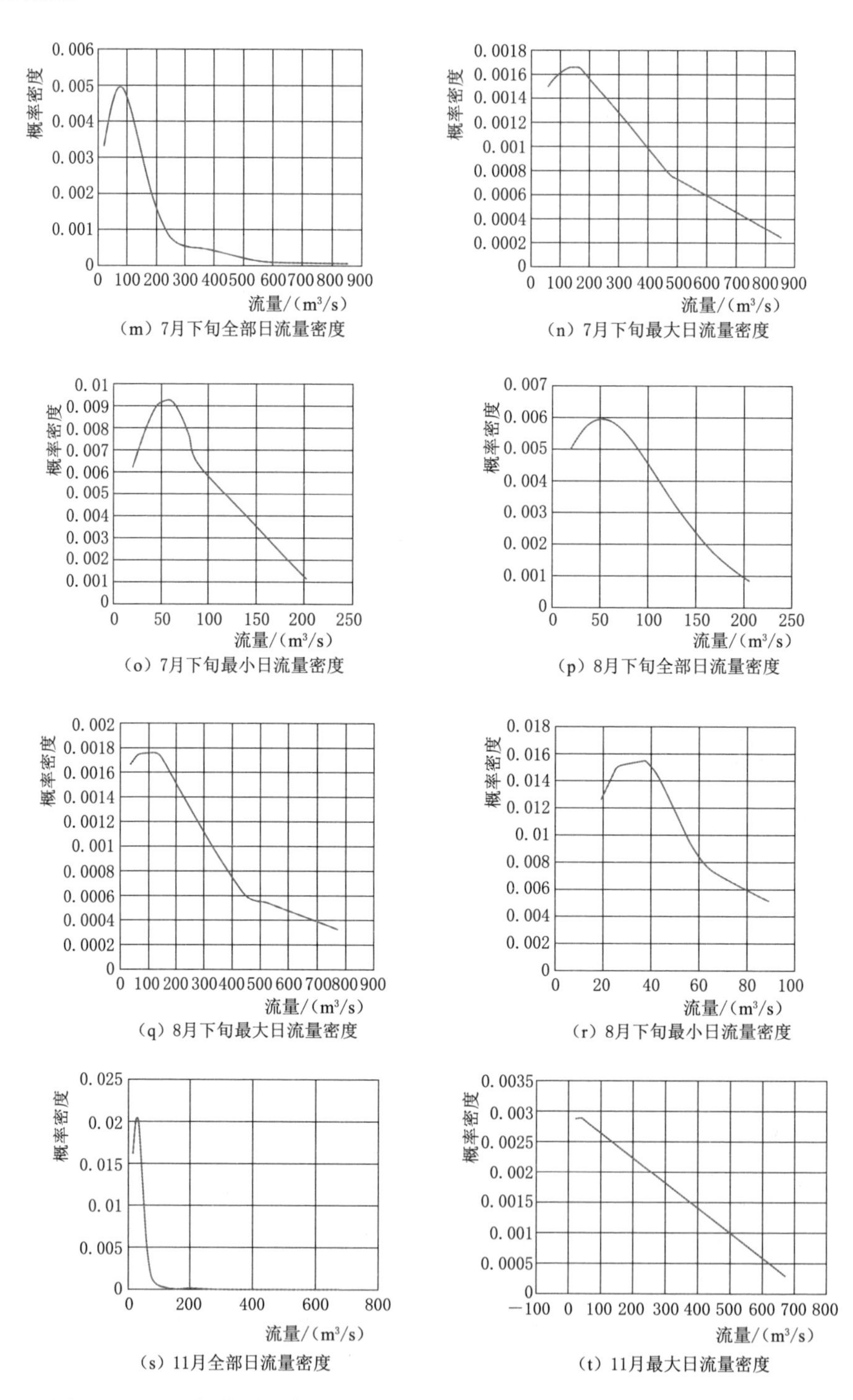

图 3.8 (三) 部分时段全部日流量、最大日流量及最小日流量的概率密度图

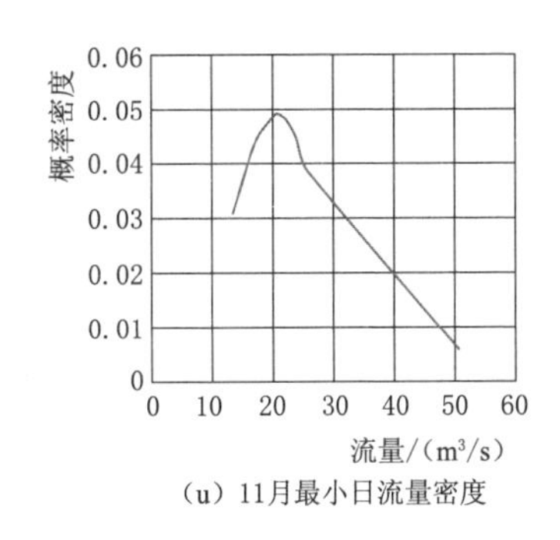

(u) 11月最小日流量密度

图 3.8(四) 部分时段全部日流量、最大日流量及最小日流量的概率密度图

月全部日流量的变化范围在 11.5～34.8m^3/s 之间，最大日流量的变化范围为 15～34.8m^3/s，最小日流量的变化范围为 11.5～24.2m^3/s。概率密度最大处的流量值也明显不同。从不同时段（月或旬）看，全部日流量、最大日流量及最小日流量的概率密度图特征也各不相同。

根据各时段概率密度最大值，可确定各时段最适宜流量、适宜流量下限和适宜流量上限。夹岩坝址各月（旬）最适宜生态流量及适宜生态流量下限、上限列于表 3.11 中。表 3.11 中同时列出各时段极小、极大流量值。这里极小（极大）流量是指该月（旬）所有日流量数据中最小值（最大值）。根据各时段流量可计算得到这五种流量情形下相应的年水量及其占多年平均径流量的百分比（见表 3.12）。由表 3.12 可知，夹岩坝址最适宜生态流量过程相应的年水量为 10.31 亿 m^3，占坝址天然情况下多年平均径流量的 55.1%。由于极大流量是采用该月（旬）所有日流量中最大值，相应的极大水量远高于多年平均径流量，是多年平均径流量的 5.5 倍，适宜生态流量上限对应的年水量与多年平均径流量接近，而极小水量占多年平均径流量的比例也达到 22.9%。

表 3.11　　夹岩坝址极小、极大和适宜生态流量过程　　单位：m^3/s

时　间	极小流量	适宜生态流量下限	最适宜生态流量	适宜生态流量上限	极大流量
1月	11.5	16	16.9	20.6	34.8
2月	11.7	18.2	20.8	26.1	78.7
3月	8.9	15.7	17.5	19.2	38
4月	9.75	12.9	14.4	25.2	89.9
5月上旬	11.1	13.3	15.7	24.7	68.8
5月中旬	9.81	15.2	17.7	28.8	270
5月下旬	12.7	15.5	26	62.1	445
6月上旬	11.3	30.5	34.8	57	312

续表

时 间	极小流量	适宜生态流量下限	最适宜生态流量	适宜生态流量上限	极大流量
6 月中旬	10	39.7	52.2	100	681
6 月下旬	18.1	43	83.6	212.9	900
7 月上旬	21.4	46.9	70.1	164.4	686
7 月中旬	18.6	55.4	70.1	104	491
7 月下旬	19.8	54.7	76.7	143.8	853
8 月上旬	29	43.7	55.4	95.9	465
8 月中旬	22	36.4	44.7	63.2	515
8 月下旬	19.4	33	51.9	99.7	769
9 月	12.9	28.7	41.2	120.4	585
10 月	18	28.2	36.8	64.7	207
11 月	13.3	20.5	25.4	35.7	671
12 月	8.94	17.7	18.4	23.4	49.7

表 3.12 夹岩坝址极小、极大和适宜生态水量及其占年均水量百分比

项 目	极小流量	适宜生态流量下限	最适宜生态流量	适宜生态流量上限	极大流量
年水量/亿 m^3	4.28	7.91	10.31	19.01	103.18
占多年平均径流量百分比/%	22.9	42.3	55.1	101.7	551.8

年内各时段适宜生态流量和极小流量过程如图 3.9 所示。由图 3.9 可见，适宜生态流量和极小流量过程年内具有波动性，从极小值、适宜下限值、最适宜值到适宜上限值，波动性逐渐增大。适宜生态流量过程和极小流量过程季节性明显，在汛期大，非汛期小。从各时段适宜生态流量变化范围看，5 月下旬至 10 月高于其他月份（旬），但 6 月上旬、7 月中旬、8 月中旬在汛期属于变化范围小的时段。

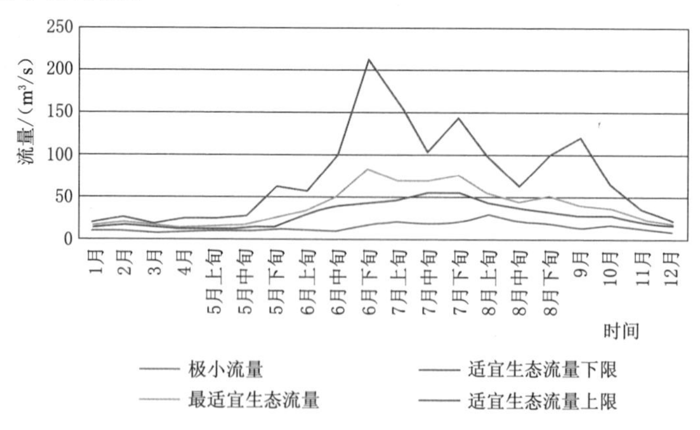

图 3.9 适宜生态流量和极小流量过程比较图

3.3 夹岩坝址生态流量阈值

改进年内展布法、BRM 法和基于非参数核密度估计计算的生态需水量有大有小，对应的生态流量过程也不相同。基于上述 3 种方法的结果，并与频率曲线法、RVA 法及日流量历时曲线法的结果进行比较和综合分析，以确定夹岩坝址的生态流量阈值。

3.3.1 适宜生态流量下限值

频率曲线法和流量历时曲线法是《河湖生态环境需水计算规范》（SL/Z 712—2014）推荐的计算基本生态需水量（保留在河道内的最小水量）方法。频率曲线法构建各月（旬）水文频率曲线，将 95%频率相应的月（旬）平均流量作为该月（旬）基本生态需水量。流量历时曲线法构建各月日流量历时曲线，以 95%保证率（或 90%保证率）对应的流量为基本生态需水量。表 3.13 列出了这两种方法与改进年内展布法枯水年、DRM 法（Ⅲ）的生态需水量。为了比较，表中还列出了坝址月（旬）均流量最小值的年水量及每月（旬）日流量最小值对应的年水量。

表 3.13　4 种方法计算的较小生态需水量及占多年平均径流量的百分比

项　目	频率曲线法（95%频率）	流量历时曲线（95%频率）	年内展布法（枯水年）	DRM 法（Ⅲ）	月均流量最小值	日均流量最小值
年生态水量/亿 m^3	7.01	5.30	5.41	4.98	5.57	4.11
占年径流量百分比/%	37.6	28.4	28.9	26.6	29.9	22.0

从年生态水量占多年平均径流量百分比看，频率曲线法确定的年生态需水量为 7.01 亿 m^3，占多年平均年径流量的 37.6%，高于流量历时曲线法、年内展布法及 DRM 法的年生态水量，远高于多年平均径流量 10%的比例。流量历时曲线法、年内展布法计算的年生态水量与各月月均流量最小值的年水量比较接近，但大于各最小日流量对应的年水量。DRM 法（Ⅲ）的年生态水量占比为 26.6%，略低于流量历时曲线法、年内展布法的年水量。考虑到频率曲线法的结果偏大，并且其他 3 种方法计算的生态流量过程不尽相同，根据有利于河流生态环境原则，最终取流量历时曲线法、年内展布法及 DRM 法（Ⅲ）的生态流量过程外包线作为夹岩坝址适宜生态流量下限值，相应的年生态水量 6.16 亿 m^3，占多年平均径流量的 33.1%。按 Tennant 法划分标准，河道内生态环境状况处于好等级。

流量历时曲线法、年内展布法及 DRM 法计算的各月（旬）生态流量及其外包线（即适宜生态流量下限值）见表 3.14 和图 3.10。

表 3.14　3 种方法的较小生态流量过程及其外包线　单位：m^3/s

时　间	流量历时曲线法（95%频率）	展布法（枯水年）	DRM 法（Ⅲ）	外包线
5 月上旬	12.4	8.6	9.4	12.4
5 月中旬	10.5	8.6	11.0	11.0
5 月下旬	13.0	13.6	14.1	14.1
6 月上旬	12.4	19.5	15.6	19.5
6 月中旬	12.4	24.9	21.0	24.9
6 月下旬	30.8	36.8	29.7	36.8
7 月上旬	23.6	39.9	30.9	39.9
7 月中旬	20.7	34.6	29.3	34.6
7 月下旬	39.0	25.4	27.3	39.0
8 月上旬	31.8	23.4	25.7	31.8
8 月中旬	25.1	19.9	28.1	28.1
8 月下旬	21.7	22.3	27.6	27.6
9 月	17.7	20.3	24.8	24.8
10 月	23.9	14.2	20.1	23.9
11 月	16.1	16.8	13.6	16.8
12 月	10.6	12.7	9.4	12.7
1 月	13.6	11.5	8.0	13.6
2 月	12.6	11.8	7.8	12.6
3 月	11.1	11.3	7.3	11.3
4 月	10.8	11.6	7.9	11.6

3.3.2　最适宜生态流量值

根据每月（旬）多年日流量数据，采用核密度估计法，计算得到最适宜生态流量的年水量为 10.31 亿 m^3。表 3.16 进一步列出了各月（旬）日流量系列的中位数及年内展布法（丰水年）和 DRM 法（Ⅱ）计算的年生态水量。从表 3.15 可见，4 种方法的年生态水量在 10.31 亿～11.60 亿 m^3 之间，占多年平均年径流量的百分比在 55.1%～62.2%之间。考虑到 4 种方法的生态流量过程（见表 3.16 和图 3.11）有一定差异，特别是 6 月上旬到 10 月之间差异较大，这里采用 4 种方法的平均值作为夹岩坝址最适宜生态流量过程，相应的年生态水量为 10.90 亿 m^3，占百分比 58.5%。比 Tenannt 法“极好”等

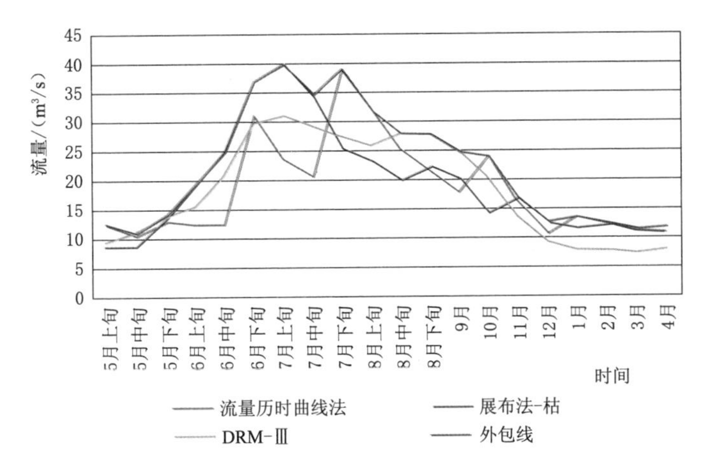

图 3.10 夹岩坝址适宜生态流量下限值过程

级的年生态水量占比高，但略低于 Tenannt 法“最佳”等级的年生态水量占比下限 60%。

表 3.15 4 种方法计算的适宜生态需水量及占多年平均径流量的比例

项　目	核密度估计法（日流量）	年内展布法（丰水年）	DRM 法（Ⅱ）	中位数（日流量）
年生态水量/亿 m^3	10.31	11.07	10.63	11.60
占年均径流量百分比/%	55.1	59.2	56.8	62.2

表 3.16 4 种方法计算的适宜生态流量过程 单位：m^3/s

时　间	核密度估计法（日流量）	年内展布法（丰水年）	DRM 法（Ⅱ）	中位数（日流量）
5 月上旬	15.7	19.9	20.1	18.0
5 月中旬	17.7	19.8	22.8	18.2
5 月下旬	26.0	26.6	28.3	24.0
6 月上旬	34.8	38.9	31.3	39.4
6 月中旬	52.2	62.0	40.9	59.6
6 月下旬	83.6	88.9	56.4	93.4
7 月上旬	70.1	102.5	60.0	81.6
7 月中旬	70.1	73.6	58.6	89.5
7 月下旬	76.7	53.6	56.5	83.0
8 月上旬	55.4	60.6	54.3	68.7
8 月中旬	44.7	74.9	58.6	44.8
8 月下旬	51.9	64.1	58.3	55.8

续表

时　间	核密度估计法（日流量）	年内展布法（丰水年）	DRM法（Ⅱ）	中位数（日流量）
9月	41.2	50.3	53.7	55.5
10月	36.8	29.0	44.8	41.1
11月	25.4	30.1	31.0	25.8
12月	18.4	17.8	21.5	19.8
1月	16.9	14.8	18.2	19.0
2月	20.8	15.3	17.7	20.2
3月	17.5	16.4	16.4	18.0
4月	14.4	18.4	17.4	15.7

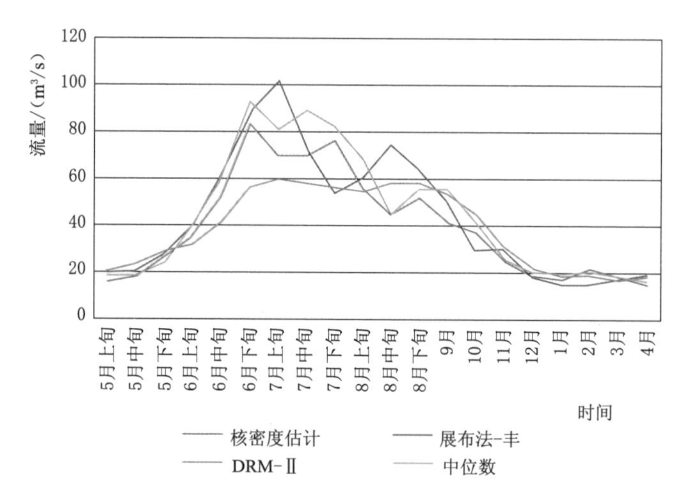

图3.11　4种方法计算的适宜生态流量过程比较

3.3.3　适宜生态流量上限值

RVA法针对IHA指标提出了其变化范围阈值的概念，以月（旬）均流量多年平均值加一个标准偏差或以各月（旬）均系列25%分位数（或25%频率对应的流量）作为各月（旬）流量变化的上限；核密度估计法以最大日流量计算得到适宜生态流量上限。各种方法的结果列于表3.17和表3.18。表3.18中同时还列出了各月（旬）日流量系列的25%分位数。从表3.17中可见，基于日流量数据计算的年生态水量上限值占多年平均径流量的百分比接近100%，与Tennant法推荐的“最佳”等级的百分比上限100%基本一致。基于月（旬）均流量计算的年生态水量上限值占多年平均径流量的百分比在125%～130%之间。4种方法计算的生态流量过程见表3.18和图3.12。考虑到4种方法的生态流量过程有较明显差异，尤其是基于日流量数据计算的生态流量过程差异大，本书取4种方法的平均值作为夹岩坝址适宜生态流量上限值，相应的年生态水量为21.06亿 m^3，占多年平均径流量的113.0%。略高于Tennant法推荐的“最佳”等级的百分比上限。

表3.17　4种方法计算的较大生态需水量及占多年平均径流量的比例

项　目	核密度估计法（最大日流量）	RVA法（月流量25%频率）	RVA法（月流量25%分位数）	日流量（25%分位数）
年生态水量/亿 m^3	19.01	23.81	23.42	18.00
占年径流量百分比/%	101.7	127.7	125.6	96.6

表3.18　4种方法计算的较大生态流量过程及平均生态流量过程　单位：m^3/s

时　间	核密度估计法（高适宜生态流量）	RVA法（日流量25%分位数）	RVA法（月25%频率）	日流量（25%分位数）	四者平均
5月上旬	24.7	44.7	42.7	24.1	34.0
5月中旬	28.8	55.8	55.5	23.9	41.0
5月下旬	62.1	84.4	80.6	50.7	69.5
6月上旬	57.0	91.5	90.9	59.0	74.6
6月中旬	100.0	151.0	140.5	92.7	121.0
6月下旬	212.9	213.0	210.0	143.0	194.7
7月上旬	164.4	208.0	207.0	140.3	179.9
7月中旬	104.0	178.0	177.5	158.5	154.5
7月下旬	143.8	165.0	162.5	145.0	154.1
8月上旬	95.9	125.0	125.0	131.5	119.4
8月中旬	63.2	144.0	143.0	77.1	106.8
8月下旬	99.7	138.0	136.5	110.0	121.1
9月	120.4	113.0	111.0	92.1	109.1
10月	64.7	82.4	79.3	59.7	71.5
11月	35.7	40.2	40.0	29.8	36.4
12月	23.4	28.1	28.0	25.3	26.2
1月	20.6	24.2	24.1	23.9	23.2
2月	26.1	25.4	25.2	23.2	25.0
3月	19.2	23.3	23.2	22.7	22.1
4月	25.2	32.8	32.8	19.7	27.6

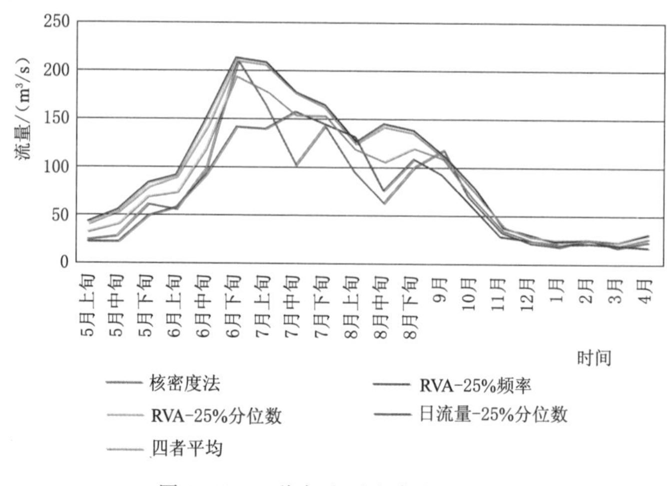

图 3.12 4 种方法下生态流量过程

综合起来，夹岩坝址最适宜生态流量、适宜生态流量下限及适宜生态流量上限相应的年水量分别为 10.90 亿 m^3、6.16 亿 m^3 和 21.06 亿 m^3，占多年平均年径流量的百分比分别为 58.5%、33.1%和 113.0%，相应的生态流量过程如图 3.13 所示。

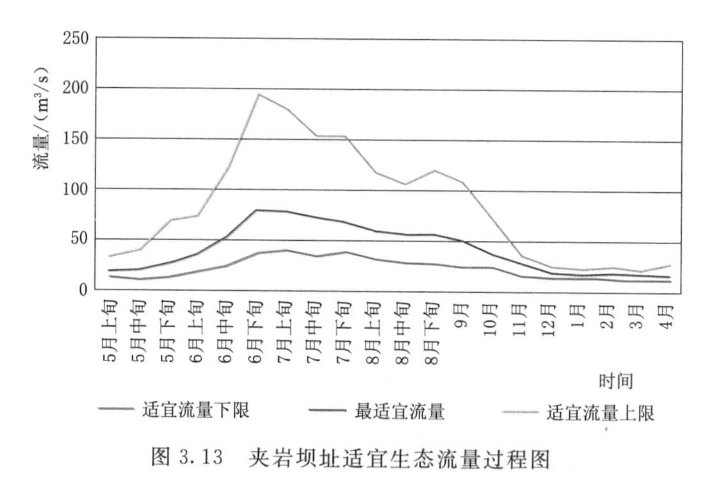

图 3.13 夹岩坝址适宜生态流量过程图

3.4 坝址下游河流流量-生态响应关系

上一节讨论了夹岩坝址河段年生态需水量、年内月（旬）均生态流量过程及其变化范围。从维护河流生态系统健康角度，仅考虑月（旬）均流量还不够，还需要考虑更短时间尺度流量变化及其生态响应。

根据六冲河水生生物现状调查，夹岩枢纽坝下分布有维新段、九洞天、后河下游段等几处产卵场。其中分布在支流后河下游的产卵场不受夹岩水利枢纽下泄流量的影响，这处产卵场能够得以保存。对于维新段、九洞天河段的产卵场，夹岩水库建成后受水库下泄流量影响明显。下面重点分析维新段、九洞天河段的产卵场河流流量与生态响应关系。

3.4.1 河流水深、流速与流量关系

《环评报告书》采用 HEC - RAS 一维水动力数值模型，模拟了不同流量条件下坝下游河段的水位、水面宽度、最大水深、平均流速变化。根据模拟计算结果（见表 3.19），本书建立了坝下游维新产卵场、九洞天产卵场下界断面的河流平均流速-流量关系及最大水深-流量关系。从表 3.19 中可见，在河流流量为 12.1m^3/s 时，维新产卵场及九洞天产卵场的最大水深分别为 2.51m 及 2.31m，平均流速分别为 0.92m/s 和 0.82m/s。而在流量为 265m^3/s 时，两个断面最大水深分别为 7.34m 及 5.17m，平均流速分别为 2.78m/s 和 3.78m/s。

表 3.19 维新产卵场和九洞天产卵场最大水深、平均流速计算结果

流量/(m^3/s)	最大水深/m		平均流速/(m/s)	
	维新产卵场	九洞天产卵场	维新产卵场	九洞天产卵场
12.1	2.51	2.31	0.92	0.82
13.7	2.61	2.38	0.97	0.87
14.9	2.69	2.42	1	0.91
15.1	2.7	2.43	1	0.92
16.9	2.8	2.5	1.05	0.97
17.4	2.83	2.52	1.06	0.99
19.1	2.92	2.57	1.1	1.03
20.2	2.97	2.6	1.13	1.06
23.1	3.11	2.68	1.19	1.13
25.1	3.2	2.74	1.23	1.18
28.3	3.34	2.82	1.29	1.25
29.7	3.39	2.86	1.32	1.28
33.4	3.54	2.95	1.38	1.35
35.3	3.61	2.99	1.41	1.39
36.1	3.64	3.02	1.42	1.4
36.9	3.67	3.03	1.44	1.42
38.7	3.73	3.09	1.46	1.44

续表

流量/(m^3/s)	最大水深/m		平均流速/(m/s)	
	维新产卵场	九洞天产卵场	维新产卵场	九洞天产卵场
41.8	3.84	3.14	1.51	1.5
49.4	4.08	3.3	1.61	1.63
67.9	4.58	3.58	1.82	1.91
77.6	4.84	3.7	1.89	2.05
102	5.43	3.96	1.96	2.35
111	5.57	4.07	2.03	2.44
123	5.75	4.15	2.1	2.59
139	5.96	4.28	2.2	2.75
265	7.34	5.17	2.78	3.78

图3.14、图3.15所示为维新产卵场和九洞天产卵场的平均流速、最大水深与流量关系。在现有数据范围内，以多项式拟合精度较高，相关系数R^2均在0.95以上。

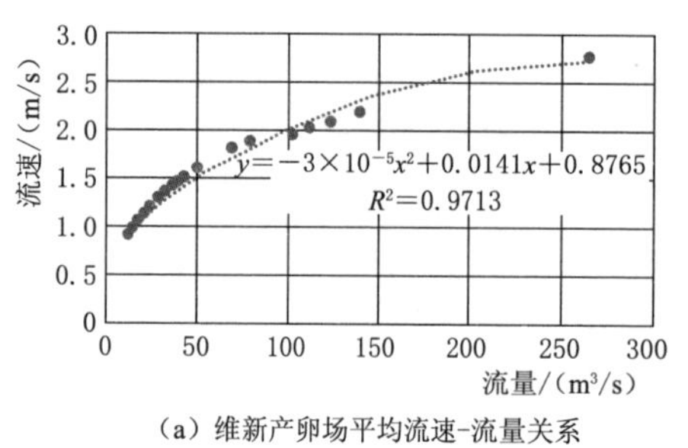

(a) 维新产卵场平均流速-流量关系

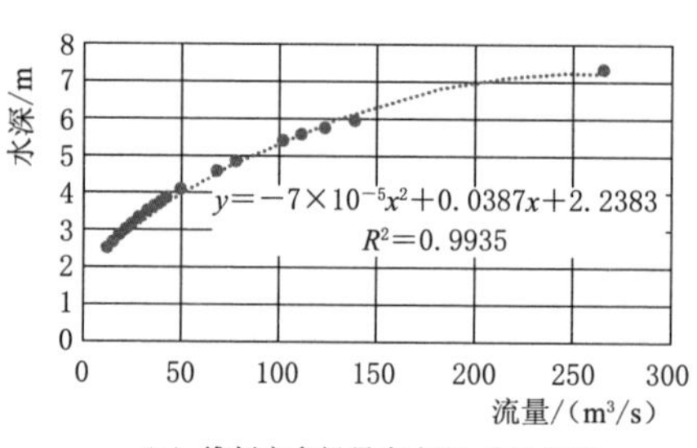

(b) 维新产卵场最大水深-流量关系

图3.14 维新产卵场平均流速、最大水深-流量关系图

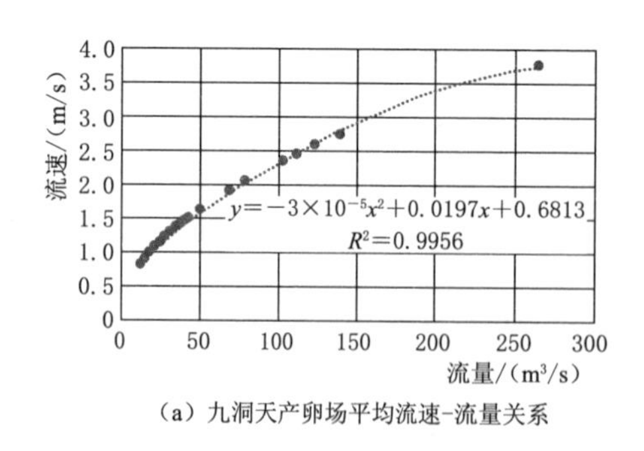

(a) 九洞天产卵场平均流速-流量关系

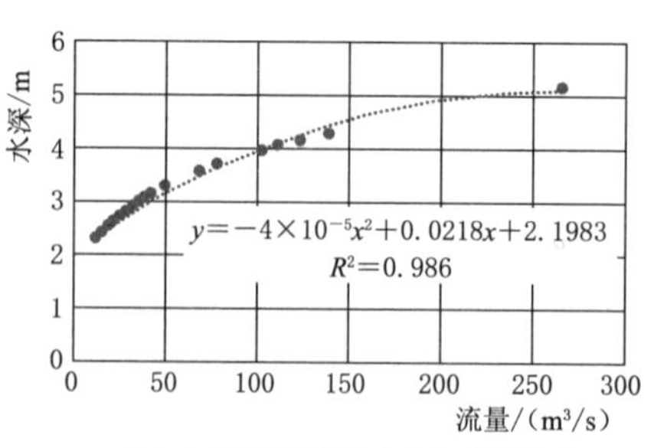

(b) 九洞天产卵场最大水深-流量关系

图3.15 九洞天产卵场平均流速、最大水深-流量关系图

3.4.2　目标鱼类栖息地适宜度曲线

夹岩水利枢纽生态调度的主要目标鱼类为四川裂腹鱼和昆明裂腹鱼，其他鱼类包括云南光唇鱼、齐口裂腹鱼、鲈鲤、灰色裂腹鱼和四川爬岩鳅可以作为生态调度兼顾目标对象。这些鱼类除云南光唇鱼和灰色裂腹鱼以外，均为长江上游特有鱼类。这些鱼类在六冲河干支流梯级开发前为该河段的主要鱼类种类，在六冲河干支流梯级开发后仍在该河段保持一定数量的群体。所选择的生态调度目标鱼类均为营底栖的喜流水性鱼类，产卵均需要流水生境江段以及一定的水文条件。

《水电水利建设项目河道生态用水、低温水和过鱼设施环境影响评价技术指南（试行）》的函（环评函〔2006〕4号文）提出大型河流最小流量的水力生境参数标准如下：平均水深不大于0.3m，平均流速不大于0.3m/s，最大水深不低于鱼类体长的2～3倍。《环评报告书》认为：坝下至瓜仲河水文站间河道存在的产卵场主要为维新产卵场，鱼类主要为裂腹鱼，适宜生长流速为0.5～2.0m/s，适宜水深为0.5～1.5m，其产卵敏感需水期为2—7月。水利部中国科学院水工程生态研究所根据2019年的现状调查以及历史研究资料，在《升鱼机设计优化及河流流量-鱼类生态响应研究》中提出：对于四川裂腹鱼亲鱼，水温处于12～14℃之间或流速处于0.2～0.5m/s之间或水深处于0.1～0.45m之间为低适宜度，水温处于13～19℃之间或流速处于0.3～0.9m/s之间或水深处于0.3～1.05m之间为中适宜度，水温高于23℃之间或流速高于1.1m/s之间或水深深于1.05m为极高适宜度；对于昆明裂腹鱼亲鱼，水温处于8～11℃之间或流速处于0.1～0.3m/s之间或水深处于0.1～0.3m之间为低适宜度，水温处于10～18℃之间或流速处于0.2～0.8m/s之间或水深处于0.2～0.9m之间为中适宜度，水温高于19℃之间或流速高于1.0m/s之间或水深深于0.9m为极高适宜度。

综合上述已有研究成果，确定目标鱼类栖息地适宜度曲线。平均水深适宜范围为0.3～4m，其中1.05～2.5m为最适宜范围；平均流速适宜范围为0.3～3m/s，其中1.1～2m/s为最适宜范围。图3.16为鱼类栖息地耦合适宜度曲线。

除水深、流速外，河床基质及覆盖物、水质和水温也是影响鱼类生长和繁殖的重要因素。这里，假定河床基质及覆盖物、水质和水温均能满足鱼类生长繁殖需求。

3.4.3　河流流量-生态响应关系

适宜的水深、流速、河床基质及覆盖物、水质和水温一起为鱼类产卵繁

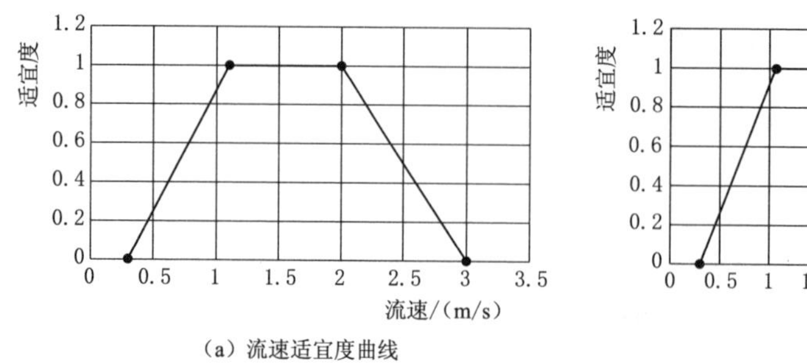

(a) 流速适宜度曲线

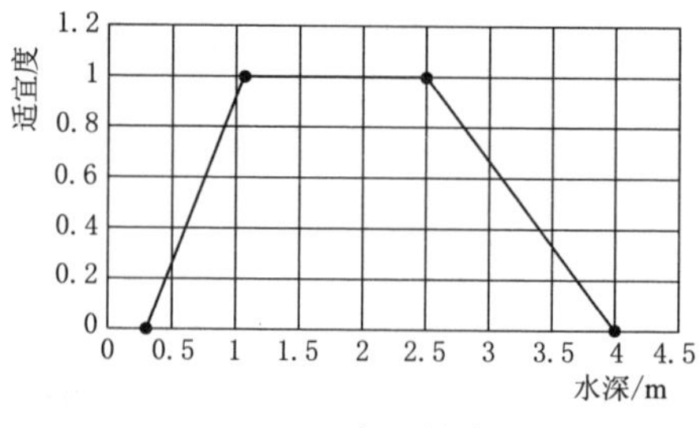

(b) 水深适宜度曲线

图 3.16 鱼类栖息地耦合适宜度曲线

殖和生长创造了条件。设 s_h、s_v 分别表示平均水深、平均流速的适宜度，$f(s_h, s_v)$ 表示综合适宜度，其计算式如下：

$$f(s_h, s_v) = (s_h \cdot s_v)^{1/2} \tag{3.27}$$

或

$$f(s_h, s_v) = \min\{s_h, s_v\} \tag{3.28}$$

或

$$f(s_h, s_v) = 0.5(s_h + s_v) \tag{3.29}$$

综合适宜度越高，表示栖息地越有利于鱼类生长繁殖。

在采用表 3.19 数据或图 3.14 和图 3.15 关系式计算 s_h 时，需将断面最大水深换算成断面平均水深，这可借助横断面高程数据实现。表 3.20 为分别采用式（3.27）、式（3.28）和式（3.29）计算的维新产卵场和九洞天产卵场的鱼类栖息地适宜度。

表 3.20　维新产卵场和九洞天产卵场的鱼类栖息地适宜度

流量/(m^3/s)	式（3.27）		式（3.28）		式（3.29）	
	维新产卵场	九洞天产卵场	维新产卵场	九洞天产卵场	维新产卵场	九洞天产卵场
23.1	1.00	1.00	1.00	1.00	1.00	1.00
35.3	0.96	1.00	0.93	1.00	0.96	1.00
33.4	0.99	1.00	0.97	1.00	0.99	1.00
49.4	0.78	1.00	0.61	1.00	0.81	1.00
265	0.00	0.00	0.00	0.00	0.11	0.00
123	0.00	0.48	0.00	0.41	0.45	0.49
16.9	0.97	0.92	0.94	0.84	0.97	0.92
25.1	1.00	1.00	1.00	1.00	1.00	1.00

续表

流量 /(m^3/s)	式 (3.27)		式 (3.28)		式 (3.29)	
	维新产卵场	九洞天产卵场	维新产卵场	九洞天产卵场	维新产卵场	九洞天产卵场
29.7	1.00	1.00	1.00	1.00	1.00	1.00
38.7	0.92	1.00	0.85	1.00	0.92	1.00
102	0.00	0.67	0.00	0.65	0.50	0.67
139	0.00	0.35	0.00	0.25	0.40	0.37
28.3	1.00	1.00	1.00	1.00	1.00	1.00
13.7	0.92	0.84	0.84	0.71	0.92	0.86
41.8	0.88	1.00	0.77	1.00	0.89	1.00
15.1	0.94	0.88	0.88	0.78	0.94	0.89
17.4	0.97	0.93	0.95	0.86	0.98	0.93
20.2	1.00	0.97	1.00	0.95	1.00	0.98
36.1	0.95	1.00	0.91	1.00	0.95	1.00
67.9	0.53	0.97	0.28	0.95	0.64	0.97
111	0.00	0.59	0.00	0.56	0.49	0.59
14.9	0.94	0.87	0.88	0.76	0.94	0.88
12.1	0.88	0.81	0.78	0.65	0.89	0.83
77.6	0.33	0.91	0.11	0.87	0.55	0.91
36.9	0.94	1.00	0.89	1.00	0.94	1.00
19.1	1.00	0.96	1.00	0.91	1.00	0.96

图 3.17 给出了 3 组公式计算的维新产卵场和九洞天产卵场适宜度随流量变化的关系。图 3.17 可见，式（3.27）的几何平均与式（3.28）的二者取小的结果比较相似，式（3.29）的算术平均得到的适宜度则与前二者差别明显，尤其是维新产卵场的适宜度。当 s_h 或 s_v 等于 0 时，几何平均与二者取小的综合适宜度也等于 0，均能体现水深与流速的独立作用。因此，几何平均或二者取小的结果比算术平均的结果更合适。

根据表 3.20 和图 3.17 的几何平均结果，以适宜度不小于 0.8 为高适宜，维新产卵场相应的流量范围为 12～48m^3/s，九洞天产卵场相应的流量范围为 12～80m^3/s。当维新产卵场流量大于 70m^3/s 或九洞天产卵场流量大于 140m^3/s，适宜度将小于 0.4，可认为生境属于低适宜。

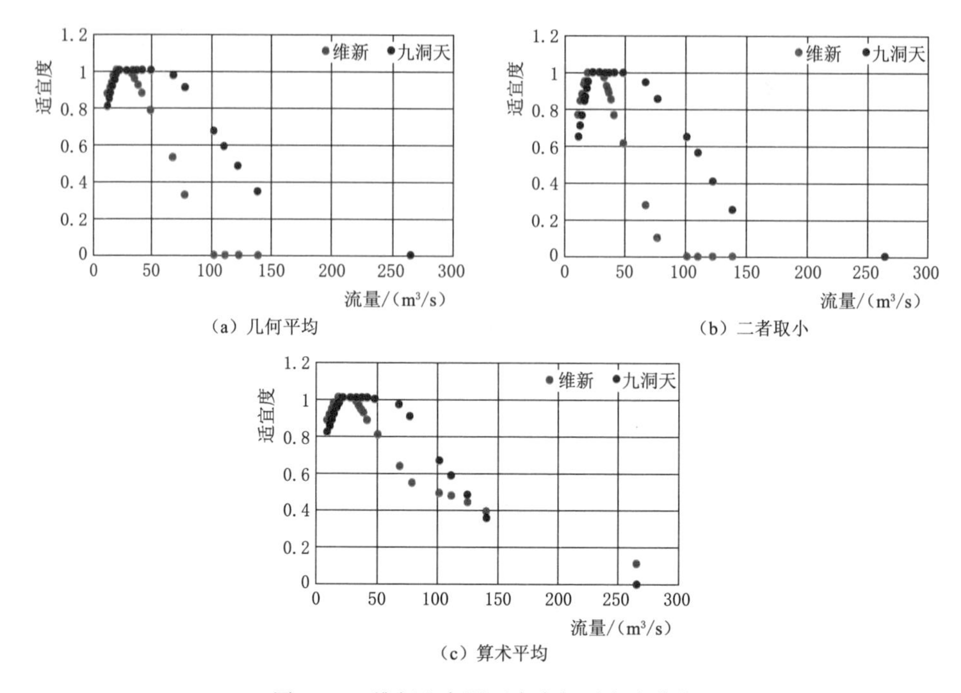

图 3.17　维新和九洞天产卵场适宜度曲线

3.5　本章小结

本章应用改进年内展布法、DRM 法及核密度估计法计算了夹岩坝址年内月（旬）生态流量过程，并与 RVA 法等确定的流量变化范围进行了比较，综合分析确定了夹岩坝址生态流量过程及生态流量阈值。本章结论如下。

（1）改进年内展布法区分丰、平、枯年型和区分汛期、非汛期计算的河道基本生态流量过程，考虑了径流年际变化和季节变化，比未区分丰平枯年型确定的河道内生态流量更符合实际；改进年内展布法计算的丰水年、平水年、枯水年生态基流水量占多年平均径流量的比例分别为 59.20％、35.61％和 28.92％。

（2）DRM 法通过建立河道内流量与生态等级对应关系，可获得枯水年、平水年不同生态等级河道内年生态水量及生态流量过程。平水年生态等级Ⅰ/Ⅱ（受人类活动影响较小，河流生态功能基本未受影响）的生态水量年值占多年平均径流量的 56.8％，平水年在生态等级Ⅱ/Ⅲ时（人类活动影响处于较小和适中之间，河流生态功能改变较小），生态流量年值（水量）占多年平均径流量的比例为 35.3％，其中基流年值占多年平均径流量的 28.1％，高流量年值占7.2%。枯水年生态流量年值（对应平水年生态等级Ⅳ）占多年平均径流量的16.4%。与改进年内展布法枯水年生态水量比较，DRM法枯水年生态流量年值偏小。

（3）采用总溪河站日流量数据系列，基于核密度估计法获得了坝址最适宜生态流量过程和适宜生态流量下限、上限过程。其中适宜生态流量过程、生态流量下限及上限过程的水量占多年平均径流量的55.1%、42.3%和101.7%。

（4）综合比较改进年内展布法、DRM法、核密度估计法、逐月（旬）频率法及RVA法的计算结果，确定了夹岩坝址的最适宜生态流量过程、适宜生态流量下限及上限过程。最适宜生态流量过程年水量占坝址天然情况下多年平均径流量的比例为58.5%，适宜生态流量下限（下阈值）过程和上限过程（上阈值）占多年平均径流量的比例分别为33.1%和113.0%。由于各种方法计算的生态流量过程有明显差别，采用综合分析途径确定夹岩生态流量过程及阈值是可行的一种途径。这种方法同样适用于贵州省其他河流生态流量确定。

（5）根据HEC－RAS模拟结果，建立了坝下游维新产卵场、九洞天产卵场下界断面的河流平均流速-流量关系及最大水深-流量关系。根据相关研究成果，确定了目标鱼类栖息地适宜度曲线。平均水深适宜范围为0.3～4m，其中1.05～2.5m为最适宜范围；平均流速适宜范围为0.3～3m/s，其中1.1～2m/s为最适宜范围。以适宜度不小于0.8为高适宜，维新产卵场相应的适宜流量范围为12～48m^3/s，九洞天产卵场相应的适宜流量范围为12～80m^3/s。当维新产卵场流量大于70m^3/s或九洞天产卵场流量大于140m^3/s，适宜度将小于0.4，可认为产卵场生境属于低适宜。

第4章 夹岩水库长期生态调度研究

夹岩水利枢纽及黔西北供水工程改变了六冲河水资源时空分配，在获得巨大的供水、发电效益同时，必然对六冲河天然水文情势、水环境及水生生物产生重要影响。如何在水资源开发利用的经济社会效益与河流生态环境保护之间保持一种均衡，是夹岩水库调度面临的挑战。

水库优化调度始于20世纪50年代，最初多以防洪、发电、供水等为优化目标（Labadie，2004；Fayaed et al.，2013）。到了20世纪70年代，生态环境保护和河流健康日益受到重视，在考虑防洪、发电、航运等的情况下，结合生态环境要求来进行水库调度（Harman et al.，2005）。例如，美国田纳西流域管理局以河流的生态流量为目标，对流域内20个水库的调度方式进行了调整，以此来改善流域内的生态环境（Higgins et al.，1999）。将生态环境要求纳入传统的水库调度过程中，旨在降低水库径流调节对河流水文节律扰动及生态环境的负面影响，由此产生了一种新的调度模式——水库生态调度。Richter等（2003）基于人类与自然二元需水角度，提出生态调度是在充分满足人类用水需求的同时，最大限度地供应河流生态环境的需水要求的水库调度；Jager和Smith（2008）从水库可持续调度的角度，指出生态调度应当在满足供水和发电等社会基本需求的前提下，维持河流生态系统的稳定与健康；董哲仁等（2007）将生态调度定义为在实现防洪、发电、供水、灌溉、航运等社会经济多种目标的前提下，兼顾河流生态系统需求的水库调度。因此，水库生态调度本质上是一种多目标调度或生态友好型调度。

水库生态调度的关键是如何在调度中考虑生态环境需水要求，包括水量、水质、水温及流速、水深等要求。针对生态需水量或生态流量要求，水库生态调度通常有以下几种处理方式：

（1）以满足最小生态流量为约束，构建基于最小生态流量要求的水库调度模型，如胡和平等（2008）将生态流量过程线作为约束条件，建立了发电量最大的水库优化调度模型；梅亚东等（2009）根据雅砻江下游河道生态环境的需求，对下泄流量设置了不同方案，以发电量最大为目标，建立了基于生态流量限制的长期优化调度模型，并分析了生态流量与发电量之间转换关系；Bai 等（2015）通过调整最小生态下泄流量，以发电、供水、防洪为目标，建立了多目标优化调度模型。

（2）以适宜生态流量（或天然流量情势）为参照，构建基于适宜生态流量（或天然流量情势）要求的水库调度模型。IDH 方法（intermediate disturbance hypothesis）是一种描述河流扰动度的定量方法，Suen 和 Eheart（2006）建立了基于 IDH 的多目标优化模型，得到了社会利益和最小河流干扰度目标之间的 Pareto 最优方案；卢有麟等（2011）考虑发电和生态需水要求，以发电量最大和生态缺水量最小为目标构建了多目标优化调度模型，以研究发电效益和生态效益之间的竞争关系；高超（2018）将适宜生态流量与实际下泄流量之间的欧式距离最小作为生态目标；Yang 等（2012）基于 RVA 法筛选出水文改变度显著的流量因子，通过各流量因子的隶属度函数加权，构建了河流生态流量目标，构建了多目标生态调度模型，并与传统的以发电量最大为目标的调度模型进行了对比；Shiau 等（2013）通过 RVA 法评估了高屏水库建成后河流水文情势的改变，并建立整体改变度函数，以水文改变度最小与水库供水失效率最小作为调度目标，求得了 Pareto 最优解；王学斌等（2017）以综合缺水量最小、生态需水缺水量最小和梯级发电量最大为目标，研究多目标调度运行过程以及各目标之间的不对称竞争关系。陈悦云等（2018）以外洲控制站调度后流量与天然流量偏差最小为生态目标，建立面向发电、供水、生态要求的赣江流域水库群优化调度模型。

（3）以生态流量区间为基准，构建水库生态调度模型。生态流量上、下限值可以基于天然流量情势，采用 RVA 法确定，也可以根据其他水文学方法、水力学方法或栖息地方法确定。张召等（2016）基于生态流量区间计算生态保证率并作为生态目标，建立多目标调度模型；吴贞晖等（2020）将整个调度期内的时段生态缺溢水量平均值称为水库的生态缺溢水量，以水库生态缺溢水量最小为生态目标，建立供水、发电和生态多目标调度图优化模型。这里当实际流量小于下限值时产生缺水，实际流量大于上限值时产生溢水，以溢缺水量度量生态效果。

本章根据夹岩水利枢纽及黔西北供水工程开发任务，以供水（包括城镇供水和灌溉供水）、发电和生态为优化目标，建立夹岩水库长期生态调度模型，提出耦合水量分配规则和权重法的多目标调度方法，探寻夹岩水库蓄水-供水-放水规律，分析夹岩水库供水、发电及生态多个目标之间竞争合作关系，提取可用于指导夹岩水库调度运行的调度规则，从而为夹岩水库科学调度提供客观依据。

4.1 模型构建

采用夹岩水库 1957 年 5 月—2012 年 4 月长系列设计入库流量系列和同期

城镇、灌溉需水系列，汛期5—8月以旬为单位划分时段，其他以月为时段，将调度期划分为T个时段。优化问题可描述为在入库流量、城镇需水和灌溉需水给定条件下，优化各时段水库城镇供水、灌溉供水及下泄流量，以实现夹岩水库供水、发电和生态效益综合最佳。

4.1.1 目标函数

根据工程开发任务，夹岩水库调度主要考虑3个方面的目标：供水目标、发电目标和生态目标，各个目标的数学表达式如下。

(1) 供水目标。包括城镇供水和灌溉供水。常见的供水目标有供水量最大、缺水量最小、缺水率最小、供水保证率最大等。考虑到城镇供水保证率和农业灌溉保证率的要求不同，本书采用调度期内供水综合保证率最大为目标，表达式如下：

$$\max(f_1)=\omega_1 P^A+\omega_2 P^M \tag{4.1}$$

式中：P^A、P^M分别为灌溉供水、城镇供水保证率；ω_1、ω_2分别为灌溉供水保证率和城镇供水保证率的目标权重，总权重为1。

此次城镇供水保证率和灌溉保证率均以历时保证率进行计算，计算公式为

$$\delta_t^A=\begin{cases}1, & Q_t^A \geqslant D_t^A \\ 0, & Q_t^A < D_t^A\end{cases} \tag{4.2}$$

$$\delta_t^M=\begin{cases}1, & Q_t^M \geqslant D_t^M \\ 0, & Q_t^M < D_t^M\end{cases} \tag{4.3}$$

$$P^A=\frac{\sum_{t=1}^{T}\delta_t^A}{T}\times 100\% \tag{4.4}$$

$$P^M=\frac{\sum_{t=1}^{T}\delta_t^M}{T}\times 100\% \tag{4.5}$$

式中：Q_t^A、Q_t^M分别为第t时段灌溉、城镇的实际供水流量；D_t^A、D_t^M分别为第t时段灌溉需水流量、城镇需水流量；δ_t^A、δ_t^M分别为灌溉用水、城镇供水是否短缺的变量，当供水量大于等于需水量时为1，否则为0；其他符号意义同前。

(2) 发电目标。以调度期内夹岩水库水电站多年平均年发电量与多年平均年发电量最大值之比最大为目标，其表达式如下：

$$\max(f_2)=\frac{1}{N}\sum_{t=1}^{T}\frac{E_t}{E_a} \tag{4.6}$$

$$E_t = P_t \Delta t = KQ_{fd,t} H_t \Delta t_t \tag{4.7}$$

式中：E_t 为夹岩水库电站第 t 个时段发电量；$Q_{fd,t}$ 为水库第 t 个时段发电流量；H_t 为水库第 t 个时段发电水头；K 为水电站出力系数，为已知值；Δt_t 为计算时段小时数；N 表示序列总年数；E_a 为电站多年平均年发电量最大值，该值通过对发电目标进行单目标优化获得，为已知值。

(3) 生态目标。结合前文给出的适宜生态流量阈值，本书以调度期内生态隶属度最大为生态目标。

针对计算得到的全年 20 个时段的适宜生态流量区间，本书对每个时段引入隶属度函数 FZ，评价下泄流量对生态友好程度。采用梯形隶属度函数，其一般形式如图 4.1 所示。横坐标为下泄流量，纵坐标为隶属度，表示下泄流量对生态友好程度。流量有 a、b、c、d 4 个特征值，其中 a 表示各月（或旬）生态流量最小值，b 表示各月（或旬）适宜生态流量下限，c 表示各月（或旬）适宜生态流量上限，d 表示各月（或旬）生态流量最大值。

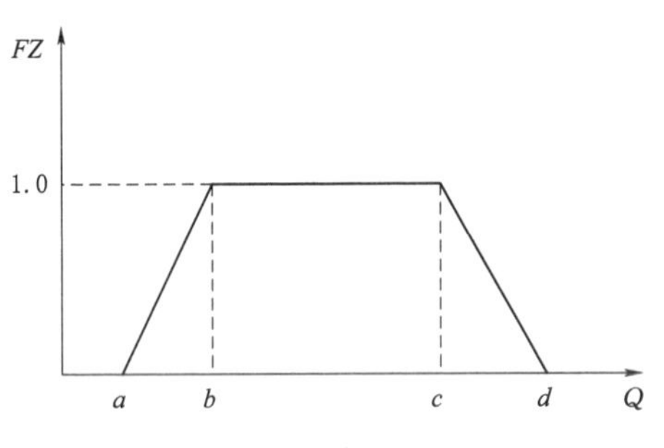

图 4.1 生态隶属度函数图

适宜生态流量下限、上限对应维持河流生态系统健康的流量范围，在此范围内，河流生态系统是健康的，相应的生态隶属度为 1.0。在 $b \sim a$ 之间，随着流量减少，河流生态系统受到影响的程度越来越严重，所以生态隶属度也逐渐减小，表示生态友好程度下降。在 $c \sim d$ 之间，随着流量增加，生态隶属度逐渐减小，同样表示生态友好程度下降。

设 m 表示全年的月（或旬）编号，m 与时段 t 的关系如下：

$$m = t - mod_t \times 20 \tag{4.8}$$

$$mod_t = \left(\frac{t - 0.5}{20}\right) \tag{4.9}$$

式中：(•) 表示取整运算。

对于第 t 时段流量 Q_t 按上式换算为第 m 个月（或旬）流量 Q_m，然后按下式计算隶属度：

$$FZ(Q_m) = \begin{cases} \dfrac{Q_m - a_m}{b_m - a_m} & , a_m \leqslant Q_m < b_m \\ 1 & , b_m \leqslant Q_m \leqslant c_m \\ \dfrac{d_m - Q_m}{d_m - c_m} & , c_m < Q_m \leqslant d_m \end{cases} \tag{4.10}$$

式中：参数 a_m、b_m、c_m、d_m 均为随 m 而变的参数。

因此，生态目标可以表示为

$$\max(f_3)=\frac{1}{T}\sum_{t=1}^{T}FZ_t \tag{4.11}$$

式中：FZ_t 为第 t 时段下泄流隶属度，根据适宜生态流量区间计算结果，对于不同月份（或旬），查找对应的隶属度函数，计算各个时段的隶属度函数值。

4.1.2 约束条件

约束条件主要包括水库特性约束、水电站特性约束和供水约束等。

（1）水库水量平衡方程：

$$V_{t+1}=V_t+(I_t-Q_t^R-Q_t^M-Q_t^A)\tau_t-L_t \tag{4.12}$$

式中：V_t、V_{t+1} 分别为水库第 t 时段初、末的库容；I_t 为第 t 时段的入库流量；Q_t^R 为第 t 时段下泄流量；Q_t^A、Q_t^M 分别为 t 时段内灌溉、城镇的供水流量；τ_t 为单位换算系数；L_t 为第 t 时段水库水量损失，包括水面蒸发和库区渗漏损失。

这里，$L_t=0.5\alpha(V_t+V_{t+1})$，$\alpha$ 为水量损失系数。

（2）水库水位限制：

$$Zl_t\leqslant Z_t\leqslant Zu_t \tag{4.13}$$

式中：Z_t 为水库第 t 时段初水库蓄水位；Zl_t 为水库第 t 时段初允许消落到的最低水位，一般对应水库死水位；Zu_t 为水库第 t 时段初允许蓄到的最高水位，在汛期对应汛限水位，在非汛期对应正常蓄水位。

（3）水库供水及下泄流量限制。

$$Ql_t\leqslant Q_t^R\leqslant Qu_t \tag{4.14}$$

$$Q_t^M\leqslant D_t^M \tag{4.15}$$

$$Q_t^A\leqslant D_t^A \tag{4.16}$$

式中：Ql_t 为第 t 时段水库最小下泄流量，一般由下游综合利用要求提出，无特别要求时，可取不小于0的值；Qu_t 为第 t 时段水库最大下泄流量，一般受电站过水能力和水库泄洪能力限制；D_t^M、D_t^A 分别为第 t 时段城镇需水流量、灌溉需水流量。

（4）电站出力限制。

$$P_{\min,t}\leqslant P_t\leqslant P_{\max,t},\ t=1,2,\cdots,T \tag{4.17}$$

式中：P_t 为第 t 时段水电站实际出力；$P_{\min,t}$、$P_{\max,t}$ 为水库 t 时段最小、最大出力，这里最大出力等于电站装机容量。

（5）电站发电过流能力限制。

$$Q_{fd,t}\leqslant\overline{Q}_{fd} \tag{4.18}$$

式中：$\overline{Q}_{fd}$ 为夹岩水库电站装机引用流量。

（6）其他约束。

1）电站尾水水位流量关系：

$$Z_{xy,t}=f_{ZQ}(Q_t^R) \tag{4.19}$$

式中：$Z_{xy,t}$ 为第 t 时段电站尾水平均水位；$f_{ZQ}(\cdot)$ 为尾水水位流量关系函数。

2）水位库容关系

$$Z_t=f_{ZV}(V_t) \tag{4.20}$$

式中：Z_t 为第 t 时段初水库坝前水位；$f_{ZV}(\cdot)$ 为水位库容关系函数。

3）水电站水头

$$H_t=\frac{Z_t+Z_{sy,t+1}}{2}-Z_{xy,t}-\Delta H_t \tag{4.21}$$

式中：H_t 为水电站 t 时段水头；$Z_{sy,t}$、$Z_{sy,t+1}$ 分别为第 t 时段、$t+1$ 时段上游平均水位；$Z_{xy,t}$ 为第 t 时段下游平均水位；ΔH_t 为水电站第 t 时段水头损失。

4）调度期起始、终止水位

$$Z_1=Z_{T+1}=Z_c \tag{4.22}$$

式中：Z_1、Z_{T+1} 分别为时段初、时段末水位；Z_c 为设定的水库蓄水位，一般为死水位。

5）变量非负约束。所有决策变量均不小于 0。

4.2 模型求解方法

夹岩水库长期调度模型是一个以供水、发电和生态为目标的多目标多维决策优化模型。从水量平衡方程中可以看出，决策变量除时段末的水库蓄水量之外，还包括下泄水量、灌溉用水、城镇供水。长系列优化调度问题时段数众多（本例为 1100 个时段），采用智能算法进行求解难以获得所希望的结果。水库调度具有明显的序贯决策特点，动态规划是求解多阶段序贯决策的有效方法。本书通过如下处理，将动态规划方法用于所建立的优化调度模型求解。

4.2.1 多目标优化转化为单目标优化

通过权重法将多目标优化转化为单目标优化，转化后的优化目标为

$$\max(F)=\sum_{i=1}^{3}\lambda_i f_i \tag{4.23}$$

式中：F 为总目标值；λ_i 为第 i 个目标权重系数，$\lambda_i\geqslant 0$，$\sum_{i=1}^{3}\lambda_i=1.0$；

$f_i(i=1,2,3)$ 分别为供水目标、发电目标和生态目标，表达式同前。

通过不断变动权重系数 λ_i 值，对式（4.23）单目标优化问题求解从而获得供水目标、发电目标和生态目标的非劣解集。

4.2.2　水库水量分配规则

单个水库调度问题中，水量平衡方程（即状态转移方程）一般只包含一个决策，而本例却有多个决策，构成一个一维状态多维决策的优化问题。为了解决这个问题，本章结合水库水量分配规则，模拟各个时段水量在城镇供水、灌溉用水及河道生态用水、发电用水之间分配，从而实现采用动态规划法求解上述优化调度模型。

在第 t 时段来水量、时段初末水库蓄水量给定的条件下，根据时段末水库蓄水量可计算得到第 t 时段水库可用水量，表达式如下：

$$W_t = Q_t^R + Q_t^M + Q_t^A = I_t + [(1-0.5\alpha)V_t - (1+0.5\alpha)V_{t+1}]/\tau_t \tag{4.24}$$

式中：W_t 为第 t 时段夹岩水库可用水量。

在 I_t、V_t、V_{t+1} 均已知情况下，W_t 也已知。问题是 W_t 如何在 Q_t^R、Q_t^M、Q_t^A 之间分配，才能够获得最佳效果。本书针对 3 种水量分配规则，研究比较了其对结果的影响。

规则一为工程初设报告提出的水量分配规则；规则二根据河道生态需水、城镇供水、灌溉供水优先次序拟定；规则三是根据枯水年水量大小削减灌溉供水、城镇供水。

根据工程初设报告，规则一可归纳如下：

（1）当可用水量较少时且达不到河流最小生态流量需求，考虑生态环境需水优先，可用水量全部作为下泄流量，不考虑供水。

（2）当可用水量足够多，能够满足河流最小生态流量需求且能满足城镇和灌溉总需水量时，城镇和灌溉按照需水量进行供水，多余水量全部下泄。如果下泄流量的总出力超过装机容量或下泄流量超过装机引用流量，则电站出力等于装机容量或发电流量等于装机引用流量，并产生弃水。

（3）当可用水量大于河流最小生态流量需求，但扣除最小生态流量后又不足以满足城镇和灌溉总需水量时，下泄流量等于最小生态流量，多余水量在城镇和灌溉之间再分配。具体方法是通过灌溉用水折减系数 c_A 和城镇供水折减系数 c_M 细化。

1）在满足城镇需水的条件下，逐渐削减灌溉供水量，直到削减为灌溉需水量乘以灌溉用水折减系数 c_A。

2）如果灌溉供水削减到最大程度后，城镇供水不能满足，则保持灌溉用水削减最大幅度不变，依次削减城镇供水，最大削减程度为城镇供水需水量乘以城镇供水折减系数 c_M。

3）如果灌溉供水、城镇供水均削减到最大程度后供水仍然不足，此时保持城镇供水削减程度不变，多余的水量供给灌溉。

4）如果多余的水量不足以满足城镇用水削减最大程度后的需水量，则此时不考虑灌溉供水，多余水量全部供给城镇。

表 4.1 总结了水量分配规则一。表中：W_t 为可用水量；Q_t^R 为水库下泄水流量；Q_t^A、Q_t^M 分别为灌溉、城镇的实际供水流量；Q_t^S 为水库总供水流量，$Q_t^S=Q_t^M+Q_t^A$；D_t^A、D_t^M 分别为灌溉、城镇需水流量；c_A、c_M 分别为灌溉用水和城镇用水的折减系数，根据工程初设报告，定义 c_A、c_M 分别为 0.8、0.9；Q_{eco} 为保持生态要求的最小流量，取 12.1m³/s。

表 4.1　　夹岩水库水量分配规则一

变量	W_t	Q_t^S	Q_t^R	Q_t^M	Q_t^A
水量分配结果	$(0,Q_{eco}]$	0	W_t	0	0
	$(Q_{eco},Q_{eco}+c_MD_t^M]$	W_t-Q_{eco}	Q_{eco}	W_t-Q_{eco}	0
	$(Q_{eco}+c_MD_t^M,$ $Q_{eco}+c_MD_t^M+c_AD_t^A]$	W_t-Q_{eco}	Q_{eco}	$c_MD_t^M$	$W_t-Q_{eco}-c_MD_t^M$
	$(Q_{eco}+c_MD_t^M+c_AD_t^A,$ $Q_{eco}+D_t^M+c_AD_t^A]$	W_t-Q_{eco}	Q_{eco}	W_t-Q_{eco} $-c_AD_t^A$	$c_AD_t^A$
	$(Q_{eco}+D_t^M+c_AD_t^A,$ $Q_{eco}+D_t^M+D_t^A]$	W_t-Q_{eco}	Q_{eco}	D_t^M	$W_t-Q_{eco}-D_t^M$
	$(Q_{eco}+D_t^M+D_t^A,\infty)$	$D_t^M+D_t^A$	$W_t-D_t^M-D_t^A$	D_t^M	D_t^A

规则二与规则一相比，主要不同是当可用水量大于河流最小生态流量需求，但又小于最小生态流量与城镇和灌溉总需水量之和时，下泄流量等于最小生态流量；多余水量在城镇和灌溉之间分配时，按照城镇供水优先灌溉原则分配，只有在城镇需水得到全部满足之后，才供给灌溉。其水量分配规则见表 4.2。

表 4.2　　夹岩水库水量分配规则二

变量	W_t	Q_t^S	Q_t^R	Q_t^M	Q_t^A
水量分配结果	$(0, Q_{eco}]$	0	W_t	0	0
	$(Q_{eco}, Q_{eco}+D_t^M]$	W_t-Q_{eco}	Q_{eco}	W_t-Q_{eco}	0
	$(Q_{eco}+D_t^M, Q_{eco}+D_t^M+D_t^A]$	W_t-Q_{eco}	Q_{eco}	D_t^M	$W_t-Q_{eco}-D_t^M$
	$(Q_{eco}+D_t^M+D_t^A, \infty)$	$D_t^M+D_t^A$	$W_t-D_t^M-D_t^A$	D_t^M	D_t^A

规则三与规则一不同之处是城镇供水、灌溉供水的削减系数与年入库水量有关，是变动的。因此，规则三实际上考虑了水量预测。规则三削减系数计算如下：

1）当第 y 年入库水量 WI_y 大于 80%频率年水量 $W_{80\%}$ 时，该年的城镇供水、灌溉供水削减系数均为 1.0（不削减）。实际上该年按规则二分配水量。

2）当第 y 年入库水量 WI_y 小于 80%频率年水量 $W_{80\%}$ 但大于 95%频率年水量 $W_{95\%}$ 时，城镇用水削减系数为 1.0（即不削减），灌溉用水削减系数为

$$c_{A,y} = WI_y / W_{80\%} \tag{4.25}$$

3）当第 y 年入库水量 WI_y 小于 95%频率年水量 $W_{95\%}$，城镇用水和灌溉用水均削减。削减系数分别为

$$c_{M,y} = WI_y / W_{95\%};\ c_{A,y} = WI_y / W_{80\%} \tag{4.26}$$

在给定每年的城镇供水、灌溉供水的削减系数后，具体水量分配规则同表 4.1。

经过上述处理后，模型可采用动态规划法进行求解，求解流程图如图 4.2 所示。

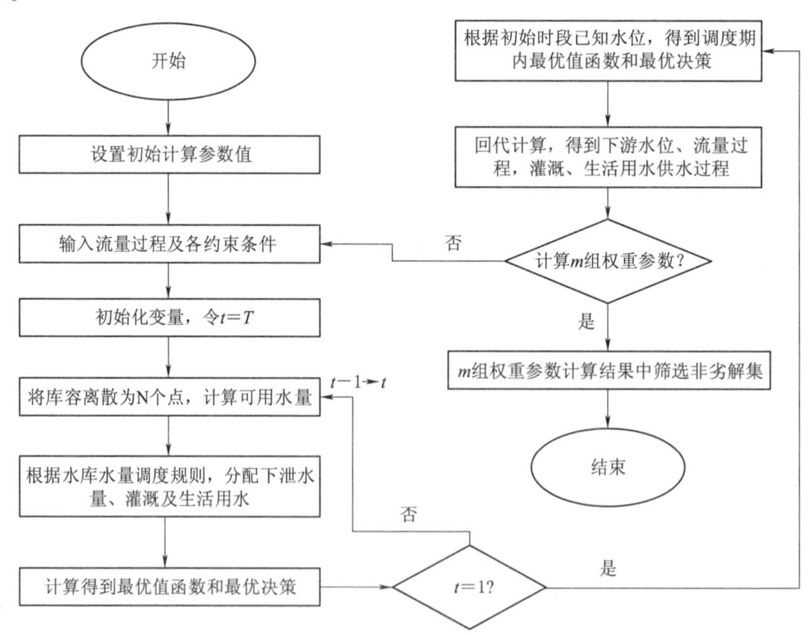

图 4.2　夹岩水库长期生态调度模型求解流程图

4.3 计算结果与分析

4.3.1 基本数据

(1) 入库径流。径流调节计算所采用的入库径流系列为1957年5月—2012年4月共55年的历年逐月(逐旬)平均流量。现状水平年坝址处年径流量18.70亿m^3，考虑上游新增农灌、工业、城镇生活、农村人畜和电厂用水消耗量1.24亿m^3后，规划水平年2030年坝址多年平均净入库水量为17.46亿m^3。

(2) 水库水量损失。水库水量损失包括蒸发与渗漏损失两项，经计算，水库多年平均蒸发量为590万m^3/a；根据库区地质条件，水库渗漏损失按正常蓄水位以下库容的4.5%计，约为5875万m^3/a，即水库蒸发、渗漏水量损失为6465万m^3/a，约占正常蓄水位以下库容的5%。本次计算取$\alpha=0.003$，水库年损失水量约为6000万m^3/a。

(3) 城镇供水、灌溉需水过程线。采用初设报告提供的受水区1957年5月—2012年4月设计城镇供水、灌溉需水过程线，其中城镇供水多年平均需调水量为45872万m^3/a，灌溉多年平均需调水量为24172万m^3/a，二者合计多年平均需调水量为70044万m^3/a。

(4) 适宜生态流量。各时段生态隶属度计算涉及4个与生态流量有关的参数，其中表3.14和表3.18已列出夹岩坝址适宜生态流量的较小值、较大值。考虑到环评报告提出的最小生态流量为12.1m^3/s，对于小于12.1m^3/s的下限值，调整为12.1m^3/s。各时段生态流量最小值取日流量历时曲线95%频率点流量、年内展布法枯水年、DRM法-Ⅲ3种方法结果中最小值，相应的年生态水量为4.19亿m^3，占多年平均年径流量的22.5%。各时段生态流量最大值取月均流量频率曲线10%频率点对应的流量，相应的年生态水量为33.23亿m^3，占多年平均年径流量的178.3%，比Tennant法“最大”等级相应的百分比200%小。

(5) 水能计算参数。根据初设报告，电站装机容量为70MW，装机引用流量为78.4m^3/s，平均水头损失为2.2m，出力系数为8.5。

(6) 库容曲线。采用天然情况下夹岩水库库容曲线。

(7) 厂房尾水水位-流量关系曲线。采用初设报告提供的厂房尾水位流量关系曲线。

4.3.2 多年平均调度结果及分析

在水库水量分配规则给定情况下，通过变动权重系数λ_1、λ_2、λ_3和ω_1、

ω_2，求解相应的动态规划模型，获得供水、发电和生态目标值及相应的水库调度过程、城镇供水和灌溉供水过程。

表 4.3 为采用水量分配规则一计算的夹岩水库调度结果。表 4.3 中，$\overline{E}$ 为夹岩水电站多年平均年发电量；P^E 为夹岩水库下泄流量大于最小生态流量 12.1m^3/s 的保证率，称为最小生态流量保证率；P^M、P^A 同前所述，分别是城镇供水、灌溉供水保证率。权重系数 λ_1、λ_2、λ_3 的取值大小，反映了对供水、发电和生态目标的重视程度。当 $\lambda_2=1$ 时，表示发电目标是优化时唯一目标，另两个目标在优化时不予考虑，对 $\lambda_1=1$ 或 $\lambda_3=1$ 也是如此。当两个（或三个）目标权重系数相等时，表示这两个（或三个）目标在优化时同等重要。表 4.3 中编号 8～11 的 4 组解，ω_1、ω_2 取值不同，因而结果不同。

表 4.3　　　采用水量分配规则一计算的夹岩水库调度结果

编号	权重 λ_2	权重 λ_1	权重 λ_3	发电目标 f_2	供水目标 f_1	生态目标 f_3	$\overline{E}$ /(亿 kW·h)	P^M/%	P^A/%	P^E/%
1	1	0	0	**1.0000**	0.5150	0.5808	3.30	51.2	51.7	61.9
2	0	1	0	0.5980	**0.9923**	0.5802	1.97	99.2	95.3	99.2
3	0	0	1	0.7085	0.8418	**0.9951**	2.34	84.1	84.1	99.3
4	0.5	0	0.5	0.9042	0.7100	0.9666	2.98	70.9	70.9	97.2
5	0.5	0.5	0	0.7431	0.9723	0.6682	2.45	96.7	97.5	96.7
6	0	0.5	0.5	0.6492	0.9695	0.9862	2.14	96.7	97.0	98.6
7	0.33	0.33	0.33	0.7530	0.9500	0.9914	2.48	94.8	95.0	98.9
8	0.38	0.52	0.1	0.7314	0.9855	0.9443	2.41	98.5	78.4	98.5
9	0.38	0.52	0.1	0.7319	0.9764	0.9668	2.42	97.4	97.7	97.7
10	0.38	0.52	0.1	0.7327	0.9750	0.9675	2.42	97.4	97.5	97.7
11	0.38	0.52	0.1	0.7326	0.9754	0.9660	2.42	97.5	95.6	97.8
12	0.45	0.45	0.1	0.7555	0.9524	0.9785	2.49	95.3	92.7	96.7
13	0.45	0.45	0.1	0.7532	0.9560	0.9788	2.49	95.7	86.9	96.8
14	0.45	0.45	0.1	0.7541	0.9591	0.9742	2.49	95.8	80.7	96.9
15	0.5	0.45	0.05	0.7844	0.9234	0.9663	2.59	92.4	90.0	94.6
16	0.5	0.45	0.05	0.7794	0.9322	0.9563	2.57	93.4	81.5	95.0
17	0.38	0.52	0.1	0.7313	0.9794	0.9568	2.41	98.1	88.4	98.1
18	0.6	0.35	0.05	0.9058	0.7667	0.9152	2.99	76.7	74.5	83.6
19	0.7	0.25	0.05	0.9696	0.6498	0.8020	3.20	64.9	64.0	73.8
20	0.8	0.15	0.05	0.9890	0.5946	0.7486	3.26	59.4	59.7	72.5

续表

编号	权重 λ_2	权重 λ_1	权重 λ_3	发电目标 f_2	供水目标 f_1	生态目标 f_3	$\overline{E}$ /(亿 kW·h)	P^M/%	P^A/%	P^E/%
21	0.55	0.4	0.05	0.8562	0.8375	0.9516	2.83	83.7	80.9	89.0
22	0.52	0.43	0.05	0.8169	0.8876	0.9599	2.70	88.8	82.9	92.0
23	0.4	0.5	0.1	0.7363	0.9731	0.9700	2.43	97.5	87.9	98.0
24	0.3	0.6	0.1	0.7233	0.9876	0.9389	2.39	98.9	89.4	99.0
25	0.35	0.6	0.05	0.7241	0.9889	0.9226	2.39	99.1	87.5	99.1
26	0.25	0.7	0.05	0.7208	0.9907	0.9195	2.38	99.2	91.0	99.2
27	0.15	0.8	0.05	0.7184	0.9914	0.9186	2.37	99.2	93.7	99.3
28	0.05	0.9	0.05	0.7168	0.9916	0.9172	2.37	99.2	94.8	99.3
29	0	1	0	0.5980	0.9917	0.5802	1.97	99.2	95.3	99.2
30	0.5	0.5	0	0.7422	0.9801	0.6566	2.45	98.8	62.8	98.8
31	0.5	0.5	0	0.7416	0.9746	0.6675	2.45	98.0	85.5	98.0
32	0	0.5	0.5	0.6500	0.9678	0.9876	2.14	96.7	95.2	98.4
33	0	0.5	0.5	0.6513	0.9691	0.9869	2.15	96.8	84.1	98.4
34	0.33	0.33	0.33	0.7516	0.9525	0.9914	2.48	95.4	87.2	98.4
35	0.1	0.8	0.1	0.7186	0.9904	0.9288	2.37	99.1	93.4	99.2
36	0.1	0.8	0.1	0.7191	0.9907	0.9313	2.37	99.1	91.6	99.2
37	0.1	0.8	0.1	0.7191	0.9917	0.9267	2.37	99.2	89.0	99.3
38	0.5	0.45	0.05	0.7796	0.9311	0.9593	2.57	93.3	83.1	95.1
39	0.2	0.7	0.1	0.7227	0.9893	0.9353	2.38	99.0	88.6	99.1
40	0.7	0.25	0.05	0.9694	0.6510	0.8019	3.20	64.9	65.4	73.8
41	0	0.75	0.25	0.6390	0.9864	0.9553	2.11	98.5	81.3	98.6
42	0	0.9	0.1	0.6342	0.9918	0.9271	2.09	99.2	89.9	99.3
43	0.58	0.37	0.05	0.8878	0.7939	0.9330	2.93	79.4	76.9	85.6
44	0.65	0.3	0.05	0.9433	0.7041	0.8545	3.11	70.4	68.8	78.3

由表 4.3 可见，发电目标 f_2 在 0.5980～1.0 之间变化，最大值对应的发电目标权重为 1.0（即以发电量最大为唯一目标优化），相应的多年平均发电量在 1.97 亿～3.30 亿 kW·h 之间；供水目标 f_1（指城镇供水和灌溉供水综合保证率）在 0.5150～0.9923 之间变化，同样最大值对应的供水目标权重为 1.0；生态目标值（生态隶属度）在 0.5802～0.9951 之间变化，生态目标为唯一优化目标时其目标值最大。表 4.3 中同时列出了城市供水、灌溉供水保证率及最小生态流量保证率的变化范围。城镇供水保证率在 51.2%～99.2%

之间，灌溉供水保证率在 51.7%～97.7%之间，最小生态流量保证率在 61.9%～99.3%之间。

水量分配规则二和规则三下的夹岩水库优化调度的供水、发电和生态目标值的变化范围，与规则一的几乎相同。多年平均年发电量、城镇供水保证率及最小生态流量保证率的变化范围也与规则一高度相同，但灌溉供水保证率有一定差别。

4.3.2.1　供水、生态、发电目标竞争关系分析

各个目标的权重值组合不同，获得最优解也不相同。针对解集中每一个解，按照供水、发电和生态目标值大小进行筛选，去掉劣解，最终汇总得到非劣解集；然后分别绘制供水目标、生态目标和发电目标关系图，分析供水、发电、生态目标的竞争关系。

水量分配规则一：在表 4.3 结果基础上，剔除劣解得到非劣解集，共 40 个非劣解。其供水、发电和生态目标三者关系如图 4.3 所示。

从图 4.3（a）中可以看出，3 个目标之间总体上存在相互竞争关系，即一个目标值的增大，必然导致另外一个或两个目标值的减少。但是目标两两之间关系各有特点。从图 4.3（b）可以看出，供水目标与发电目标呈现明显的竞争关系，供水综合保证率（供水目标值 f_1）最大值为 99.2%，相应的多年平均年发电量最小值为 1.97 亿 kW·h（即发电目标值 f_2 为 0.598）；多年平均年发电量最大值为 3.30 亿 kW·h，相应的供水目标值 f_1 最小为 51.5%。总的来讲，在入库水量一定时，当供水保证率增加时，扣除供水量后的用于发电的水量也会相应减小，因此多年平均年发电量逐渐减小。但是，供水、发电目标的关系又受到生态目标影响，大致以 $f_2=0.7$（相应的多年平均年电量 2.31 亿 kW·h）为界限，当发电量大于 2.31 亿 kW·h，供水综合保证率随发电量增加而减少；当发电量小于 2.31 亿 kW·h，供水综合保证率与发电量关系比较复杂。

从图 4.3（c）可以看出，生态目标（隶属度）与发电目标以 $f_2=0.77$（相应的多年平均电量 2.54 亿 kW·h）为界，$f_2>0.77$ 时大体上呈现负相关趋势，$f_2<0.77$ 时生态目标（隶属度）与发电目标不是单调关系。生态目标（隶属度）与发电目标大体呈现负相关趋势的原因在于，生态目标采用生态隶属度度量，下泄流量小于适宜生态流量下限或大于适宜生态流量上限，生态隶属度均下降，下泄流量只有处在适宜生态流量区间时，生态隶属度才达到最大 1.0。另外，电站装机发电引用流量（78.4m^3/s）范围与各时段适宜生态流量区间并不重合，在 11 月至次年 4 月装机发电引用流量（78.4m^3/s）大于生态流量最大值，更是远大于适宜生态流量上限值，这时如果发电流量较大超过适宜生态流量上限值的话，生态隶属度反而下降。

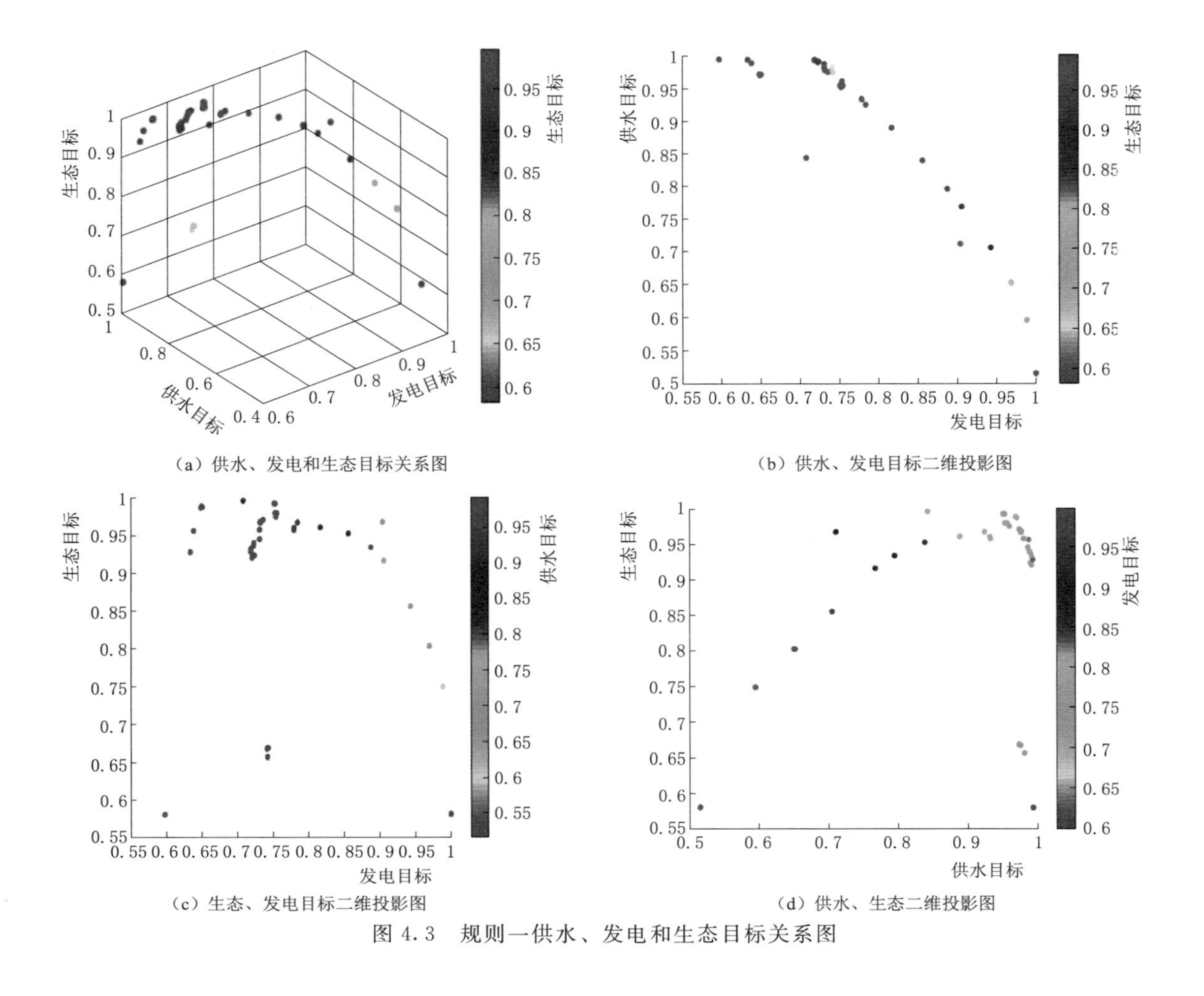

（a）供水、发电和生态目标关系图

（b）供水、发电目标二维投影图

（c）生态、发电目标二维投影图

（d）供水、生态二维投影图

图 4.3　规则一供水、发电和生态目标关系图

由图4.3（d）可以看出，生态目标与供水目标关系呈现先正相关后负相关的趋势，供水目标0.95是拐点，供水综合保证率在95%以下时，生态目标（隶属度）与供水目标呈现正相关趋势，主要原因：一是下泄流量在适宜生态流量下限和上限范围内，生态隶属度都处于1，生态系统对流量有一定适应性；二是水库调度过程中通过对各时段水位（即可用水量）的控制和水量分配规则，能够在一定程度上同时满足供水和生态流量要求；但是，当供水综合保证率提高到95%以上时，供水与下游生态流量之间的矛盾将不可调和，从而出现生态目标与供水目标呈现负相关的趋势。

与规则一类似，可以绘制出水量分配规则二和规则三下的供水目标、发电目标和生态目标关系图。水量分配规则二下的供水、发电和生态目标值数据点比较分散，表明3个目标之间关系更加复杂。规则三下的各目标之间关系与水量分配规则一比较一致。

4.3.2.2 不同典型方案调度结果分析

选取若干典型非劣解，进一步分析不同非劣方案的调度效果。典型方案包括：

方案1：发电目标权重为1，对应多年平均年发电量最大。

方案2：供水目标权重为1，对应供水综合保证率最大。

方案3：生态目标权重为1，对应生态隶属度最大。

方案4：发电目标与供水目标权重值相等，均为0.5。

方案5：供水目标与生态目标权重值相等，均为0.5。

方案6：发电目标与生态目标权重值相等，均为0.5。

方案7：供水目标、发电目标与生态目标权重值相等，均为1/3。

方案8～10：在满足城镇供水保证率大于95%、灌溉保证率大于85%、最小生态流量保证率大于95%的情况下，选出发电量较大的方案。3个方案的各目标权重值不同。

上述各方案的多年平均年净入库水量为17.46亿m^3，城镇需水量为4.5872亿m^3，多年平均灌溉需水量为2.4176亿m^3。当水库下泄流量小于12.1m^3/s时，认为出现生态缺水。各项保证率均是历时保证率，统计发电历时保证率时，采用的保证出力值是11.7MW。

表4.4所示为水量分配规则一下的典型方案调度结果。表4.4中数据除供水、发电历时保证率、最小生态流量保证率外，均是多年平均值。从表4.4中可以得到，方案1、方案2及方案3均属于极端方案，如方案1的多年平均年发电量最高，为3.30亿kW·h，但多年平均城镇供水量及保证率、多年平均灌溉供水量及保证率均为最小值；方案2的供水量及保证率最高，但多年平均年发电量最低，仅1.97亿kW·h；方案3的最小生态流量保证率最高，

但其他指标较低。方案 4、方案 5 及方案 6 分别是一个目标权重为 0，另两个目标等权重的结果，其各个指标值变化范围也比较大。方案 7 属于 3 个目标等权重方案，它与方案 8、方案 9 和方案 10 有共同特点，就是多年平均年发电量、城镇供水保证率、灌溉保证率及最小生态流量保证率都处于比较适中的水平。综合而言，方案 7～10 都兼顾了供水、发电和生态目标，较好地满足了工程设计的要求。

表 4.4　　水量分配规则一下的典型方案调度结果

方案	下泄水量/万 m^3	城镇供水量/万 m^3	灌溉供水量/万 m^3	发电用水量/万 m^3	多年平均年发电量/(万 kW·h)	城镇供水保证率/%	灌溉保证率/%	最小生态流量保证率/%	发电水量利用系数/%
1	136917	21555	9762	132401	32999	51.2	51.7	61.9	96.7
2	98791	45363	23679	76416	19734	99.2	95.3	99.2	77.4
3	111687	36617	19457	91206	23381	84.1	84.1	99.3	81.7
4	124110	27461	16491	119625	29839	70.9	70.9	97.2	96.4
5	101340	44453	22264	96888	24473	98.0	85.5	98.0	95.6
6	101956	43559	22560	84740	21494	96.8	84.1	98.4	83.1
7	103579	42469	22162	99062	24802	95.4	87.2	98.4	95.6
8	103386	42705	22049	98949	24856	95.7	86.9	96.8	95.7
9	101555	44043	22654	97118	24297	97.5	87.9	98.0	95.6
10	99938	45228	23141	95501	23848	99.0	88.6	99.1	95.6

图 4.4 给出了规则一下的多年平均城镇供水量、灌溉供水量与多年平均年发电量的关系。总体上，随着多年平均年发电量的增加，多年平均城镇供水量、灌溉供水量呈减少趋势。但方案 3 属于例外，该方案以生态率属度最大为唯一目标，其城镇供水量、灌溉供水量均较低，但是发电量却并不是很大，说明为了提高生态目标值，有较多的水量没有经过水电机组发电，即以弃水形式下泄。

图 4.5 给出了规则一下的城镇供水保证率、灌溉保证率及最小生态流量保证率与发电量的关系。从图 4.5 可见，多年平均年发电量处于 2.40 亿～2.50 亿 kW·h 之间，相应的城镇供水保证率大于 95%，灌溉保证率大于 85%，最小生态流量保证率大于 95%。

表 4.5 为规则二下的 10 个方案的调度结果。图 4.6 为规则二下的城镇供水量、灌溉供水量与发电量的关系图。在多年平均年发电量大于 2.5 亿 kW·h 时，城镇供水量、灌溉供水量与发电量呈现明显的负相关，在多年平均年发电量小于 2.5 亿 kW·h 时，城镇供水量、灌溉供水量与发电量的负相关关系

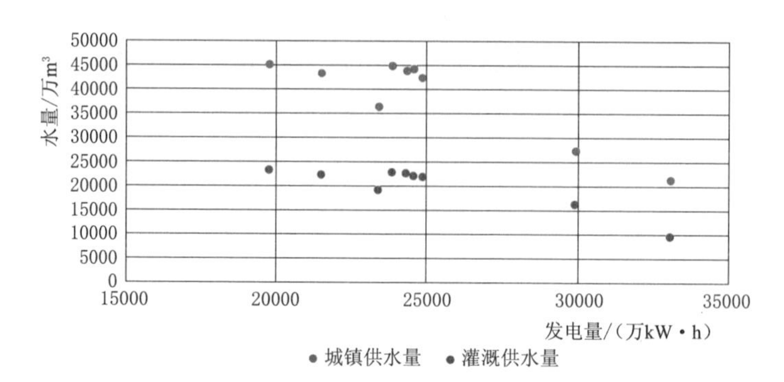

图 4.4　规则一下的多年平均城镇供水量、灌溉供水量与多年平均年发电量关系

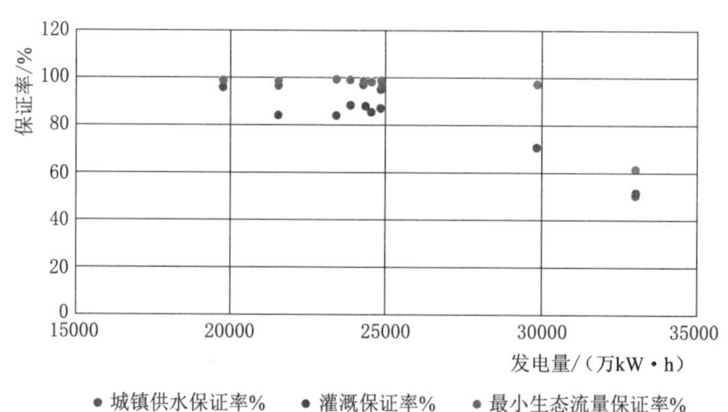

图 4.5　规则一下的城镇供水保证率、灌溉保证率及最小生态流量保证率与发电量关系

不明显。图 4.7 表示城镇供水保证率、灌溉保证率、最小生态流量保证率与发电量的关系，具有与图 4.6 类似的特点。总体上，水量分配规则二下的各调度方案的结果与规则一的调度结果相类似。综合而言，方案 7～10 都兼顾了供水、发电和生态目标，能较好地满足工程设计的要求。

表 4.5　　　　规则二下的典型方案的调度结果

方案	出库水量/万 m³	城镇供水量/万 m³	灌溉供水量/万 m³	发电用水量/万 m³	多年平均年发电量/(万 kW・h)	城镇供水保证率/%	灌溉保证率/%	最小生态流量保证率/%	发电水量利用系数/%
1	136917	21555	9762	132401	32999	51.2	51.7	61.9	96.7
2	99187	45854	22769	76812	19843	99.8	96.4	99.8	77.4
3	111687	36622	19452	91206	23381	84.2	84.1	99.3	81.7
4	124110	27461	16491	119625	29839	70.9	70.9	97.2	96.4
5	103924	45571	18576	99472	25114	99.5	87.6	99.5	95.7

续表

方案	出库水量/万 m^3	城镇供水量/万 m^3	灌溉供水量/万 m^3	发电用水量/万 m^3	多年平均年发电量/(万 kW·h)	城镇供水保证率/%	灌溉保证率/%	最小生态流量保证率/%	发电水量利用系数/%
6	103959	45022	19018	85718	21808	98.7	82.2	98.8	82.5
7	104783	43369	20068	100266	25083	96.5	87.8	98.5	95.7
8	103122	45856	19285	98605	24647	99.8	85.9	99.9	95.6
9	104871	44309	18927	100433	25250	97.8	87.3	98.3	95.8
10	107101	42482	18429	102664	25911	95.5	86.8	96.6	95.9

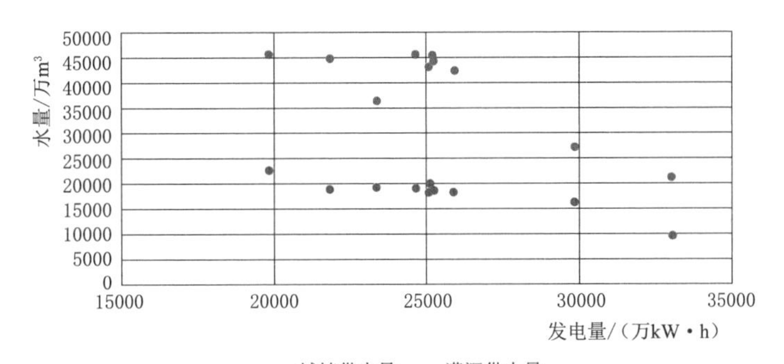

图 4.6 规则二下的城镇供水量、灌溉供水量与发电量关系

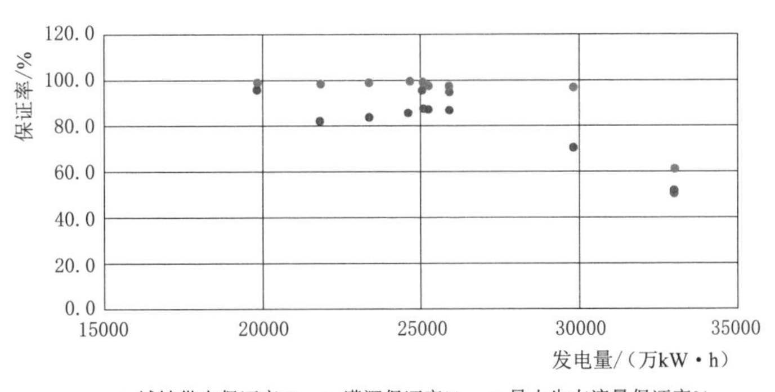

图 4.7 规则二下的城镇供水保证率、灌溉保证率、最小生态流量保证率与发电量关系

表 4.6 为规则三下的典型方案调度结果。图 4.8 和图 4.9 分别表示城镇供水量、灌溉供水量与发电量之间关系以及城镇供水保证率、灌溉保证率、最小生态流量保证率与发电量之间关系。水量分配规则三各调度方案指标之间的关系与规则一、规则二各方案调度指标之间的关系类似。同样的，方案 7～10 都兼顾了供水、发电和生态目标，能较好地满足工程设计的要求。

表 4.6 规则三下的典型调度方案结果

方案	出库水量/万 m^3	城镇供水量/万 m^3	灌溉供水量/万 m^3	发电用水量/万 m^3	多年平均年发电量/(万 kW·h)	城镇供水保证率/%	灌溉保证率/%	最小生态流量保证率/%	发电水量利用系数/%
1	136917	21555	9762	132401	32999	51.2	51.7	61.9	96.7
2	99030	45642	23154	76654	19797	99.5	97.1	99.5	77.4
3	111687	36622	19452	91206	23381	84.2	84.1	99.3	81.7
4	124110	27461	16491	119625	29839	70.9	70.9	97.2	96.4
5	103786	45292	18999	99334	25076	99.1	88.6	99.1	95.7
6	104114	44714	19178	85874	21839	98.3	82.7	98.5	82.5
7	104667	43435	20126	100150	25049	96.6	88.0	98.6	95.7
8	102824	45646	19814	98307	24564	99.5	87.1	99.6	95.6
9	104875	43959	19294	100437	25233	97.4	88.1	97.8	95.8
10	107035	42274	18709	102598	25889	95.2	87.4	96.3	95.9

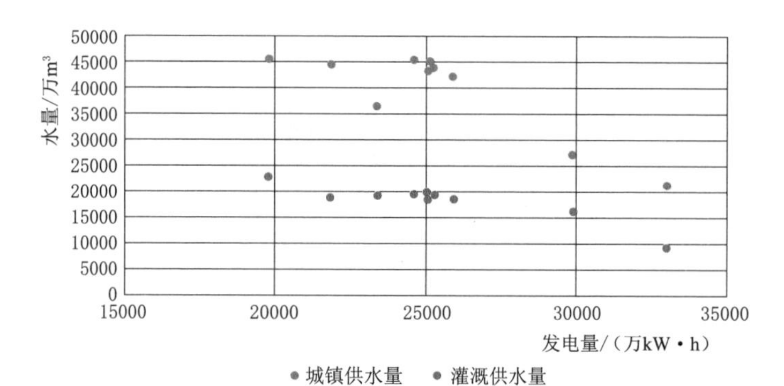

图 4.8 规则三下的城镇供水量、灌溉供水量与发电量关系

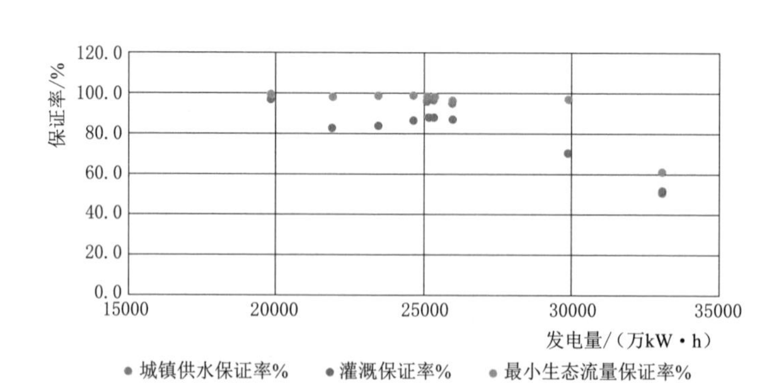

图 4.9 规则三下的城镇供水保证率、灌溉保证率、最小生态流量保证率与发电量关系

方案1～7和方案9的供水、发电和生态3个目标的权重系数在水量分配规则一、规则二和规则三下完全相同，方案8、方案10在3种水量分配规则下的权重系数略有不同。但从表4.4～表4.6可见，在3个规则下方案1、方案3和方案4的计算结果完全相同，其他方案在3种规则下调度结果有一定差异，但相对而言，水量分配规则二、规则三的调度结果差异较小。总的来看，3种规则间调度结果的差异远小于不同权重组合间调度结果的差异。

4.3.2.3 典型方案调度过程分析

进一步对各个方案的夹岩水库水位过程、城镇供水过程、灌溉供水过程、下泄流量过程及出力过程进行分析，以揭示不同目标权重水库调度运行规律。具体而言，对不同方案的夹岩水库调度期内逐时段水位、城镇供水、灌溉供水及下泄流量、发电出力进行比较，以判断差异大小。

表4.7列出了水量分配规则一下的典型方案夹岩水库多年平均时段末水位值，图4.10所示为相应的水库多年平均水位过程图。对大多数方案而言，从6月水库水位逐渐抬升，到10月末水库水位到达最高，然后逐渐回落，体现了水库蓄丰补枯作用，但具体到各个方案，水位的变化过程与幅度有较大的不同。方案1发电目标优先，5月上旬末水位最低为1309.80m，8月下旬末水位最高达到1321.79m，变幅约为12m。方案2供水目标优先，5月中旬末水位最低为1315.14m，10月末水位最高为1322.44m，接近正常蓄水位1323.00m，变幅仅为7.3m。方案3生态目标优先，5月上旬末水位最低为1318.07m，10月末水位最高为1321.65m，变幅仅为3.58m。方案7～10均是供水、发电和生态目标兼顾的方案，多年平均水位过程有很高的重合度，4个方案6月上旬末水位最低，分别为1312.29m、1311.14m、1312.63m、1311.71m，10月末水位最高，分别为1321.50m、1321.55m、1321.90m、1321.58m，水位变幅为9.21～10.41m。结果表明，仅从满足供水或生态目标最大而言，全年水库处于较高水位，水位变幅小；仅从满足发电最大目标而言，全年水库水位变幅大，要求水库发挥较大的调节作用。

表4.7 水量分配规则一下的典型方案夹岩水库多年平均时段末水位值 单位：m

时间	方案1	方案2	方案3	方案4	方案5	方案6	方案7	方案8	方案9	方案10
5上旬	1309.80	1315.33	1318.07	1317.01	1313.23	1314.48	1313.16	1311.91	1313.51	1312.54
5中旬	1310.10	1315.14	1318.50	1317.19	1312.68	1314.35	1312.85	1311.50	1313.17	1312.18
5下旬	1309.87	1315.46	1318.52	1316.13	1312.75	1314.71	1312.72	1311.53	1313.05	1312.13
6上旬	1310.92	1315.82	1318.35	1315.09	1312.53	1314.81	1312.29	1311.14	1312.63	1311.71
6中旬	1312.07	1316.85	1318.64	1315.23	1313.36	1315.50	1312.96	1311.85	1313.29	1312.39
6下旬	1314.75	1318.54	1319.34	1316.86	1315.74	1316.78	1315.01	1314.04	1315.35	1314.48

续表

时间	方案 1	方案 2	方案 3	方案 4	方案 5	方案 6	方案 7	方案 8	方案 9	方案 10
7 上旬	1317.32	1319.72	1319.84	1318.09	1317.75	1317.52	1316.61	1315.82	1317.03	1316.22
7 中旬	1318.96	1320.48	1320.13	1318.80	1319.10	1318.13	1317.61	1316.93	1318.08	1317.29
7 下旬	1320.00	1320.81	1319.93	1318.93	1319.90	1318.08	1317.96	1317.47	1318.46	1317.73
8 上旬	1320.28	1321.15	1320.19	1319.00	1320.32	1318.42	1318.32	1317.91	1318.81	1318.11
8 中旬	1321.13	1321.39	1320.49	1319.52	1321.04	1318.85	1319.12	1318.77	1319.48	1318.80
8 下旬	1321.79	1321.65	1320.87	1319.84	1321.79	1319.29	1319.84	1319.53	1320.21	1319.54
9 月	1321.44	1322.20	1321.44	1320.02	1322.58	1320.74	1321.28	1321.09	1321.66	1321.20
10 月	1320.37	1322.44	1321.65	1318.45	1322.79	1321.40	1321.50	1321.55	1321.90	1321.58
11 月	1319.86	1322.12	1321.27	1316.57	1321.87	1321.02	1320.60	1320.68	1321.11	1320.82
12 月	1318.76	1321.17	1320.43	1316.69	1319.65	1319.97	1319.20	1319.11	1319.56	1319.26
1 月	1319.03	1319.38	1318.53	1316.37	1318.36	1318.11	1317.09	1316.99	1318.01	1317.36
2 月	1315.52	1318.25	1317.53	1316.63	1316.95	1316.90	1315.75	1315.56	1316.60	1315.94
3 月	1315.13	1316.63	1317.82	1317.05	1314.98	1315.56	1314.55	1313.60	1315.17	1314.18
4 月	1311.34	1315.41	1318.22	1317.19	1313.67	1314.59	1313.49	1312.22	1313.84	1312.86

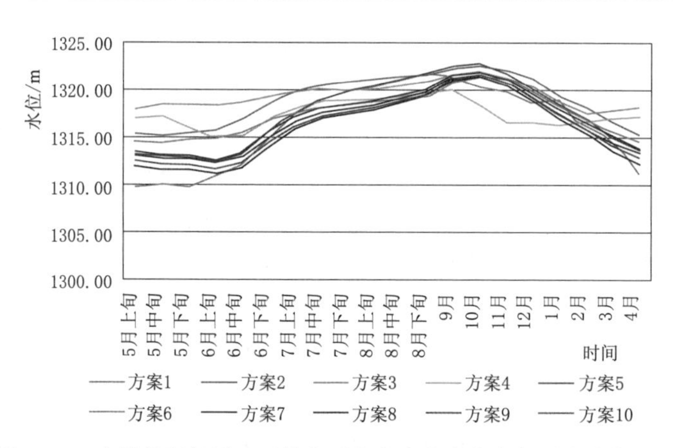

图 4.10 水量分配规则一下的典型方案夹岩水库多年平均水位过程

图 4.11 所示为水量分配规则一下的典型方案夹岩水库多年平均城镇供水和灌溉流量过程。从图 4.11 可见，方案 2 供水目标优先，其各时段城镇供水流量和灌溉流量均是最大。方案 1、方案 3 和方案 4 由于供水目标权重系数为 0，部分时段城镇供水流量和灌溉流量均比其他方案的小，而且这 3 个方案的流量过程也差别明显。除方案 1、方案 3 和方案 4 外，其他方案的流量过程具有很好的同步性。

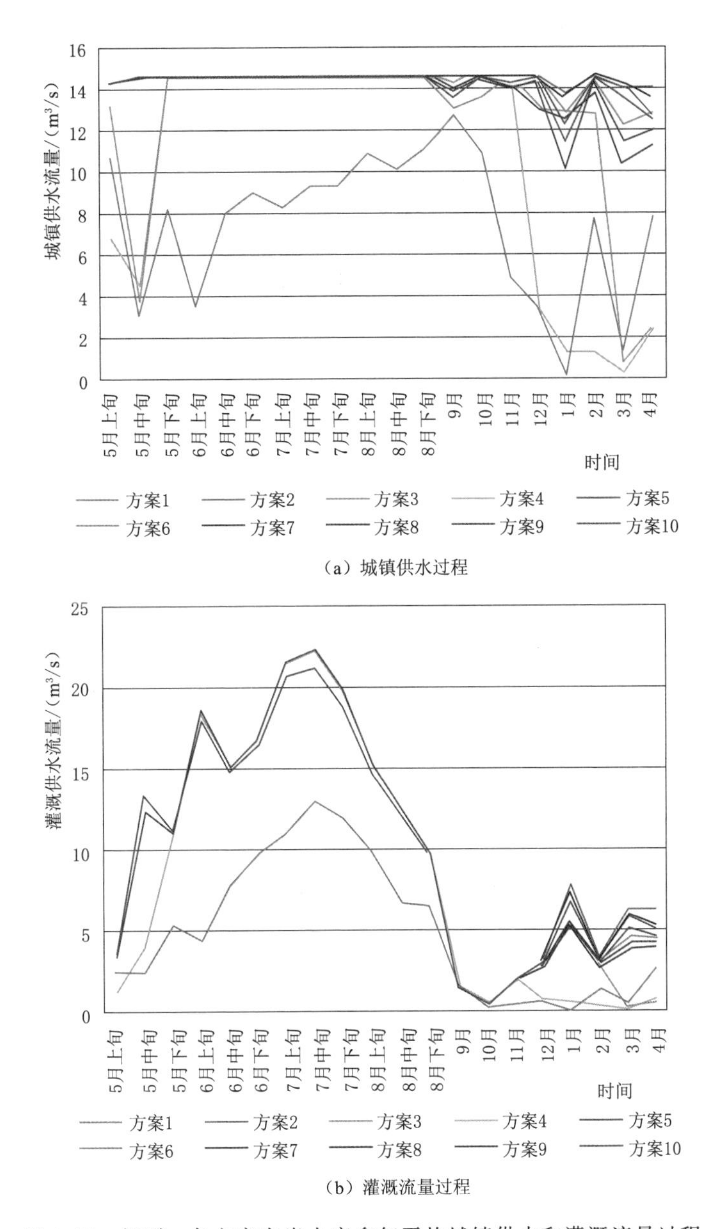

（a）城镇供水过程

（b）灌溉流量过程

图 4.11 规则一各方案夹岩水库多年平均城镇供水和灌溉流量过程

图 4.12 所示为规则一下的典型方案夹岩水库多年平均下泄流量过程和电站出力过程。从图 4.12 可见，各方案的多年平均下泄流量过程和电站出力过程差别很大。方案 1 在 5 月上旬、2 月及 4 月下泄流量明显大于其他方案的下泄流量，相应的电站出力也远大于其他方案的出力，因此方案 1 的多年平均发电量最大。方案 3 生态目标优先，其 6 月下旬、7 月上旬及中旬下泄流量均

大于电站装机利用流量 78.4m³/s，表明这 3 个时段增大下泄流量虽然有利于生态目标，但并不一定增加发电量。

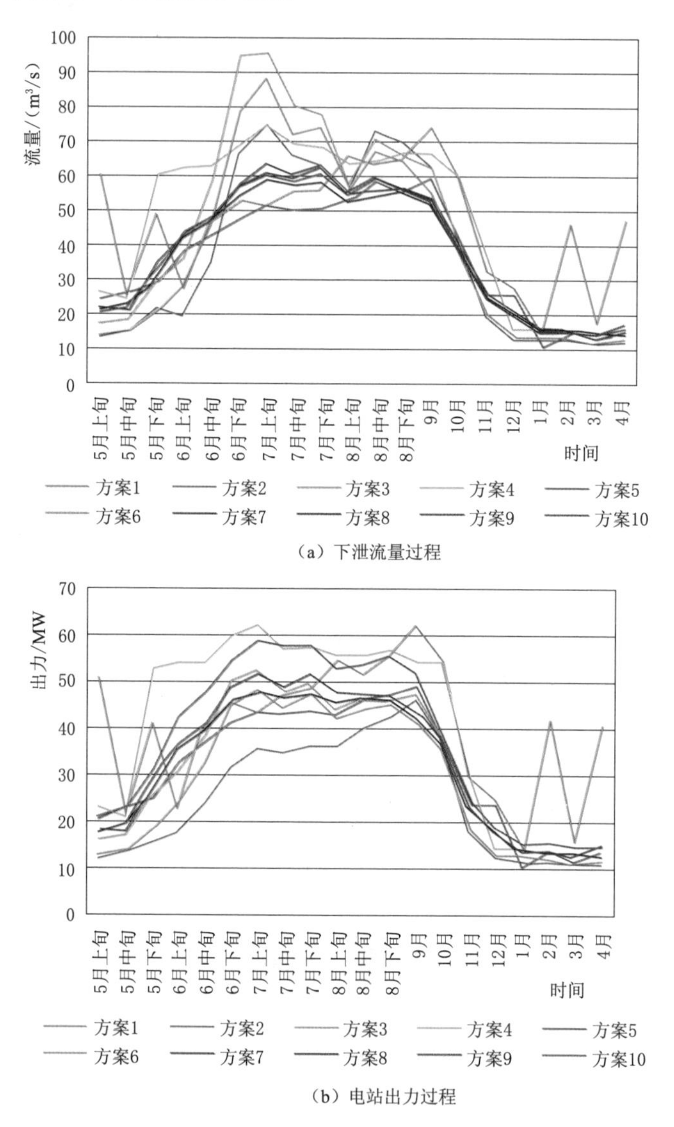

(a) 下泄流量过程

(b) 电站出力过程

图 4.12　规则一下的典型方案夹岩水电站多年平均下泄流量过程和电站出力过程

水量分配规则二及规则三各典型方案的水库多年平均水位过程、城镇供水和灌溉流量过程、下泄流量过程与水电站出力过程，具有与规则一相同的特点。

下面针对各典型方案，进一步比较水量分配规则不同对夹岩水库调度过程的影响。由于方案 1、方案 3 及方案 4 在 3 种水量分配规则下的调度结果及调度过程相同，仅分析其他 7 个方案的影响。

图 4.13 为 10 个方案在 3 种水量分配规则下的夹岩水库多年平均水位过程。从中看出，方案 1、方案 3 和方案 4 在 3 种规则下的多年平均水位过程完全相同，方案 6 和方案 10 的水位过程有较明显不同，而其他方案差异不显著。3 种规则中，规则二与规则三的水位过程比较接近。

图 4.14 为 10 个方案在 3 种规则下的水库多年平均城镇供水流量过程。同样方案 1、方案 3 和方案 4 流量过程完全相同，方案 2、方案 6 及方案 8～10 的流量过程在 9 月至次年 4 月间差别较大，方案 2 和方案 8 规则二的流量过程明显高于规则一和规则三。

图 4.15 为 10 个方案在 3 种规则下的水库多年平均灌溉流量过程。由于灌溉需水季节性变化大，多年平均灌溉流量过程也呈现 5 月中旬至 8 月下旬高、其他时段低特点。除方案 1、方案 3 和方案 4 的 3 种规则下灌溉流量过程相同、方案 2 差异很小外，其他方案的 3 种规则下灌溉流量过程有较明显差别。与城镇供水流量过程不同，一些方案在丰水期不同规则下的灌溉流量并不一致，意味着丰水期也出现灌溉缺水。

图 4.16 所示为 10 个方案在 3 种规则下的水库多年平均下泄流量过程图。从图 4.16 可见，各方案在不同规则下的多年平均下泄流量过程差别不大，但是不同方案的多年平均下泄流量过程差别较大。如方案 1（发电目标优先）在 2 月、4 月、5 月上旬、下旬，多年平均下泄流量都大于 $40m^3/s$，方案 2（供水目标优先）在灌溉需水高峰期 7 月中旬至 8 月上旬多年平均下泄流量低于前后时段的下泄流量。方案 7～10 的多年平均下泄流量过程在丰水期高和枯水期低，特征明显。

图 4.17 为 10 个方案在 3 种规则下的夹岩水电站多年平均出力过程比较图。从图 4.17 可见，各方案在 3 种规则下多年平均出力过程与多年平均流量过程极为相似。不同的是方案 3 在 6 月下旬至 7 月中旬多年平均流量超过电站装机利用流量，而方案 3 同期多年平均出力过程约为 50MW，不超过电站装机容量 70MW。

4.3.3 典型年调度结果及分析

对夹岩坝址 55 年年径流量系列进行排频，选取与丰水年（25%）、平水年（50%）、枯水年（80%）及特枯水年（95%）年径流量相近的实际年，分析 10 个方案的年调度过程。

图 4.18 所示为 4 个典型年 10 个方案的水库年平均水位比较图。各方案在丰、平、枯及特枯年的年平均水位各不相同。方案 2、方案 3 及方案 6（这 3 个方案的发电目标权重均为 0）在丰水年、平水年的年平均水位较高，在枯

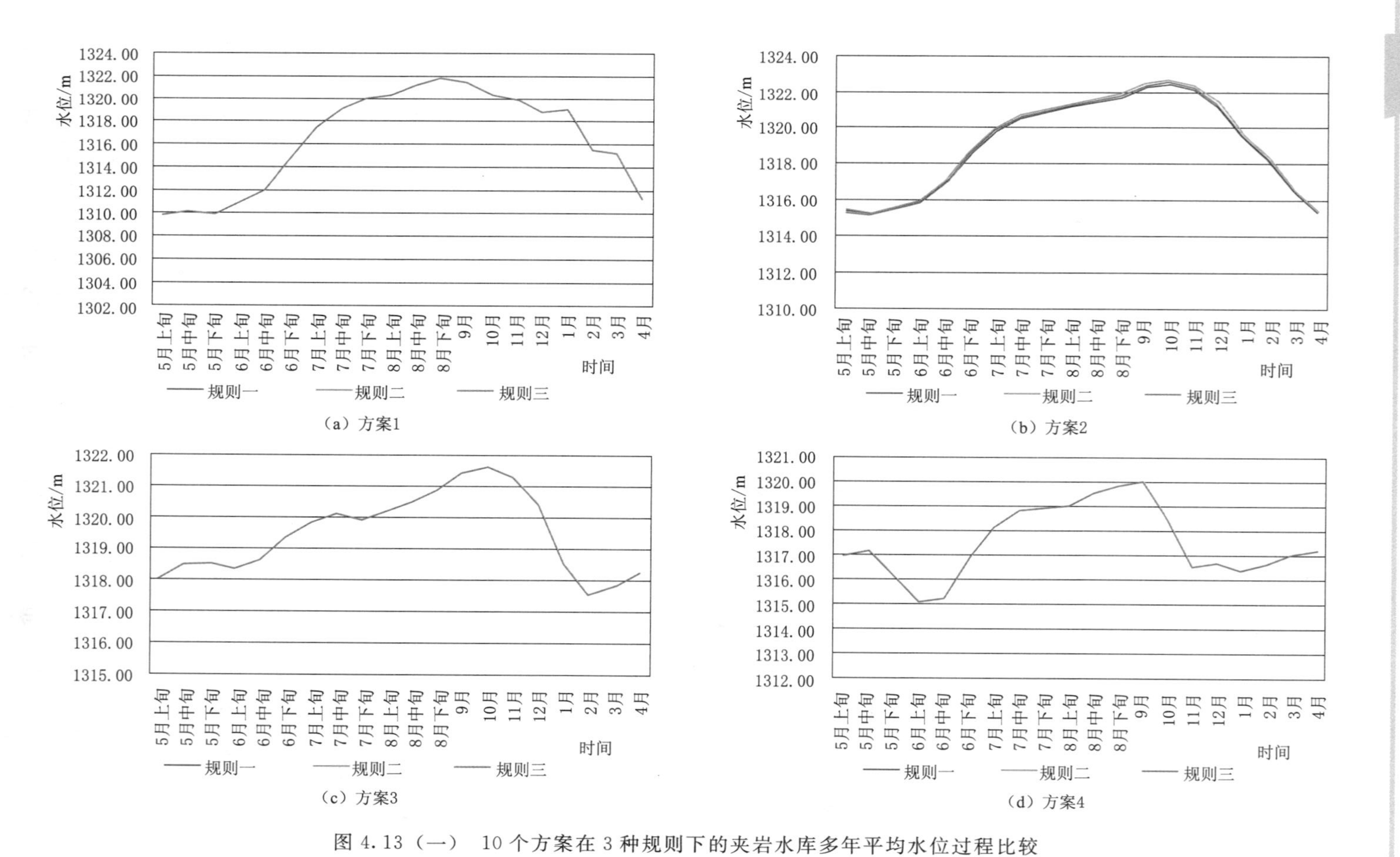

图 4.13（一）　10 个方案在 3 种规则下的夹岩水库多年平均水位过程比较

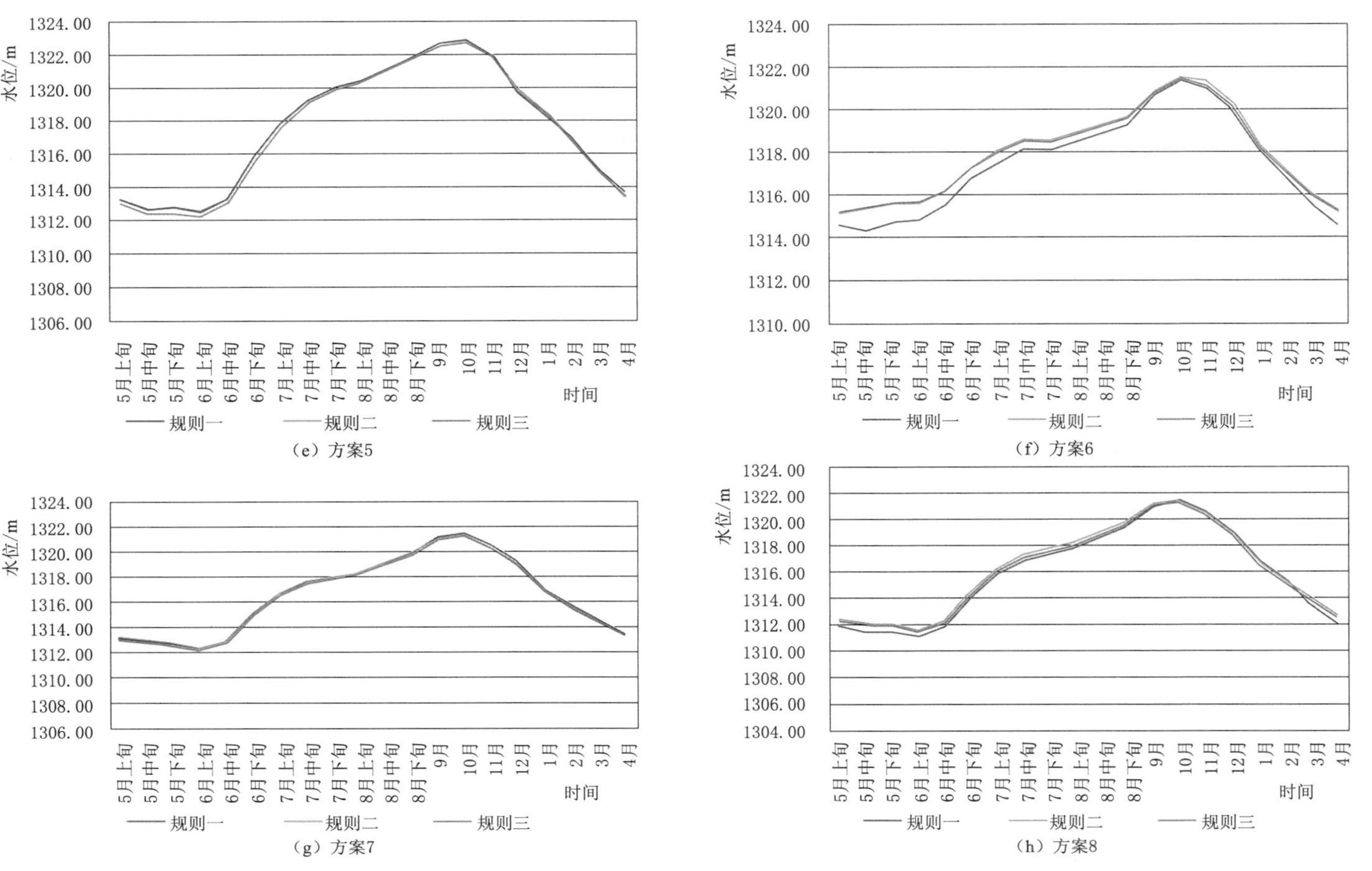

图 4.13（二） 10 个方案在 3 种规则下的夹岩水库多年平均水位过程比较

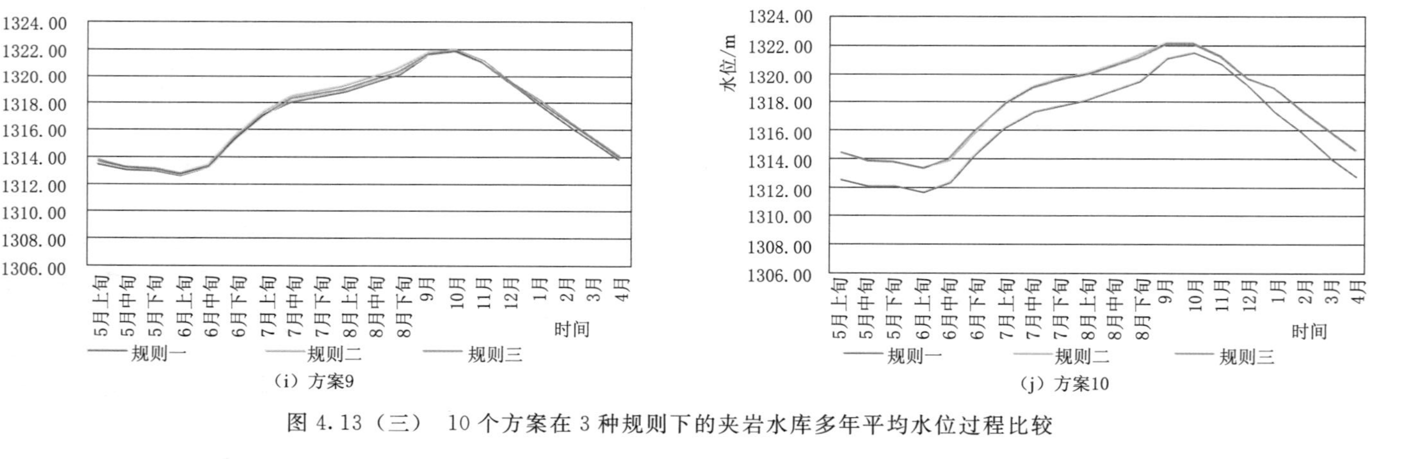

图 4.13（三）　10 个方案在 3 种规则下的夹岩水库多年平均水位过程比较

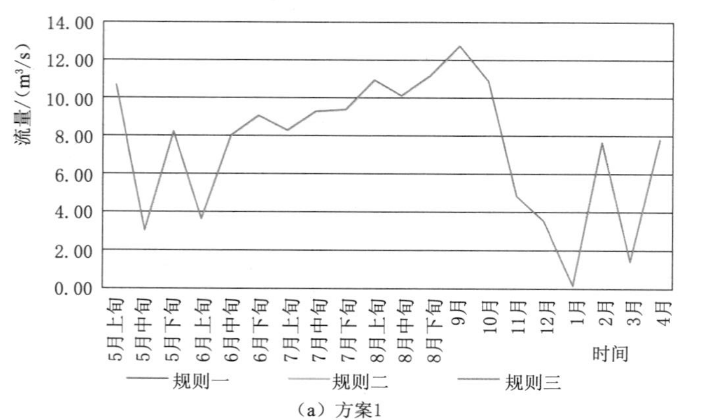

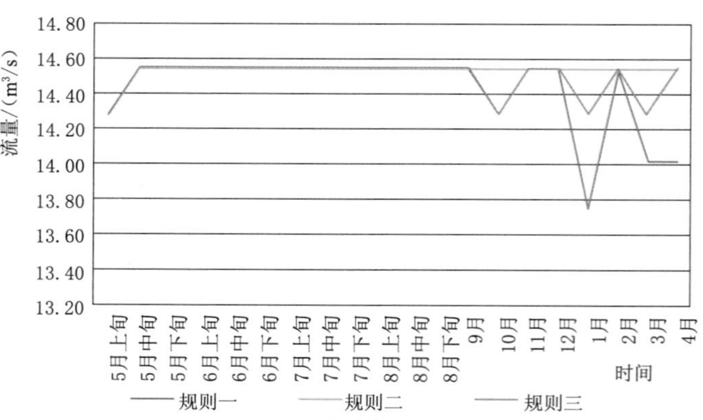

图 4.14（一）　10 个方案在 3 种规则下的水库多年平均城镇供水流量过程比较

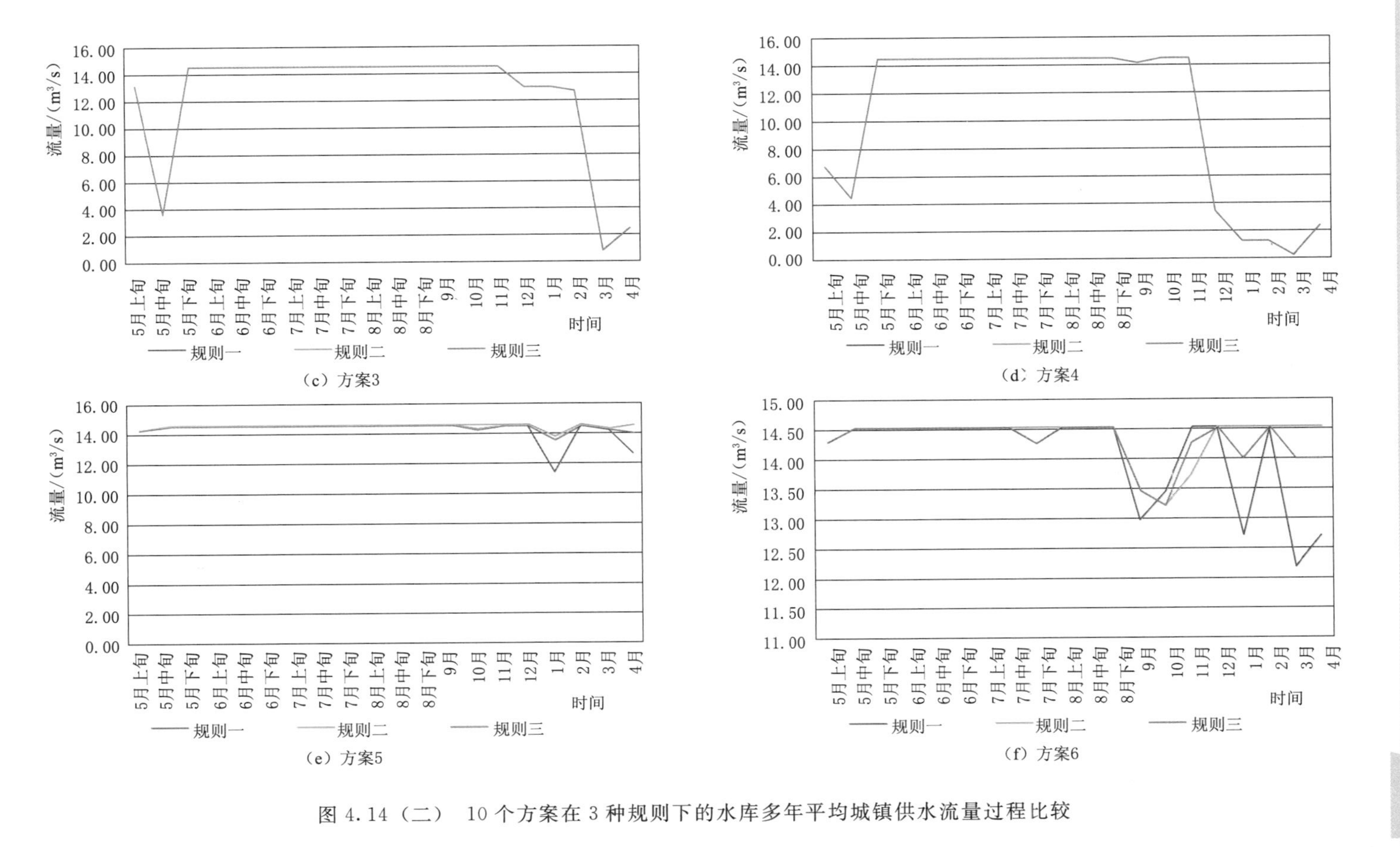

图 4.14（二） 10 个方案在 3 种规则下的水库多年平均城镇供水流量过程比较

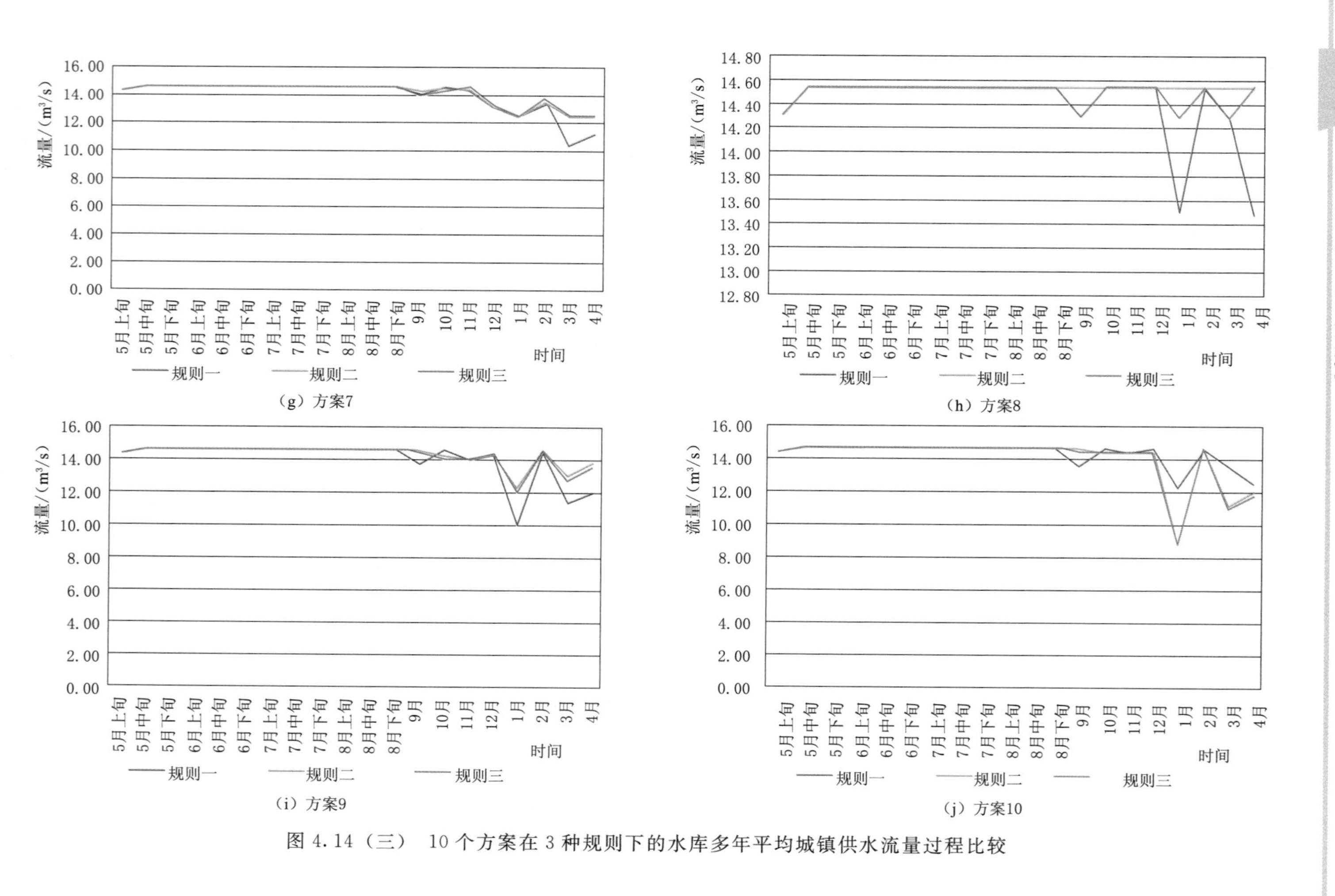

图 4.14（三）　10 个方案在 3 种规则下的水库多年平均城镇供水流量过程比较

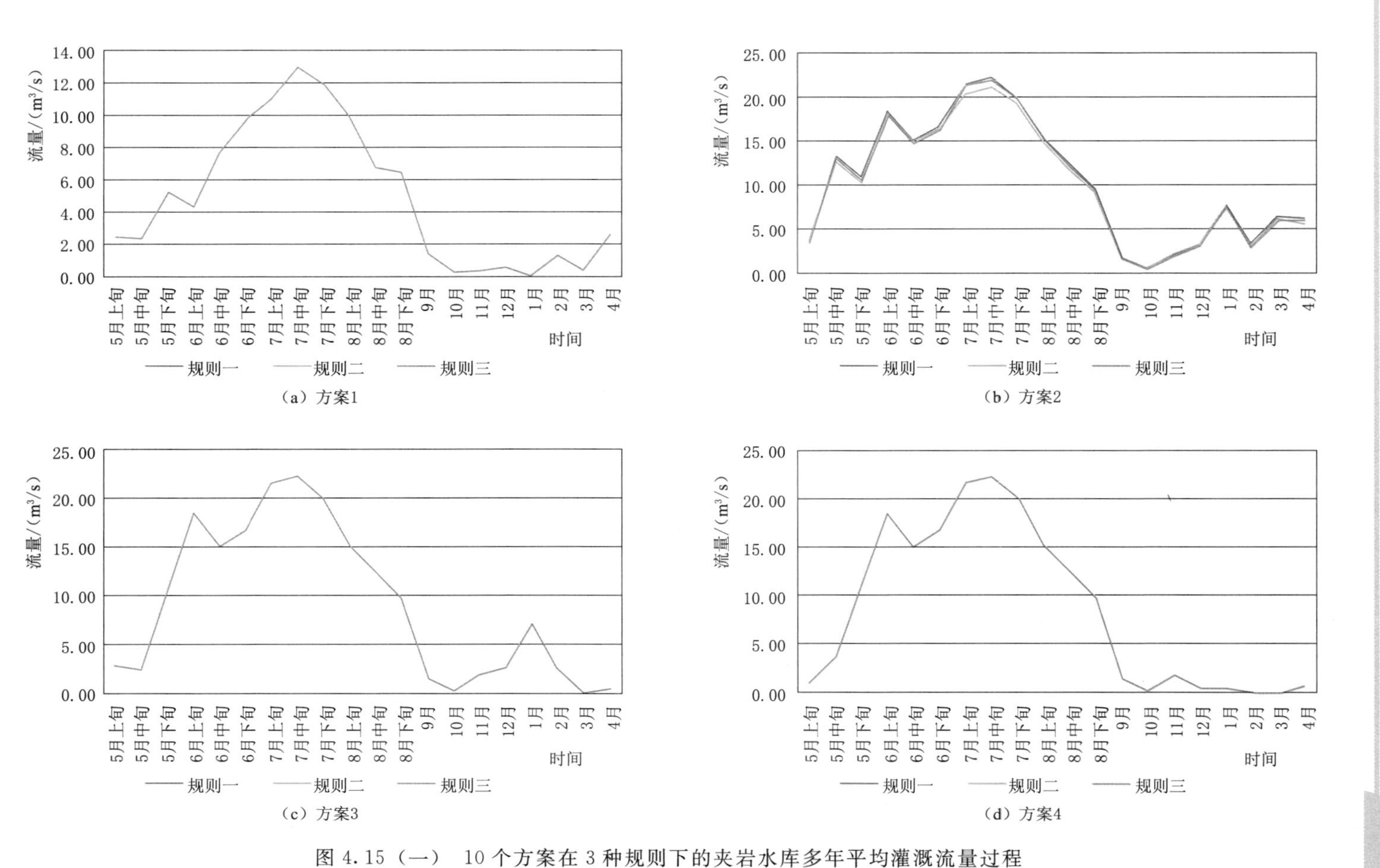

（a）方案1

（b）方案2

（c）方案3

（d）方案4

图 4.15（一） 10 个方案在 3 种规则下的夹岩水库多年平均灌溉流量过程

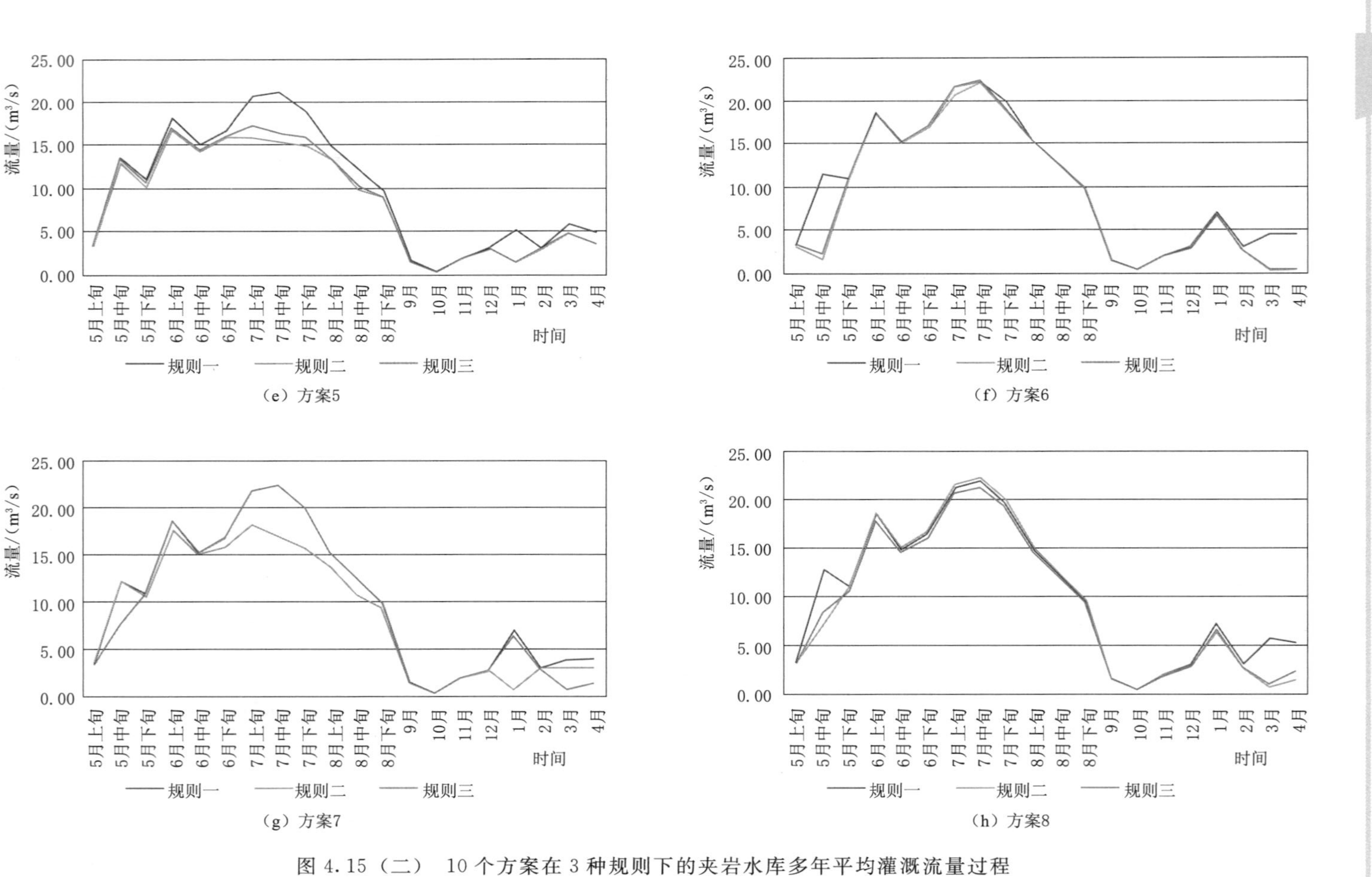

图 4.15（二） 10个方案在3种规则下的夹岩水库多年平均灌溉流量过程

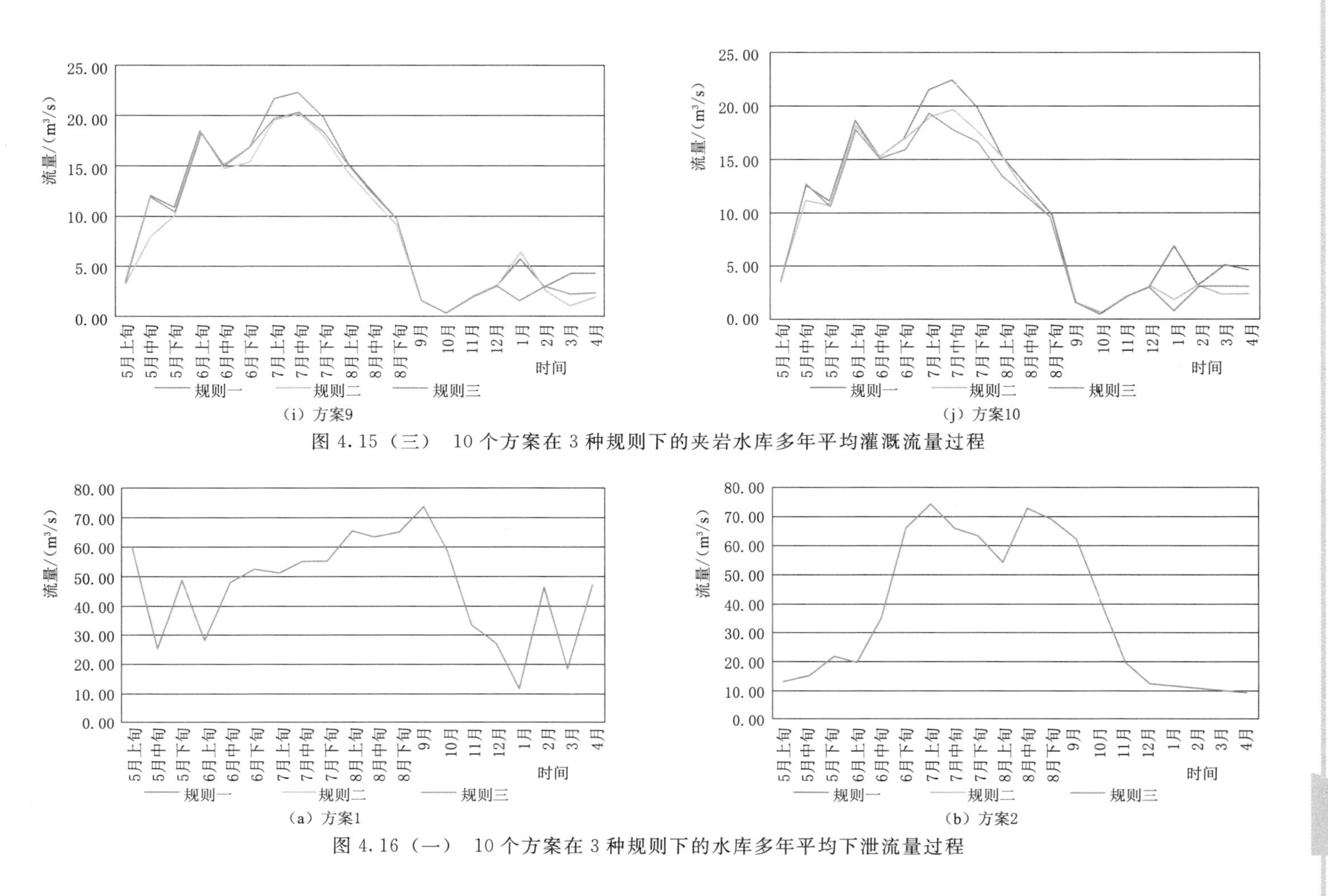

（i）方案9　（j）方案10

图 4.15（三）　10 个方案在 3 种规则下的夹岩水库多年平均灌溉流量过程

（a）方案1　（b）方案2

图 4.16（一）　10 个方案在 3 种规则下的水库多年平均下泄流量过程

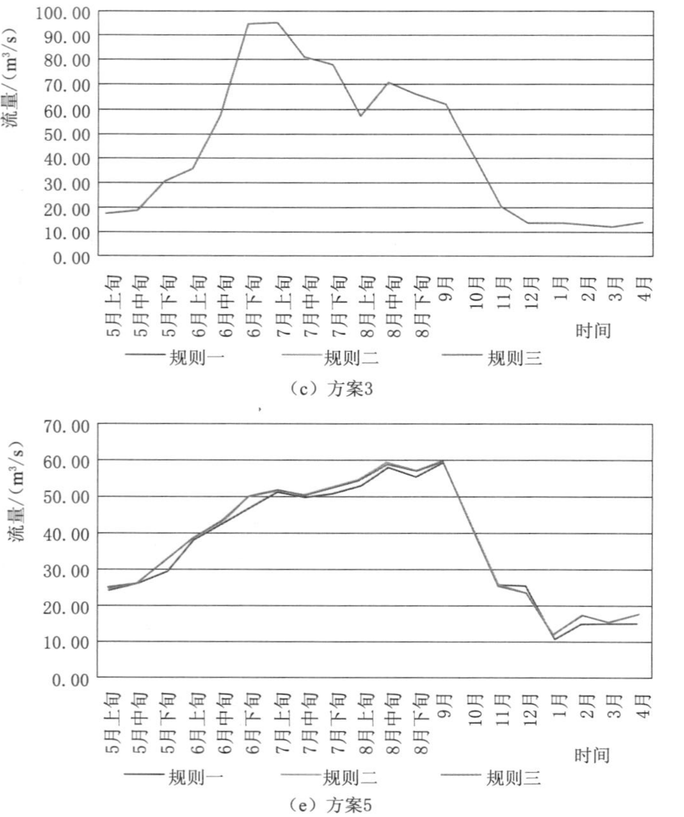

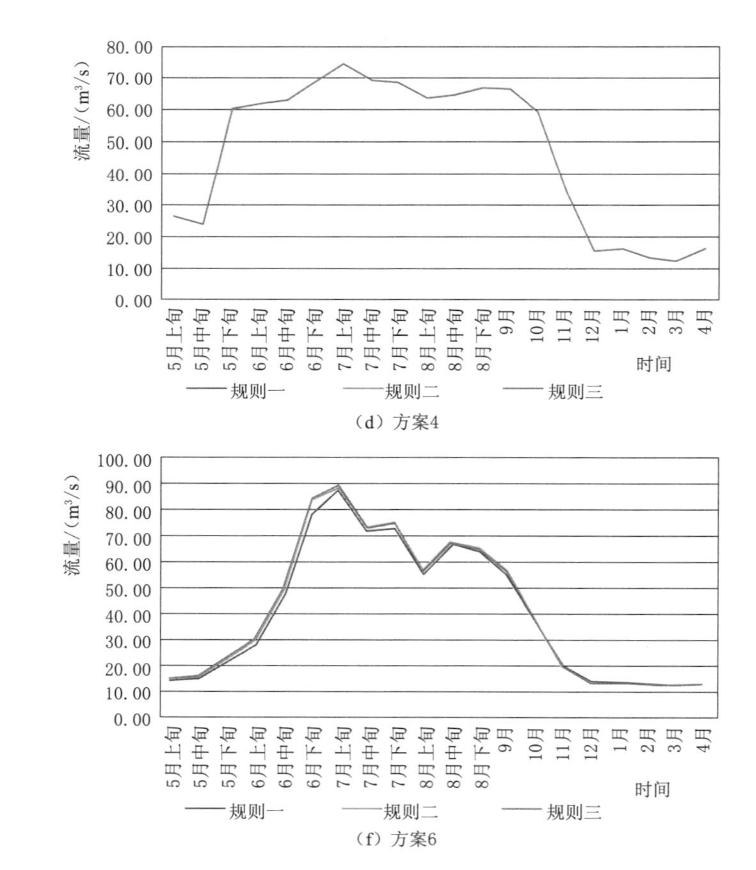

图 4.16（二）　10个方案在3种规则下的水库多年平均下泄流量过程

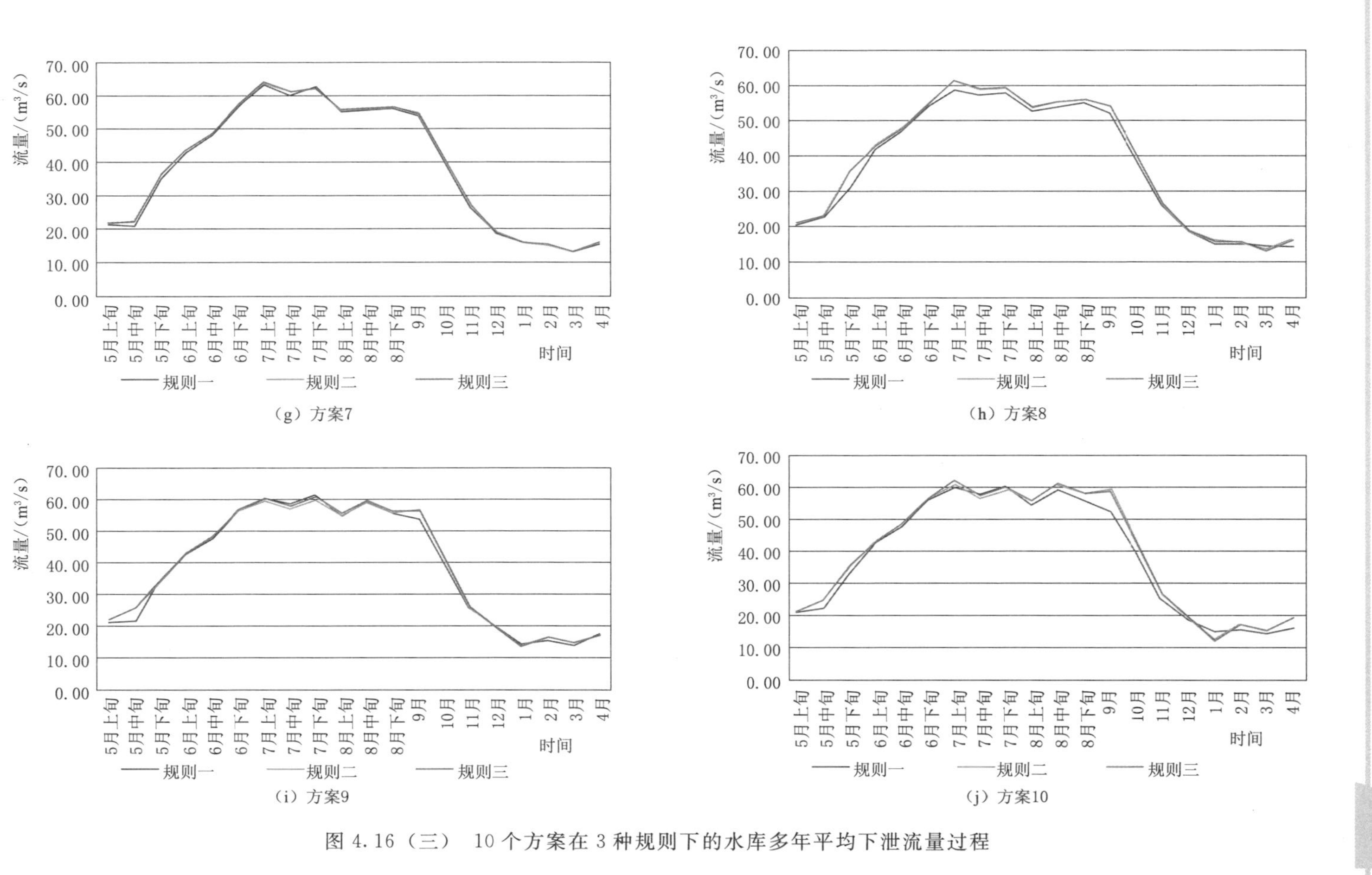

图 4.16（三） 10 个方案在 3 种规则下的水库多年平均下泄流量过程

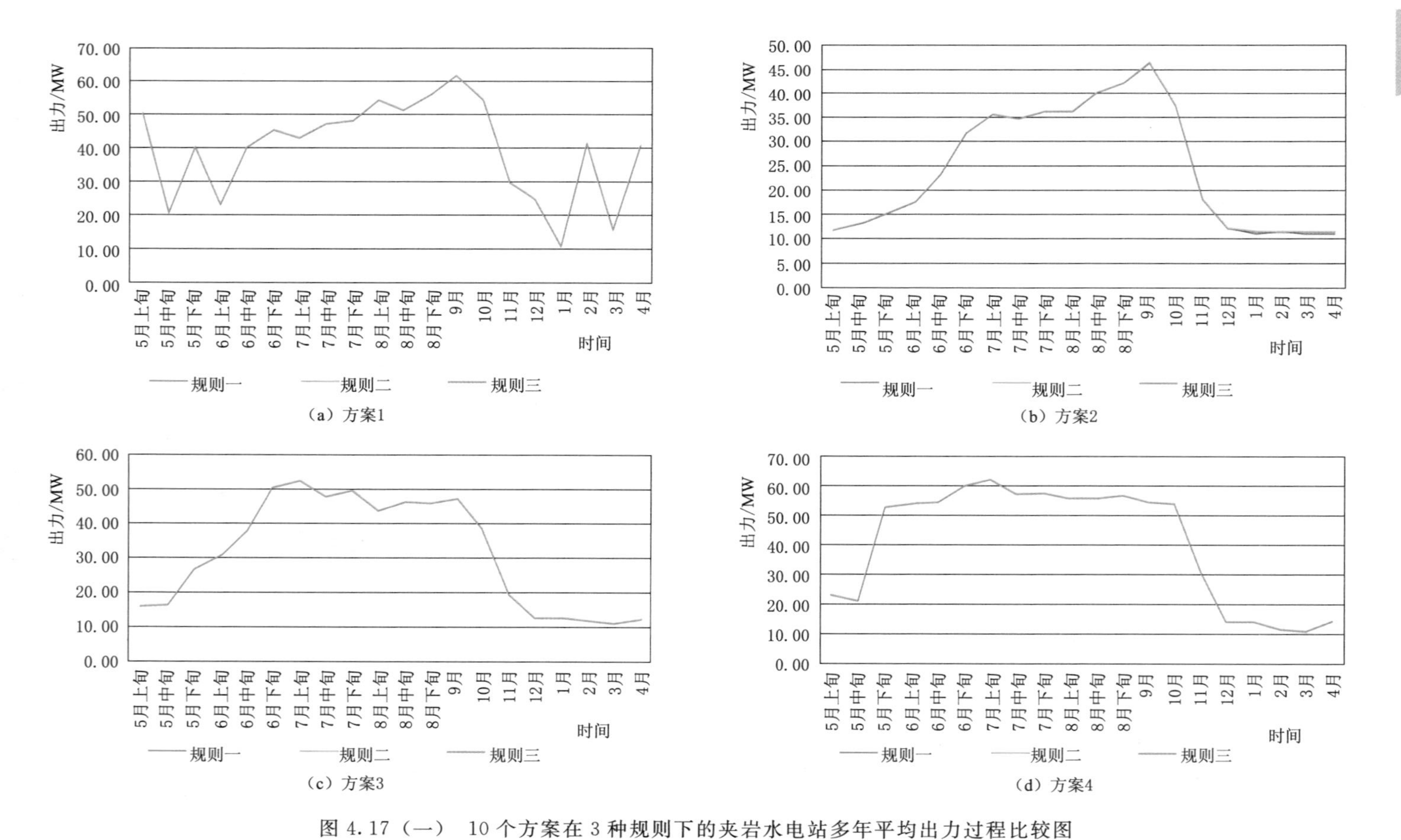

图 4.17（一） 10个方案在3种规则下的夹岩水电站多年平均出力过程比较图

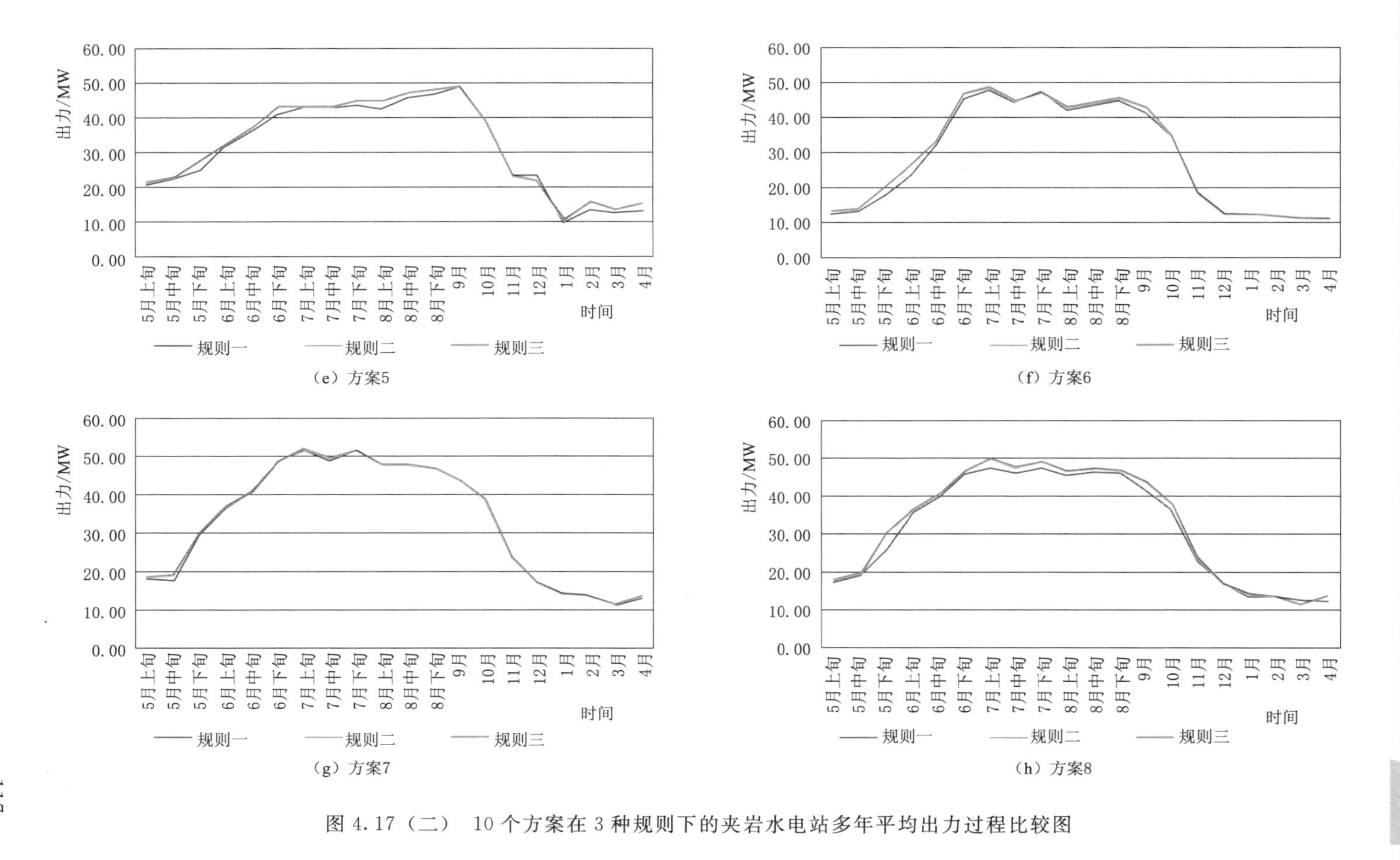

（e）方案5

（f）方案6

（g）方案7

（h）方案8

图 4.17（二） 10 个方案在 3 种规则下的夹岩水电站多年平均出力过程比较图

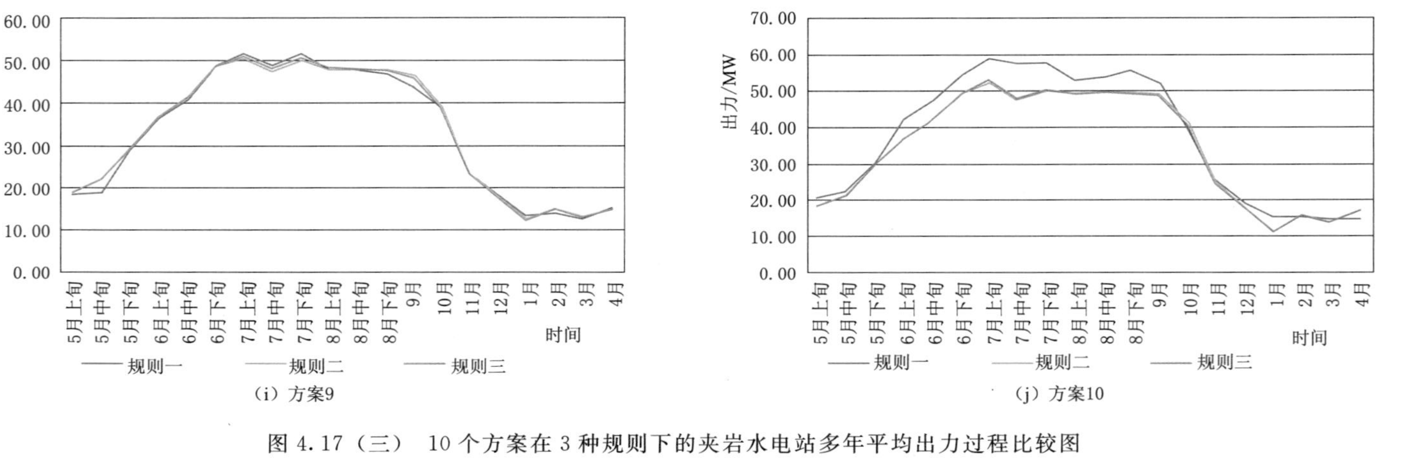

图 4.17（三） 10 个方案在 3 种规则下的夹岩水电站多年平均出力过程比较图

图 4.18 4 个典型年 10 个方案的水库年平均水位比较图

水年、特枯水年的年平均水位较低；方案 2 在 4 个典型年的年平均水位差别最大，相差 13.01m；其次是方案 6，相差 8.46m。而方案 8、方案 7 的 4 个典型年的年均水位仅相差 1.87m 和 2.0m。从各月库水位过程看，不同方案在不同典型年的水位过程也不相同，图 4.19 分别表示了方案 1、方案 2、方案 3 及方案 7 的各月库水位过程。方案 7 的 3 个目标等权重，方案 8、方案 9 及方案 10 的 3 个目标权重均是非零值，方案 8、方案 9 及方案 10 在不同典型年的水位过程与方案 7 的水位过程类似。从优化发电目标角度而言，水库呈现在丰、平水年利用库容蓄水，在枯、特枯水年补水的特点。

图 4.20 所示为 4 个典型年 10 个方案的城镇年缺水量和灌溉年缺水量比较图。从图 4.20（a）可见，在丰、平水年，除方案 1、方案 3 和方案 4（3 个方案的供水目标权重均为 0）外，其他方案的城镇缺水量均为 0；在枯水年，方案 2 和方案 8 的城镇缺水量为 0；在特枯水年仅方案 5 的城镇缺水量为 0。在方案 1、方案 3 和方案 4 中，以方案 1 的城镇缺水量最大。方案 2 在丰、平、枯水年的灌溉年缺水量及方案 8 在丰水年的灌溉年缺水量为 0，另外，在丰、平水年方案 5～10（方案 8 除外）的灌溉年缺水量较小，不到 1000 万 m^3，其他情形灌溉年缺水量明显。从年内缺水过程看，方案 1 的城镇缺水和灌溉缺水丰水年集中出现在 8 月中旬以后，平水年、枯水年和特枯水年逐渐扩展到全年各时段缺水。方案 4 的城镇缺水在丰、平、枯和特枯水年集中出现在 12 月以后，其他方案主要是特枯水年缺水，集中出现在 12 月以后。灌溉缺水的年内分布与城镇缺水类似。图 4.21 分别为方案 1 和方案 7 的灌溉缺水过程图。

10 个方案在丰、平、枯及特枯水年的下泄流量过程同样差别很大。当下泄流量大于电站装机流量 78.4m^3/s 或水流出力大于装机容量时发生弃水，当下泄流量小于最小生态流量 12.1m^3/s 时发生生态亏水。图 4.22 是 10 个方案在 4 个典型年的生态亏水量和年发电量。从图 4.22（a）可见，除特枯水年方案 2、方案 6～10（方案 7 除外）及枯水年方案 5 明显发生生态亏水量外，其他的生态亏水量为 0 或很小。生态亏水量为 0 意味全年下泄流量均超过 12.1m^3/s。从图 4.22（b）可见，10 个方案的年发电量从丰水年到特枯水年逐渐减少（方案 6 的丰水年、方案 1 平水年例外），方案 1（发电目标优先）在各方案中发电量最大，而方案 2（供水目标优先）则是个方案中发电量最小。图 4.23（a）、（b）分别是方案 7 和方案 10 的下泄流量过程。两个方案在枯、特枯水年的下泄流量有明显差异。方案 10 在特枯水年 9 月、1 月和 3 月下泄流量接近 0。

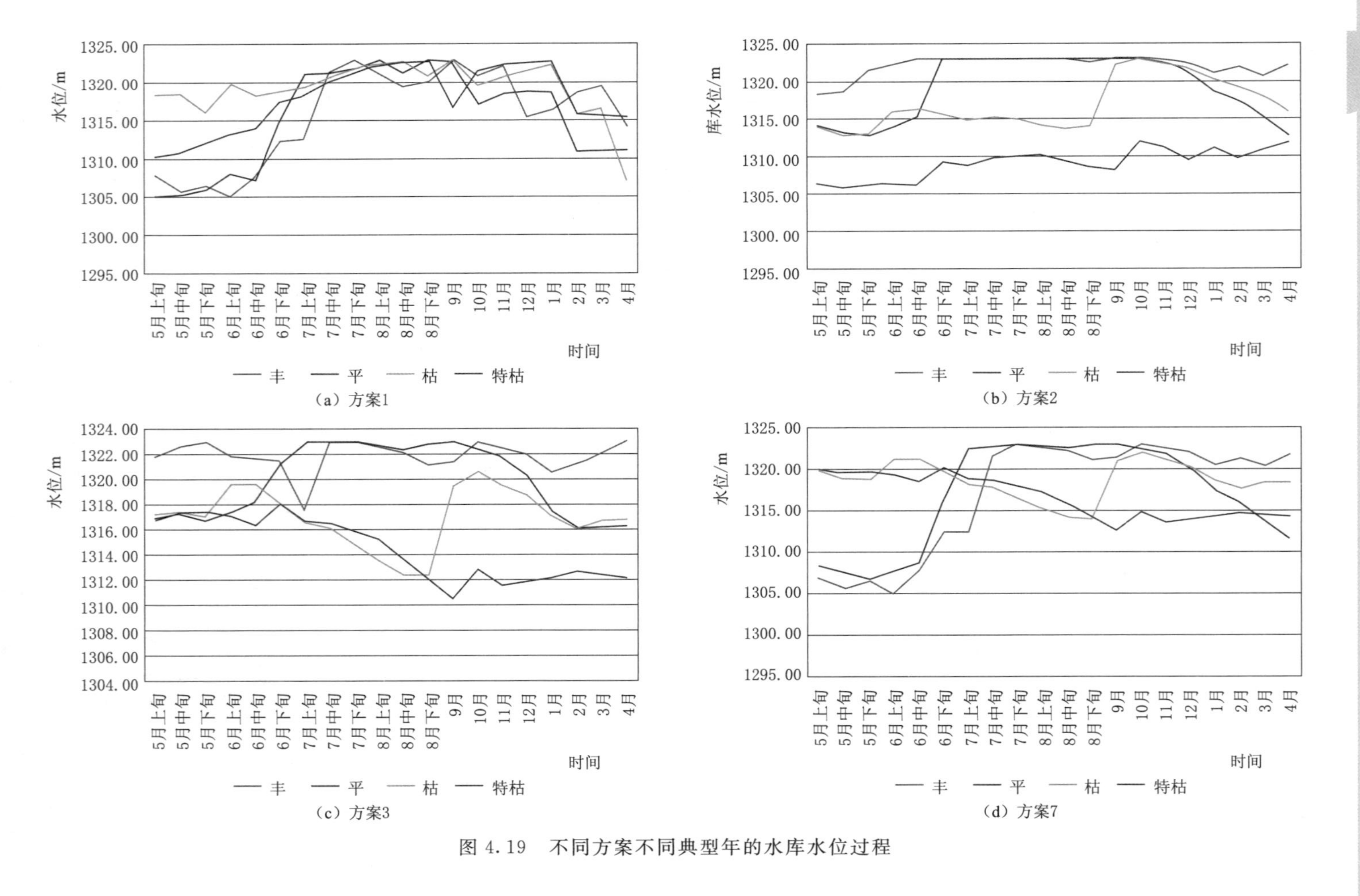

(a) 方案1

(b) 方案2

(c) 方案3

(d) 方案7

图 4.19　不同方案不同典型年的水库水位过程

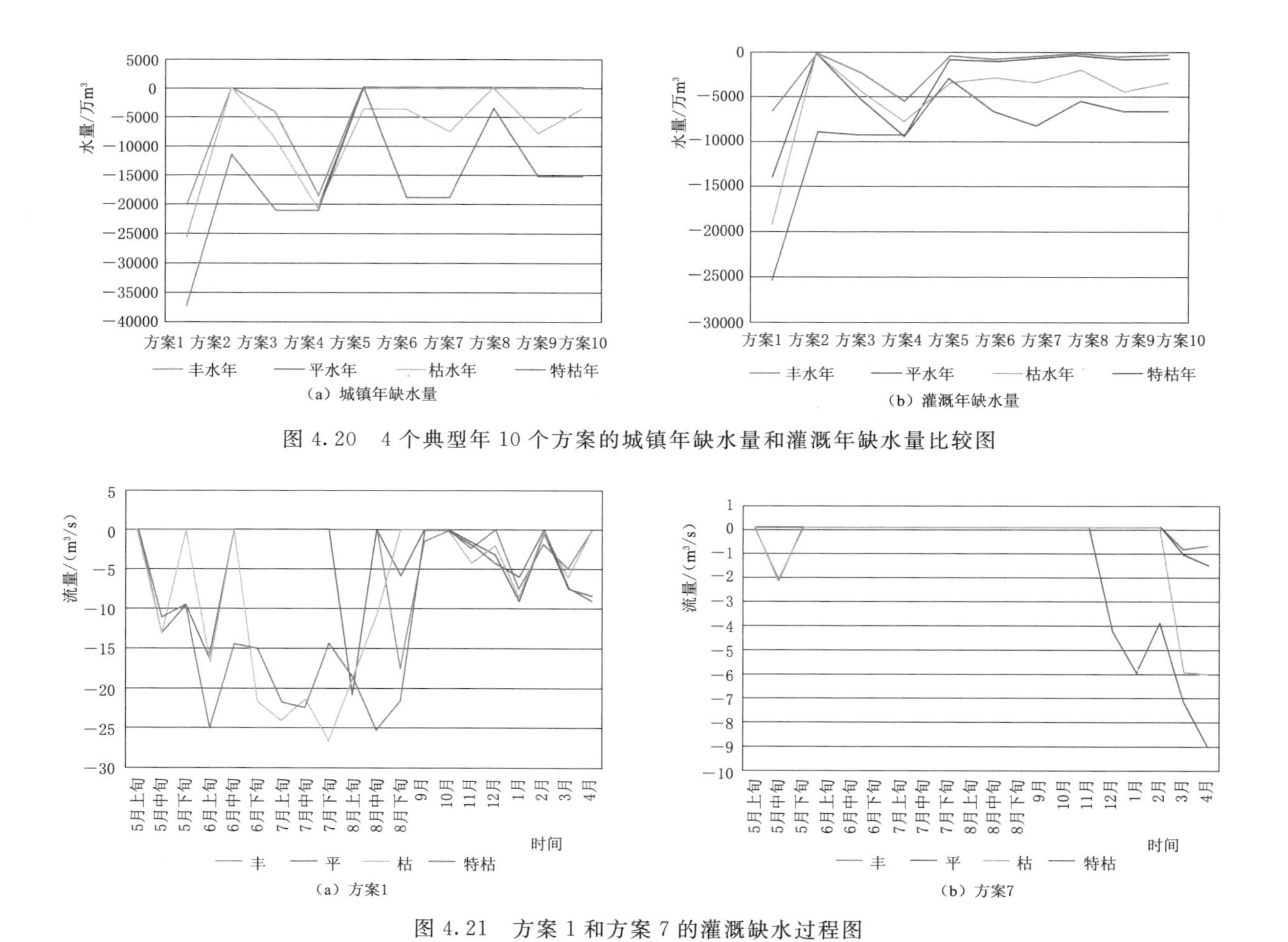

图 4.20 4个典型年10个方案的城镇年缺水量和灌溉年缺水量比较图

图 4.21 方案1和方案7的灌溉缺水过程图

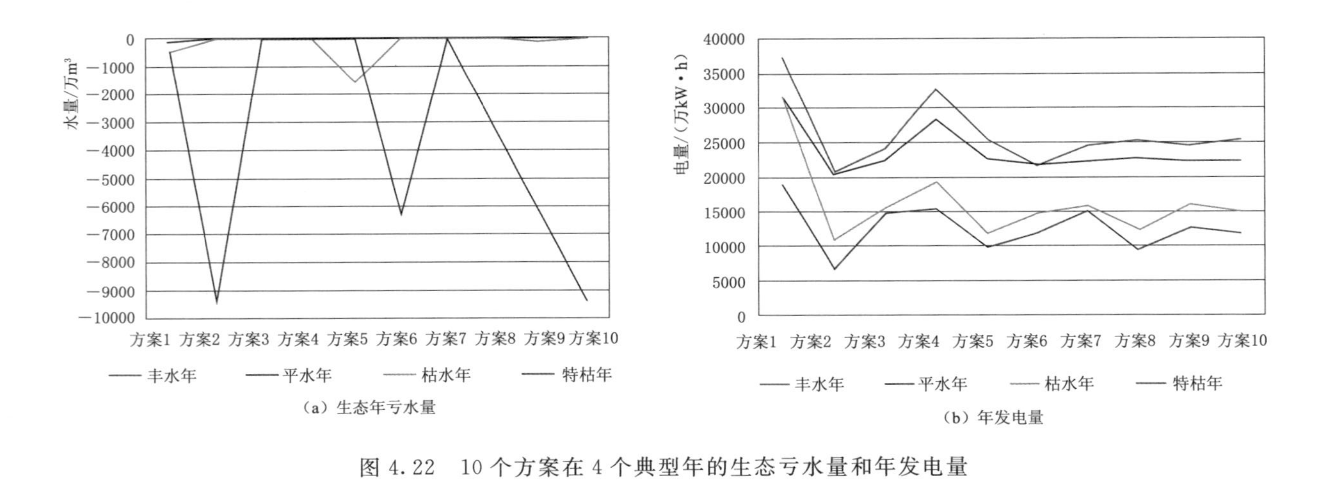

图 4.22　10 个方案在 4 个典型年的生态亏水量和年发电量

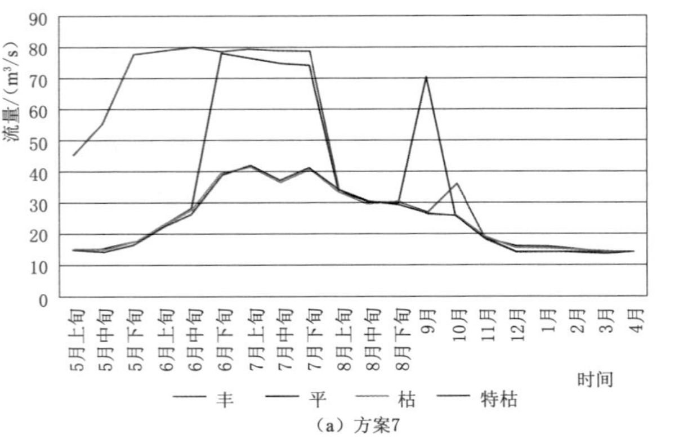

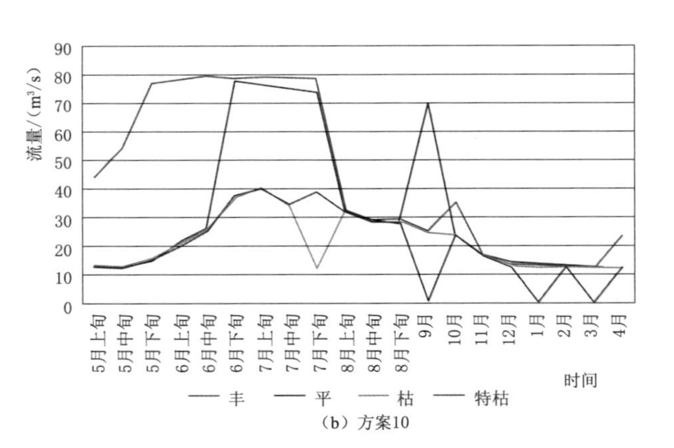

图 4.23　方案 7 和方案 10 的下泄流量过程

4.4 调度规则提取

4.4.1 调度函数

确定性优化调度的结果是假定调度期内入库流量大小已知，在实际运用中因其入库径流的不确定性而难以实现，但是通过对历史径流系列调度过程分析，总结水库蓄放水调度规律，用来指导水库实际调度，却是现实可行方法。调度函数是一组表达水库蓄放水规律的数学表达式，它通过将长系列的优化调度结果，近似地用函数的形式表示出来，用以指导水库的实际运行，从而使水库尽可能地发挥较大效益。

对于夹岩水库长期调度而言，影响水库调度决策的主要因素有本时段的入库径流和本时段初水库蓄水量（或者水位），它们决定了本时段水库可用水量。决策变量包括城镇供水量、灌溉供水量、水库下泄流量及时段末水库水位（或蓄水量），很显然这是一个多决策的调度问题。

为判断调度决策变量（城镇供水量、灌溉供水量、水库下泄流量及时段末水库水位）与影响因素（入库径流、时段初水库蓄水量）关系，根据优化调度结果，逐时段点绘决策变量与影响因子的关系图，发现夹岩水库时段末蓄水位与本时段入库径流量、本时段净入库水量（入库径流量扣除城镇供水量和灌溉供水量）、时段初水库蓄水量之间有较明显的规律。图 4.24 所示为规则一方案 7 的 20 个时段水库时段末蓄水位与本时段可用水量（即本时段净入库水量和时段初水库有效蓄水量之和）关系图。从图 4.24 可见，5 月上旬到 8 月上旬、12 月至次年 1—4 月共 15 个时段，线性趋势明显。8 月中旬到 11 月，当可用水量不超过某个限值时，时段末水位与可用水量大致呈正比关系，当可用水量超过限值时，水库维持在正常蓄水位 1323.00m。

对于规则二和规则三方案 7 的水库时段末蓄水位与本时段可用水量关系图也与图 4.24 类似。同一规则下不同方案的水库时段末蓄水位与本时段可用水量关系图则有一定差异，但总的来讲，方案 7～10 的水库时段末蓄水位与本时段可用水量关系图有相似的规律。

基于水库时段末蓄水位与本时段可用水量关系形式，采用线性函数拟合。具体而言，采用一元线性函数拟合时段末蓄水位与本时段可用水量关系，采用二元线性函数拟合时段末蓄水位与本时段净入库水量和时段初水库有效蓄水量之间的关系。

一元线性函数调度规则的表达式如下：

$$Z_t = a'_t (I_t + S_t) + c'_t \tag{4.27}$$

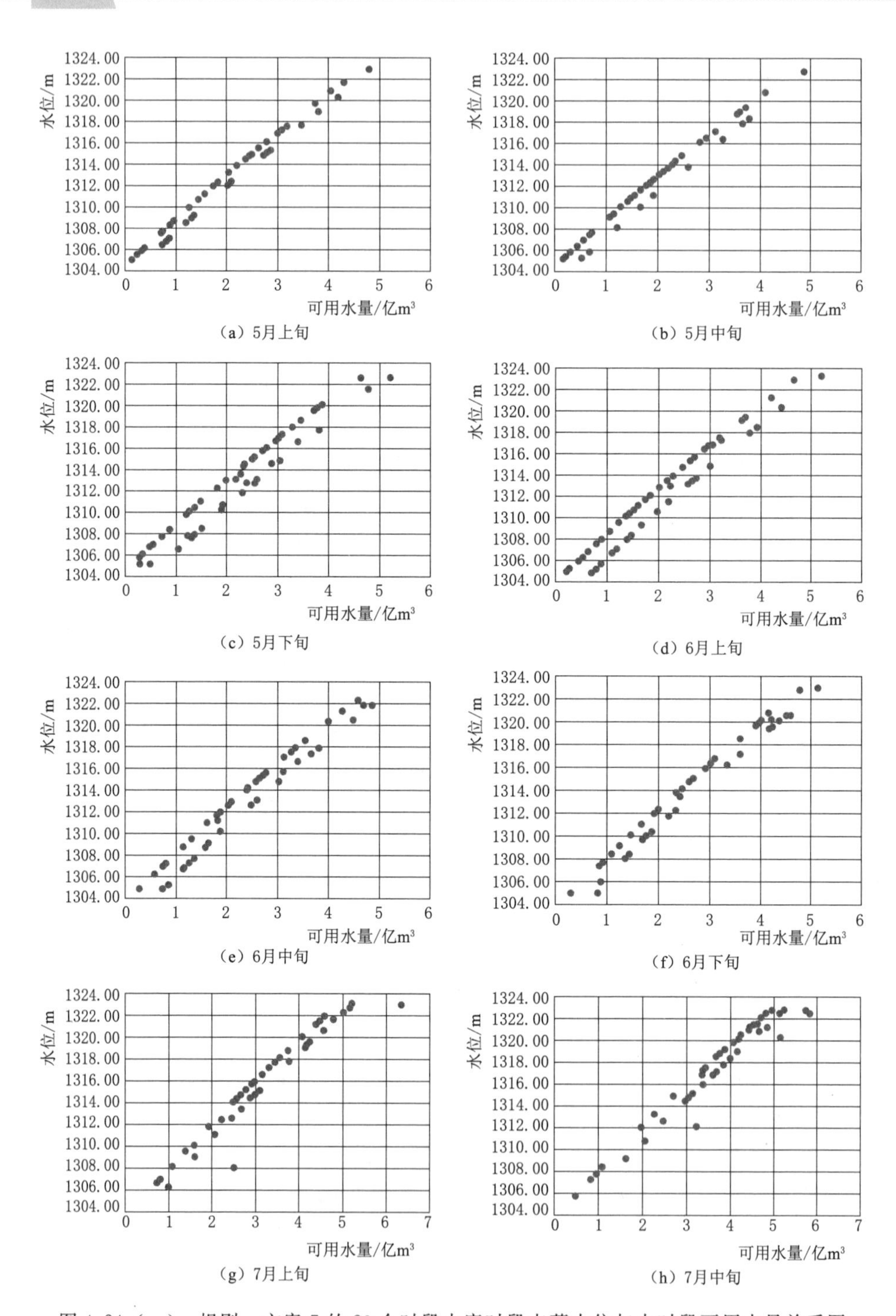

图4.24(一) 规则一方案7的20个时段水库时段末蓄水位与本时段可用水量关系图

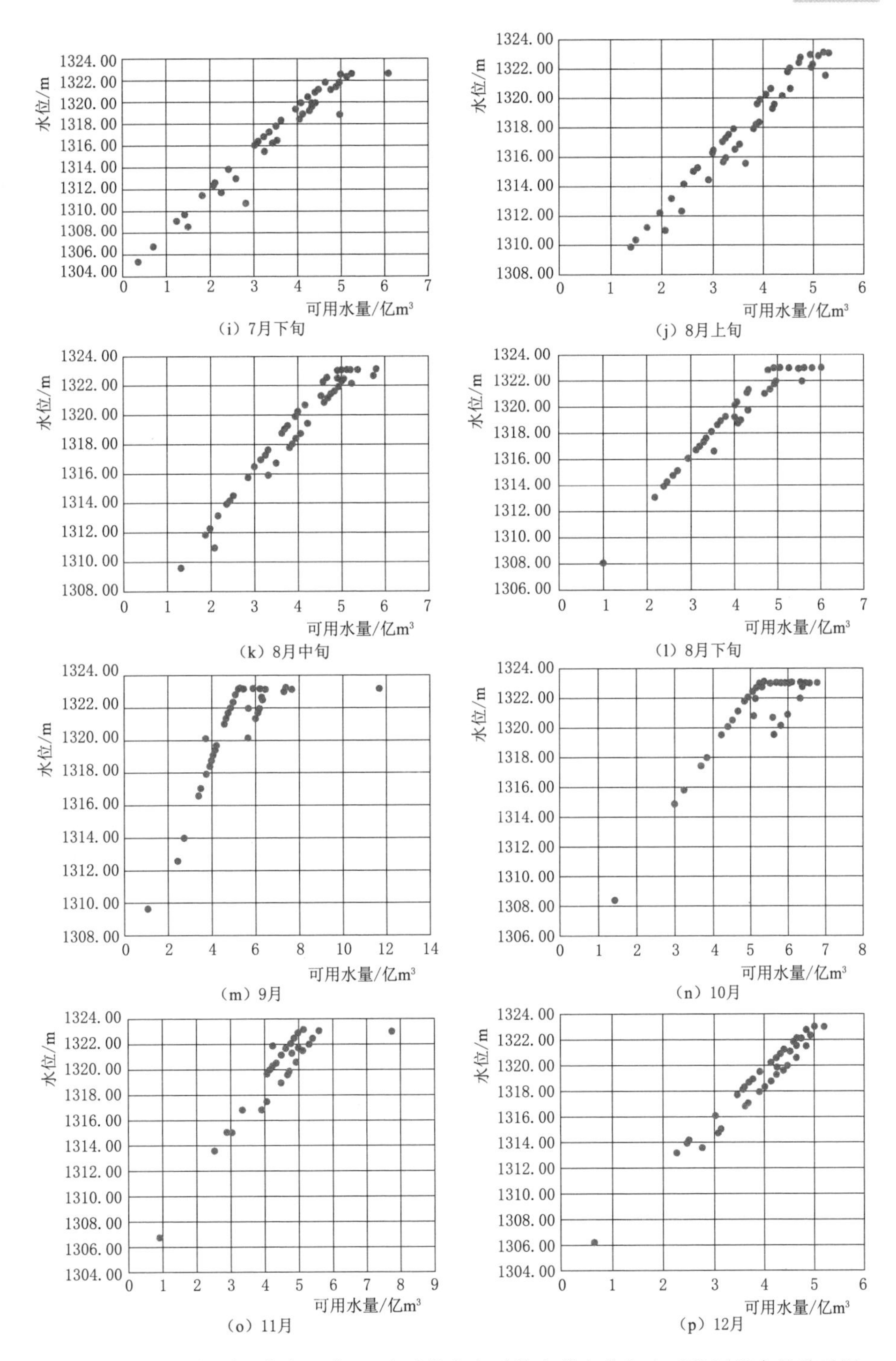

图 4.24（二） 规则一方案 7 的 20 个时段水库时段末蓄水位与本时段可用水量关系图

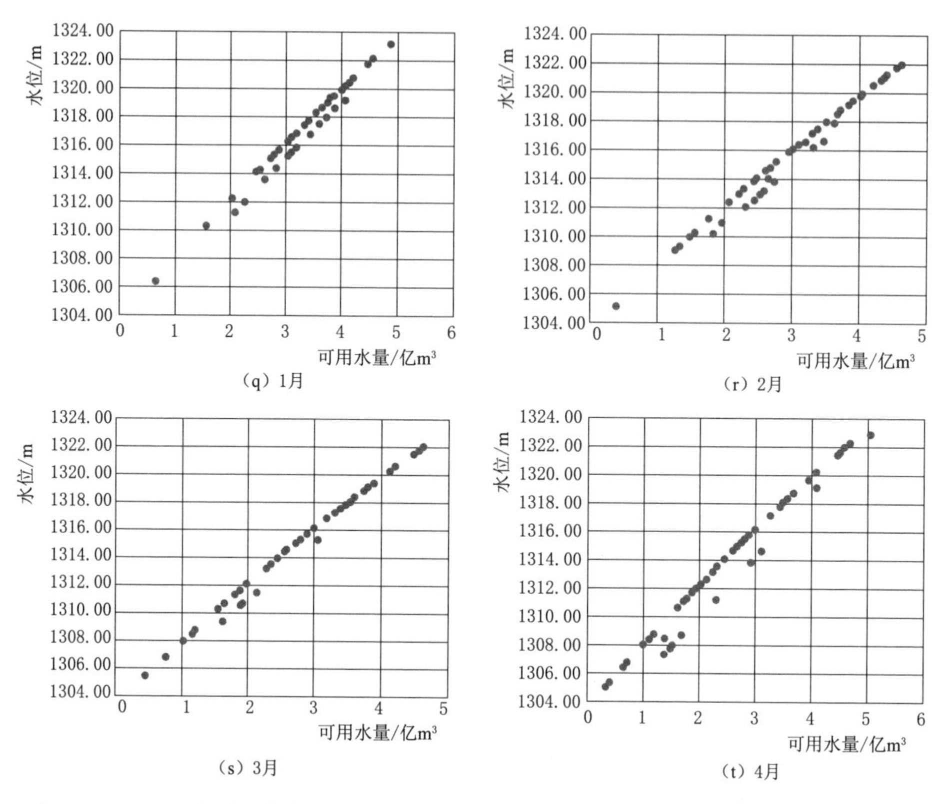

图 4.24（三）　规则一方案 7 的 20 个时段水库时段末蓄水位与本时段可用水量关系图

二元线性函数调度规则的表达式如下：

$$Z_t = a_t I_t + b_t S_t + c_t \tag{4.28}$$

以上两式中：Z_t 为第 t 时段末水库蓄水位，m；I_t 为第 t 时段净入库径流量，亿 m³；S_t 为第 t 时段初水库有效蓄水量，亿 m³；a_t'、c_t' 及 a_t、b_t、c_t 分别为第 t 时段的回归系数，为待定的调度函数参数。

以拟合残差的平方和最小为准则，优选调度函数参数，问题表达如下：

$$\min \sum_{j=1}^{n} \left[Z_t^j - (a_t I_t^j + b_t S_t^j + c_t) \right]^2 \tag{4.29}$$

式中：Z_t^j，Z_t^j，S_t^j 分别为第 j 年第 t 时段末水位值、净入库径流及时段初水库有效蓄水量，均为已知。

引入如下矩阵和向量

$$\boldsymbol{X} = \begin{vmatrix} I_t^1 & S_t^1 & 1 \\ I_t^2 & S_t^2 & 1 \\ & \cdots & \\ I_t^n & S_t^n & 1 \end{vmatrix}, \quad \boldsymbol{Y} = \begin{vmatrix} Z_t^1 \\ Z_t^2 \\ \cdots \\ Z_t^n \end{vmatrix}, \quad \boldsymbol{A} = \begin{vmatrix} a \\ b \\ c \end{vmatrix} \tag{4.30}$$

则系数 A 的最小二乘估计 $\hat{A}$ 可表示为

$$\hat{A} = (X^T X)^{-1} X^T Y \tag{4.31}$$

对3种水量分配规则下每个具体方案的调度结果，分时段求出其调度规则的一元线性函数和二元线性函数表达式。表4.8列出了水量分配规则一下方案7的调度函数的参数值。表4.8中，R^2 为调整决定系数，R^2 越大表明回归模型的效果越显著。从表4.8中可见，除9月、10月及11月3个月的 R^2 值低于0.9外，其他时段的 R^2 值均大于0.9，说明这3个月的回归模型效果较差。由于二元线性回归模型分别考虑净入库水量和时段初蓄水量的影响，绝大多数时段二元线性回归模型的 R^2 值大于一元线性回归模型 R^2 值，但相差不大，说明二元线性回归模型的效果略优于一元线性回归模型的效果。从模型的显著性检验值看，无论是一元线性回归模型还是二元线性回归模型，各时段 F 检验的 p 值，均非常小。如一元线性回归模型9月的 p 值最大，为 9.67×10^{-12}，二元线性回归模型也是9月的 p 值最大，仅为 2.03×10^{-13}，均远小于高度显著水平 $\alpha=0.01$。

表4.8　　水量分配规则一下方案7的调度函数的参数

时　间	一元线性函数			二元线性函数			
	c'_t	a'_t	R^2	c_t	a_t	b_t	R^2
5月上旬	1304.60	3.990	0.988	1304.77	2.661	3.989	0.991
5月中旬	1304.59	4.002	0.982	1304.65	3.436	4.011	0.982
5月下旬	1304.19	3.901	0.950	1304.23	2.993	4.041	0.962
6月上旬	1303.80	3.997	0.956	1304.10	2.437	4.090	0.972
6月中旬	1303.78	3.938	0.965	1303.93	3.311	4.076	0.975
6月下旬	1303.62	3.892	0.977	1303.80	3.482	4.022	0.982
7月上旬	1304.14	3.672	0.950	1304.30	3.081	3.848	0.963
7月中旬	1304.34	3.658	0.951	1304.46	3.169	3.755	0.959
7月下旬	1304.41	3.571	0.945	1304.47	2.845	3.723	0.960
8月上旬	1305.14	3.512	0.951	1305.91	2.383	3.477	0.979
8月中旬	1306.40	3.200	0.950	1306.03	2.744	3.418	0.965
8月下旬	1307.27	2.976	0.942	1306.81	2.482	3.216	0.956
9月	1313.63	1.398	0.579	1311.70	0.941	2.153	0.663
10月	1310.20	2.151	0.699	1308.53	1.118	2.871	0.809
11月	1307.48	2.868	0.773	1304.03	0.972	3.923	0.889
12月	1304.06	3.766	0.954	1304.02	3.494	3.787	0.953

续表

时　间	一元线性函数			二元线性函数			
	c_t'	a_t'	R^2	c_t	a_t	b_t	R^2
1 月	1303.77	3.942	0.983	1303.75	3.882	3.947	0.983
2 月	1303.88	3.997	0.985	1303.80	3.203	4.042	0.987
3 月	1303.91	4.012	0.992	1303.81	3.516	4.068	0.993
4 月	1303.68	4.017	0.974	1303.39	3.134	4.211	0.980

选取 9 月、10 月分析回归模型的残差分布情况。以原始残差除以其均方根误差（RMSE），获得标准化残差系列。图 4.25 为 9 月、10 月回归模型标准化残差图。从图 4.25 可见，9 月无论是一元回归还是二元回归，都有 3 个点超出−1.96～1.96 范围。10 月一元回归和二元回归落在−1.96～1.96 范围外的残差点分别为 1 和 3。总的来看，落在−1.96～1.96 范围内的点数占总点数的比例接近或超过 95%。另外，残差点也比较分散。说明一元回归和二元回归模型具有一定的显著性（$\alpha=0.05$）。其他时段的残差图也说明了其一元回归和二元回归模型的显著性。

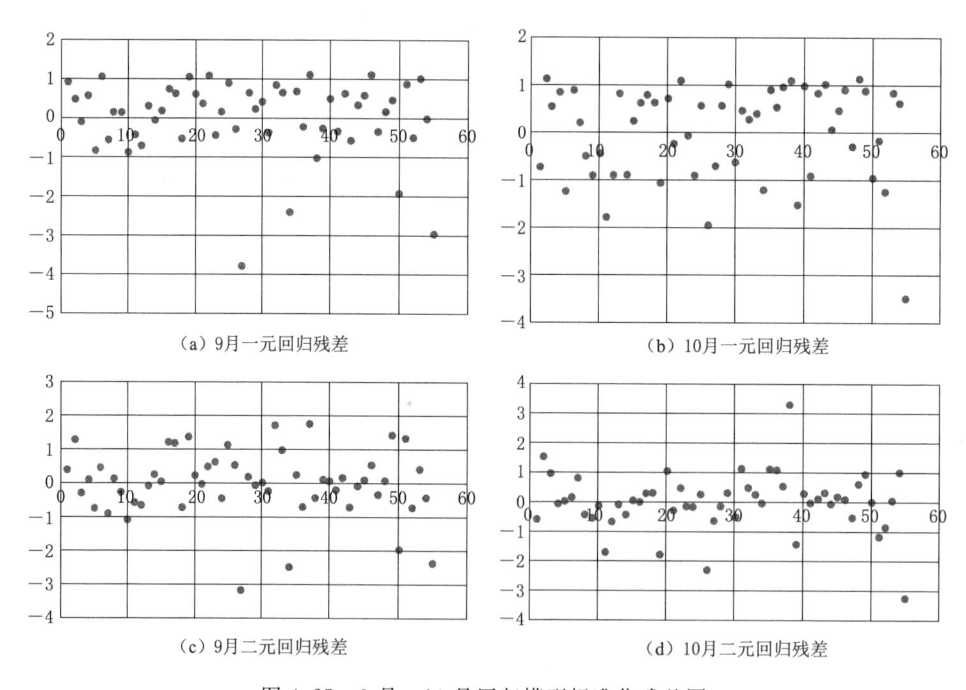

图 4.25　9 月、10 月回归模型标准化残差图

表 4.9 与表 4.10 分别列出了水量分配规则二、规则三方案 7 的各时段调度函数参数值。从表 4.9 与表 4.10 中可见，方案 7 在规则二、规则三下的各

时段调度函数的 R^2 值与规则一高度相近。从 R^2 值看，9 月、10 月与 11 月回归效果较差，但两种规则下两种回归模型的各时段 F 检验的 p 值均远小于 0.01，其标准化残差图也说明回归模型具有一定可靠性。

表 4.9　　水量分配规则二方案 7 各时段调度函数参数

时 间	一元线性回归			二元线性回归			
	c_t'	a_t'	R^2	c_t	a_t	b_t	R^2
5 月上旬	1304.60	3.982	0.988	1304.78	2.595	3.982	0.992
5 月中旬	1304.57	3.988	0.981	1304.61	3.669	3.995	0.981
5 月下旬	1304.15	3.898	0.951	1304.19	2.884	4.054	0.964
6 月上旬	1303.81	3.985	0.958	1304.12	2.437	4.069	0.973
6 月中旬	1303.78	3.929	0.966	1303.93	3.312	4.059	0.975
6 月下旬	1303.61	3.893	0.977	1303.79	3.496	4.016	0.982
7 月上旬	1304.02	3.697	0.952	1304.19	3.110	3.868	0.964
7 月中旬	1304.27	3.665	0.953	1304.40	3.126	3.774	0.963
7 月下旬	1304.35	3.590	0.947	1304.43	2.846	3.739	0.961
8 月上旬	1305.09	3.519	0.955	1305.83	2.395	3.492	0.982
8 月中旬	1306.33	3.212	0.953	1305.98	2.749	3.424	0.967
8 月下旬	1307.16	2.999	0.944	1306.74	2.489	3.234	0.958
9 月	1312.29	1.613	0.596	1310.06	1.040	2.511	0.686
10 月	1310.00	2.172	0.748	1309.11	1.115	2.716	0.837
11 月	1306.94	2.958	0.797	1303.71	0.973	3.980	0.907
12 月	1303.89	3.814	0.958	1303.86	3.461	3.838	0.958
1 月	1303.68	3.970	0.985	1303.71	4.050	3.964	0.985
2 月	1303.75	4.034	0.987	1303.68	3.196	4.076	0.988
3 月	1303.90	4.012	0.993	1303.86	3.360	4.054	0.994
4 月	1303.73	3.968	0.969	1303.51	2.822	4.171	0.977

表 4.10　　水量分配规则三方案 7 各时段调度函数参数

时 间	一元线性回归			二元线性回归			
	c_t'	a_t'	R^2	c_t	a_t	b_t	R^2
5 月上旬	1304.61	3.978	0.988	1304.79	2.588	3.979	0.992
5 月中旬	1304.58	3.985	0.980	1304.62	3.666	3.990	0.980
5 月下旬	1304.18	3.886	0.949	1304.20	2.879	4.048	0.963
6 月上旬	1303.83	3.976	0.957	1304.13	2.427	4.067	0.972
6 月中旬	1303.81	3.919	0.965	1303.95	3.305	4.056	0.974
6 月下旬	1303.63	3.886	0.977	1303.81	3.493	4.012	0.982
7 月上旬	1304.05	3.688	0.952	1304.20	3.106	3.866	0.964

续表

时间	一元线性回归			二元线性回归			
	c_t'	a_t'	R^2	c_t	a_t	b_t	R^2
7月中旬	1304.30	3.657	0.954	1304.41	3.124	3.769	0.963
7月下旬	1304.36	3.585	0.949	1304.44	2.848	3.735	0.962
8月上旬	1305.07	3.522	0.958	1305.76	2.423	3.505	0.983
8月中旬	1306.19	3.243	0.956	1305.87	2.777	3.450	0.969
8月下旬	1306.88	3.060	0.947	1306.49	2.527	3.292	0.960
9月	1312.35	1.607	0.609	1310.31	0.990	2.478	0.706
10月	1309.97	2.179	0.748	1309.09	1.116	2.723	0.837
11月	1306.94	2.959	0.798	1303.72	0.974	3.975	0.907
12月	1303.91	3.809	0.959	1303.85	3.264	3.848	0.959
1月	1303.70	3.966	0.985	1303.72	4.050	3.960	0.985
2月	1303.78	4.023	0.987	1303.70	3.096	4.069	0.988
3月	1303.91	4.010	0.993	1303.89	3.402	4.046	0.994
4月	1303.74	3.963	0.968	1303.53	2.831	4.165	0.976

从上述表中可见：

(1) 3种规则下，各时段末水库水位均随水库可用水量增加而抬升，但各时段抬升率有一定差异，9月可用水量增加1亿m^3，水库水位增加幅度最小，分别为1.4m（规则一）和1.6m（规则二、规则三），3月、4月（规则一）或2月、3月可用水量增加1亿m^3，水库水位增加幅度最高，超过4.0m。总的来说，时段初水库水位越低，单位可用水量导致的时段末水位抬升越高。

(2) 3种规则下，各时段末水库水位与净入库水量和初始有效蓄水量成正比关系，但单位净水入库量和单位初始有效蓄水量的水位增加幅度不同，除个别时段外，单位初始有效蓄水量的水位增加幅度高于单位净水入库量的水位增幅。另外，各个时段的回归系数大小也有明显变化，9月、10月和11月的回归系数较小。

4.4.2 调度函数模拟结果分析

进一步采用1955年5月—2002年4月逐月（旬）入库径流数据及相应的城镇和灌溉需水过程，通过调度函数模拟操作，检验调度效果和评估调度函数的合理性。

模拟调度具体步骤如下：

(1) 输入入库径流量序列和同期城镇需水量、灌溉需水量序列，输入各时段一元和二元回归模型相应的系数a_t'、c_t'及a_t、b_t、c_t值。

(2) 根据当前时段 t 的入库径流量，扣除该时段城镇需水量和灌溉需水量，作为该时段净入库水量，并结合水库时段初有效蓄水量，根据回归模型求得时段末水库水位；如果计算的时段末水库水位超出死水位或正常蓄水位，则调整到死水位或正常蓄水位。

(3) 根据当前时段 t 水库初、末蓄水量，根据水量平衡方程，计算该时段总出库水量。如果总出库水量小于0，降低时段末水库水位直至总出库水量大于等于0；令该时段可用水量等于总出库水量，然后根据水量分配规则一、或规则二、或规则三，确定城镇供水量、灌溉供水量及水库下泄流量；计算供水、发电、生态各项指标；转入 $t+1$ 时段。

(4) 重复步骤 (2)、(3) 直至调度期结束，统计年平均发电量、供水保证率、灌溉保证率及生态基流保证率等指标。

3种水量分配规则下方案7的一元线性回归模型的模拟调度结果见表4.11。表4.11中，水量和电量均是多年平均值，保证率均是历时保证率。从表4.11可见，方案7在3种水量分配规则下一元线性回归模型的模拟调度结果相差不大，城镇供水量和灌溉水量的多年平均值分别为4.32亿～4.33亿 m^3 和2.14亿～2.18亿 m^3，城镇缺水率为5.7%～5.8%，灌溉缺水率为9.8%～11.2%，城镇供水保证率为87.4%～91.5%，低于95%，但灌溉保证率高于80%；多年平均年发电量接近设计多年平均年发电量2.323亿kW·h，发电历时保证率达到80%以上；最小生态流量 ($12.1m^3/s$) 保证率超过95%。

表4.11　3种水量分配规则下方案7的一元线性回归模型的模拟调度结果

项　目	规则一	规则二	规则三
入库水量/亿 m^3	17.4592	17.4592	17.4592
城镇供水量/亿 m^3	4.3274	4.3261	4.3236
灌溉水量/亿 m^3	2.1798	2.1480	2.1590
下泄水量/亿 m^3	10.3476	10.3840	10.3755
发电用水量/亿 m^3	9.2621	9.3244	9.3167
发电量/(亿kW·h)	2.3035	2.3146	2.3128
城镇供水保证率/%	87.4	91.5	90.6
灌溉保证率/%	84.8	84.1	84.4
发电保证率/%	81.4	80.9	81.1
最小生态流量保证率/%	96.6	96.5	96.6
城镇缺水率/%	5.7	5.7	5.8
灌溉缺水率/%	9.8	11.2	10.7
发电水量利用率/%	89.5	89.8	89.8

表4.12为方案7在3种水量分配规则下二元线性回归模型的模拟调度结果。3种规则下的二元回归模型模拟调度结果相差不大，各项指标数值与一元回归模型非常相近。其中，多年平均城镇供水量略大于一元回归模型的模拟结果，灌溉水量的多年均值比一元回归模型略小，城镇供水和灌溉保证率低于一元回归模型的结果，但总下泄水量、发电用水量、发电量及最小生态流量保证率较一元回归模型的结果高。总体上，方案7的一元回归模型和二元线性回归模型的模拟调度结果差别并不显著。对于方案8、方案9和方案10，也是如此。

表4.12　3种水量分配规则下方案7的二元线性回归模型的模拟调度

项　目	规则一	规则二	规则三
入库水量/亿 m^3	17.4592	17.4592	17.4592
城镇供水量/亿 m^3	4.3305	4.3350	4.3333
灌溉水量/亿 m^3	2.1587	2.1133	2.1209
下泄水量/亿 m^3	10.3706	10.4160	10.4100
发电用水量/亿 m^3	9.3734	9.4549	9.4506
发电量/(亿 kW·h)	2.3180	2.3313	2.3304
城镇供水保证率/%	86.6	90.2	89.7
灌溉保证率/%	83.0	81.5	82.6
发电保证率/%	78.0	78.1	78.6
生态基流保证率/%	96.9	96.8	96.6
城镇缺水率/%	5.6	5.5	5.5
灌溉缺水率/%	10.7	12.6	12.3
发电水量利用率/%	90.4	90.8	90.8

进一步，将方案7在3种水量分配规则下一元、二元回归模拟的结果与相应的优化调度结果进行比较，结果见表4.13。从表4.13可见，城镇供水量、灌溉供水量及总下泄水量的一元、二元回归模拟的数值与优化结果十分接近，城镇供水量规则一的一元、二元回归结果稍大于优化结果，规则二和规则三的一元、二元回归结果稍小于优化结果。灌溉供水量则刚好相反。总下泄水量都相差很小，在1%范围内。模拟结果的发电水量、发电量小于优化结果的发电水量，其中3种规则下一元回归模拟的发电水量约占优化的发电用水量的93%，发电量占优化发电量的92%～93%，二元回归模拟的发电水量及发电量占比有所提高。无论是一元回归还是二元回归模拟的城镇供水保证率、灌溉保证率、最小生态流量保证率均明显小于优化结果，但模拟的灌

溉保证率均大于80%。规则一模拟结果的城镇缺水率比优化结果低，灌溉缺水率比优化结果高，但规则二、规则三则是模拟结果的城镇缺水率比优化结果省略高，灌溉缺水率比优化结果明显降低。

表 4.13　　3种水量分配规则下方案7的模拟结果与优化结果比较

项目	规则一			规则二			规则三		
	一元	二元	优化	一元	二元	优化	一元	二元	优化
城镇供水量/亿 m^3	4.3274	4.3305	4.2469	4.3261	4.3350	4.3369	4.3236	4.3333	4.3435
灌溉供水量/亿 m^3	2.1798	2.1587	2.2162	2.1480	2.1133	2.0068	2.1590	2.1209	2.0126
总下泄水量/亿 m^3	10.3476	10.3706	10.3579	10.3840	10.4160	10.4783	10.3755	10.4100	10.4667
发电水量/亿 m^3	9.2621	9.3734	9.9062	9.3244	9.4549	10.0266	9.3167	9.4506	10.0150
发电量/(亿 kW·h)	2.3035	2.3180	2.4802	2.3146	2.3313	2.5083	2.3128	2.3304	2.5049
城镇保证率/%	87.4	86.6	95.4	91.5	90.2	96.5	90.6	89.7	96.6
灌溉保证率/%	84.8	83.0	87.2	84.1	81.5	87.8	84.4	82.6	88.0
发电保证率/%	81.4	78.0	80.1	80.9	78.1	80.2	81.1	78.6	80.4
最小生态流量保证率/%	96.6	96.9	98.4	96.5	96.8	98.5	96.6	96.6	98.6
城镇缺水率/%	5.7	5.6	7.5	5.7	5.5	5.5	5.8	5.5	5.4
灌溉缺水率/%	9.8	10.7	8.2	11.2	12.6	16.8	10.7	12.3	16.6
发电水量利用率/%	89.5	90.4	95.6	89.8	90.8	95.7	89.8	90.8	95.7

为分析比较水库模拟调度过程与优化调度过程的异同，绘制了两种情形下多年平均水库水位过程、城镇供水过程与灌溉供水过程，结果表明：方案7在3种规则下一元回归模拟与二元回归模拟的多年平均水位过程、城镇供水过程和灌溉过程都非常接近，但枯水年、特枯水年的调度过程有较大差别。模拟的多年平均水位过程、城镇供水过程和灌溉过程与优化调度过程相比，过程线形状极为相似，但模拟的各时段末多年平均水位较优化的水位低2～3m。模拟的多年平均城镇供水过程与优化调度过程相比，过程线有明显差异。从丰、平、枯及特枯水年的调度过程看，模拟的丰、平水年城镇供水过程和灌溉过程与优化的结果基本相同（仅个别时段不同），但枯水、特枯水年城镇供水过程和灌溉过程差别明显。各典型年模拟与优化的水库水位过程差别较大，丰水年模拟的年均水位高于优化的年均水位，但枯水、特枯水年模拟的年均水位远低于优化的年均水位。图4.26、图4.27为方案7在规则二下的二元回归模拟调度过程与优化调度过程比较图，其中丰、平水年的城镇供水过程和灌溉过程图省略。

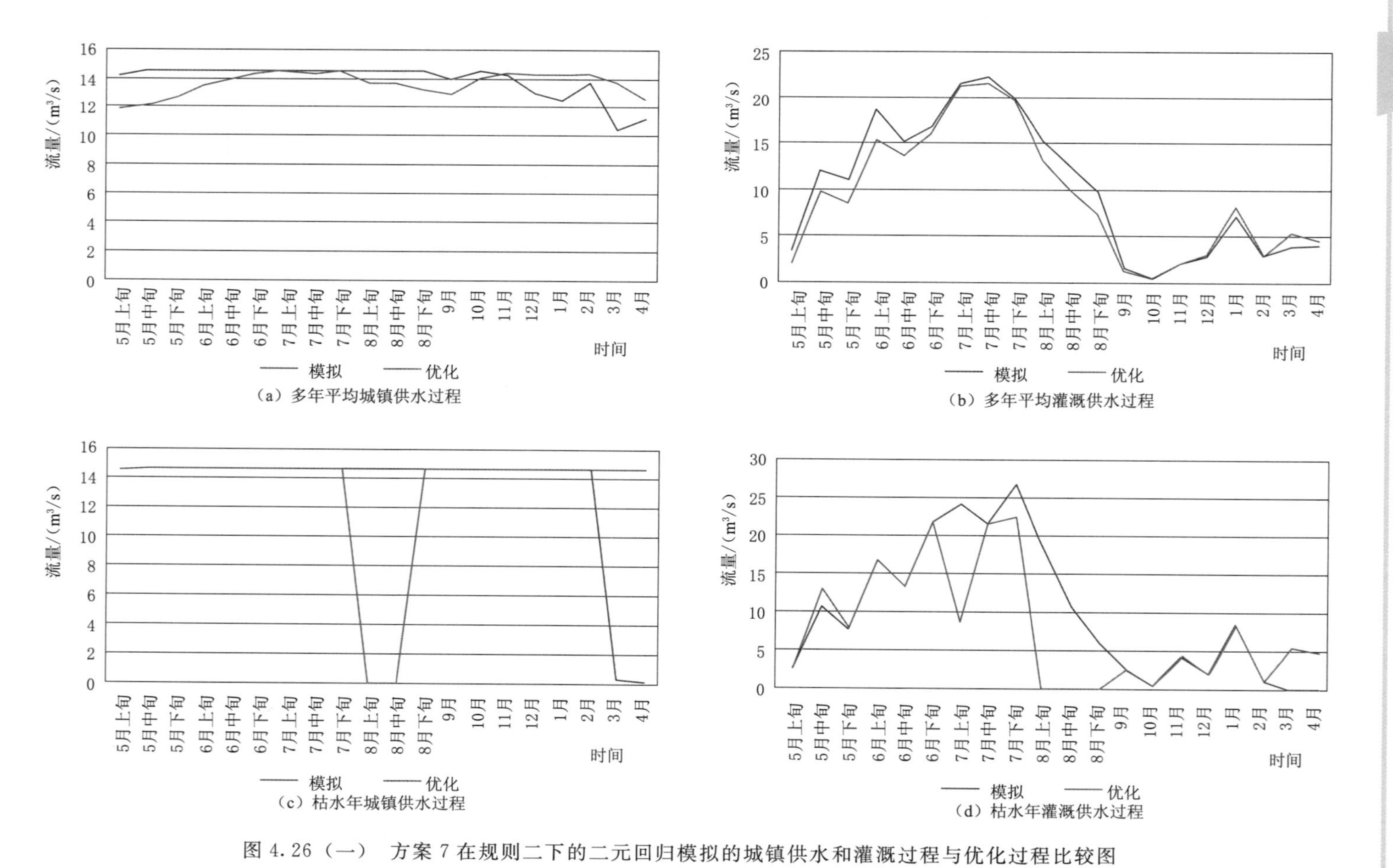

图 4.26（一） 方案 7 在规则二下的二元回归模拟的城镇供水和灌溉过程与优化过程比较图

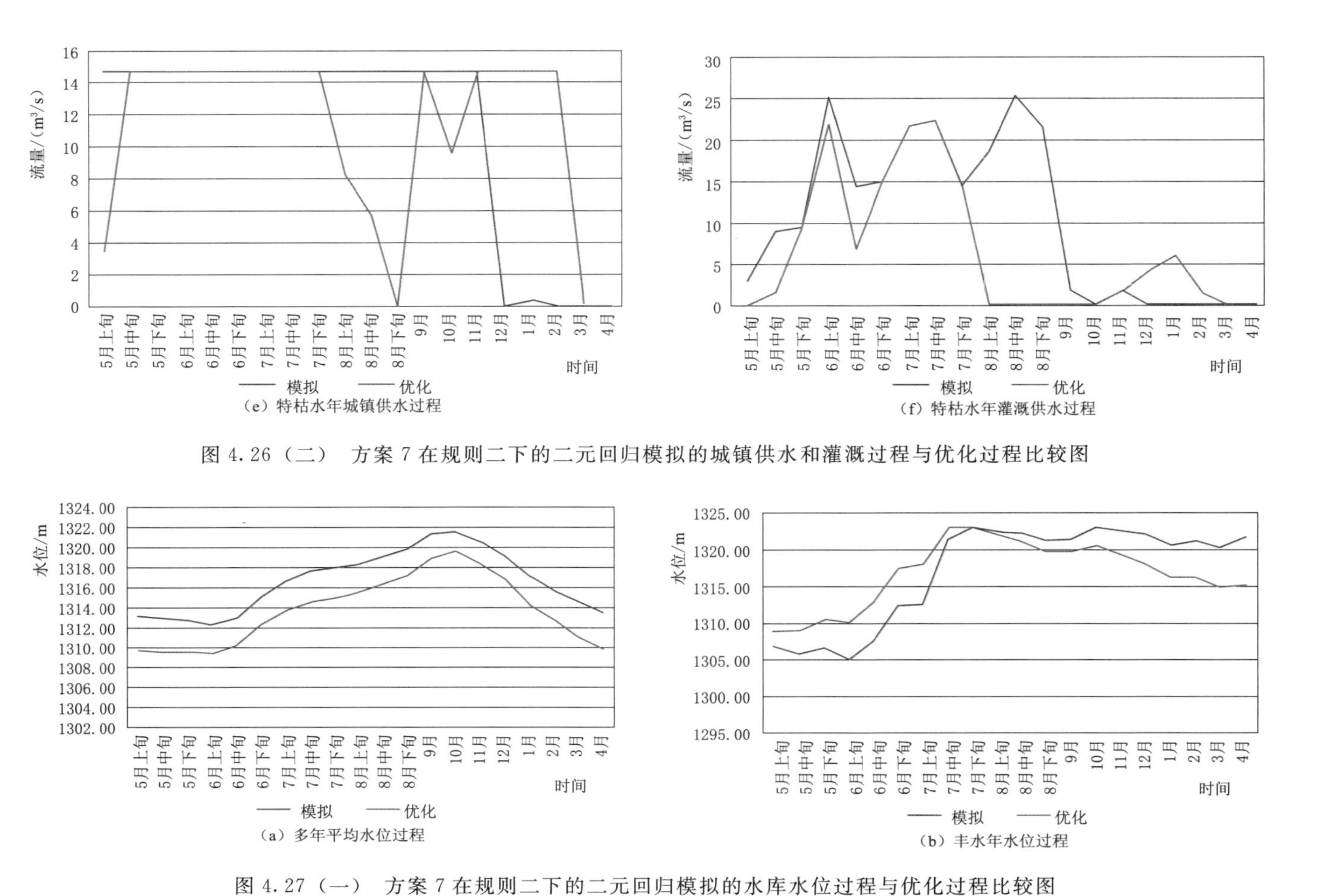

图 4.26（二） 方案 7 在规则二下的二元回归模拟的城镇供水和灌溉过程与优化过程比较图

图 4.27（一） 方案 7 在规则二下的二元回归模拟的水库水位过程与优化过程比较图

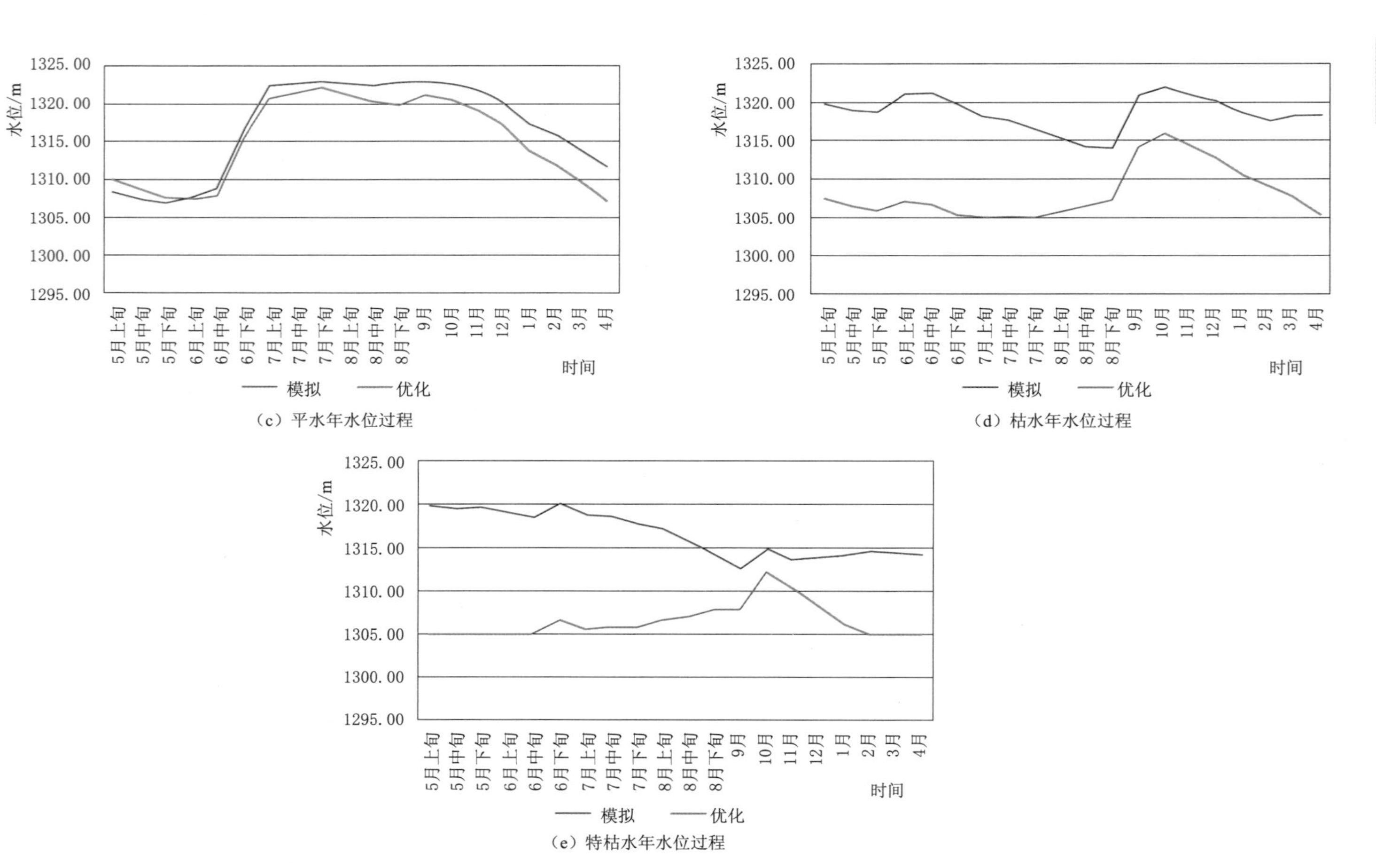

（c）平水年水位过程

（d）枯水年水位过程

（e）特枯水年水位过程

图 4.27（二）　方案 7 在规则二下的二元回归模拟的水库水位过程与优化过程比较图

4.5 本章小结

本章根据夹岩水利枢纽及黔西北供水工程开发任务，建立了考虑供水（含城镇供水和灌溉）、发电和生态要求的夹岩水库多目标调度模型，通过对目标赋予权重和拟定水库水量分配规则，将多目标优化调度问题转化为单目标优化调度问题求解，通过多组非劣方案结果分析，提取了夹岩水库调度函数并进行了模拟调度，结论如下：

（1）以调度期内供水综合保证率最大、发电量最大及生态隶属度最大为目标建立了夹岩水库长期生态调度模型，通过对目标赋予权重和拟定水库水量分配规则，将多个目标优化调度问题转化为单目标优化调度问题求解，能够获得供水、发电及生态多目标均衡的水库调度过程和结果。3 种水量分配规则下方案 7（3 个目标等权重）的多年平均年发电量至少比设计多年平均年发电量大 6.0%，城镇供水历时保证率超过 95%，灌溉历时保证率超过 87%，最小生态流量（12.1m^3/s）历时保证率超过 98%。

（2）夹岩水库的供水、发电及生态 3 个目标之间存在复杂的竞争合作关系。供水目标与发电目标、生态目标（隶属度）与发电目标在发电目标值超过一定阈值时，表现为竞争关系（负相关），发电目标值低于阈值时，呈现非单调关系；生态目标与供水目标随着供水目标值增加，表现为先合作（正相关）后竞争（负相关）关系的趋势。

（3）在供水、发电和生态目标取不同权重（偏好）时，夹岩水库多年平均水位过程有明显差别。供水目标或生态目标优先时，全年水库处于较高水位，水位变幅小；发电目标优先时，全年水库水位变幅大，要求水库发挥较大的调节作用。

（4）夹岩水库各时段末水位随水库可用水量（已扣除该时段城镇和灌溉需水量）增加而抬升，但各时段抬升率有一定差异，时段初水库水位越低，单位可用水量导致的时段末水位抬升越高。各时段末水库水位与净入库水量和初始有效蓄水量成正比，但单位净入库水量和单位初始有效蓄水量的水位增加幅度不同，除个别时段外，单位初始有效蓄水量的水位增加幅度高于单位净入库水量的水位增幅。一元线性调度函数与二元线性调度函数的模拟调度结果总体相差不大。模拟的多年平均水位过程、城镇供水过程和灌溉过程与优化调度过程相比，过程线形状极为相似，但各典型年模拟过程与优化过程有一定差别。按照一元线性调度规则或二元线性调度规则操作，夹岩水库能够较好地发挥调节作用，满足供水、发电和最小生态流量要求。

第5章 夹岩水库长期生态调度评价

夹岩水库调度效果除了以供水综合保证率、发电量及生态隶属度衡量外，还可以采用其他指标从其他角度进行衡量。例如，缺水量就是一个常用的衡量供水效果的指标。为了更全面、客观地反映不同调度方案的调度效果，有必要建立更广泛的夹岩水库调度评价指标体系，对筛选出的调度方案进行评价，并在评价基础上提出推荐方案，供使用参考。

多属性评价（或多准则评价）问题广泛存在于水资源调度管理领域，其主要步骤包括：根据评价目的，构建多属性评价指标体系；对每个属性（即指标）进行测算，并进行归一化；根据属性的重要程度，对属性赋权；最后进行综合评价，获得评价结论。其中，针对综合评价，发展了众多的评价决策方法，如 AHP 法（Saaty，1980）、逼近理想点法（TOPSIS）（Hwang et al.，1981）、模糊评价决策方法（陈守煜，1998）等。模糊性是现实生活中普遍存在的一种不确定性，当决策信息难以定量表示时，模糊集理论可通过模糊化处理将信息进行转化，从而方便决策（Zadeh，1965）。模糊集能很好地刻画和处理这类不确定性问题。随着对模糊集研究的深入，学者发现，在做决策时，决策者通常是犹豫的，在几个可能方案或值之间徘徊，而且不同的决策者，可能方案或值的数目通常是不同的。针对此类问题，Torra 等（2009，2010）提出了犹豫模糊集，它是模糊集一种新的扩展，它允许其元素可能会存在多个不同的隶属度。之后，许多学者在犹豫模糊集理论及应用方面进行了大量研究（Xu，2011）。2016 年，刘霞等（2016）采用犹豫模糊集表达专家决策偏好信息，通过协商一致获得专家共识水平及共识水平下方案排序。肖尧等（2021）基于区间犹豫模糊语言与 TOPSIS 的多目标决策方法，对大型调水工程调水方案进行评价并遴选出最优方案。

夹岩水库长期生态调度评价的目的是从现有的候选方案集中发现供水、发电和生态综合效益最佳的方案。本章首先构建了夹岩水库长期生态调度评价指标体系，根据水库优化调度结果计算各个调度方案指标值（属性值），然后基于犹豫模糊集、前景理论和粗糙集开展夹岩水库长期生态调度方案评价。

5.1 夹岩水库生态调度评价指标体系

5.1.1 构建原则

在构建夹岩水库长期生态调度评价指标体系时，主要遵循以下原则：

(1) 全面性和代表性相结合的原则。水库调度本质是对天然水资源的重新分配，是一个涉及社会经济和自然生态耦合的复杂系统问题，要求建立的评价指标体系能够全面地反映水库调度的多重目的和供水、发电、生态等方面影响；但是同时又要求指标精炼，用主要的、关键的指标建立评价指标体系，避免指标之间信息重叠造成指标体系过于庞大。

(2) 理论性和可行性相结合的原则。以水资源-社会经济-生态环境复合系统理论指导指标体系的建立，指标层次分明，能够明确反映水库调度目标的实现情况和水资源复合系统效能；可行性要求各项指标内涵清晰，可操作性强，相关数据收集方便。

(3) 客观和定量的原则。指标的选择尽量客观、公平，避免过分偏向某个方案，尽量选取可用定量数据测算的指标，对定性指标也要通过一定方法予以量化。避免评价者的主观判断和偏好影响评价结论。

5.1.2 多层次指标体系的构建

鉴于夹岩水库长期调度后果的多重性，采用递阶形式的评价指标体系来反映夹岩水库调度的多方面影响及效应，整体框架如图 5.1 所示。其中，目标层是全面反映水库调度总体效果的系统层，是对水库调度方案所产生的供水、发电、生态等方面效应的综合评价；准则层是相对于总目标而言的，每个准则（或目标）是从某个方面对总目标的度量；指标层由能够具体测量、可以计算获得的有效指标组成，通过指标进一步对各准则层状态进行度量。

夹岩水库生态调度的各个评价指标及其含义如下。

1. 城镇供水目标

在长期调度过程中，夹岩水库分配给城镇供水量受供需关系及调度规则影响，逐时段变化。所产生的供水效益可通过供水量、缺水量等指标反映，也可通过可靠性、脆弱性、回弹性等指标衡量（Hashimoto et al.，1982）。

(1) 城镇供水可靠性。记 C_t 表示第 t 时段水库城镇供水状况，G 表示供水量等于或大于需水量状况（即正常状况），F 表示供水量小于需水量，出现缺水状况（即破坏状况），定义如下 0～1 变量：

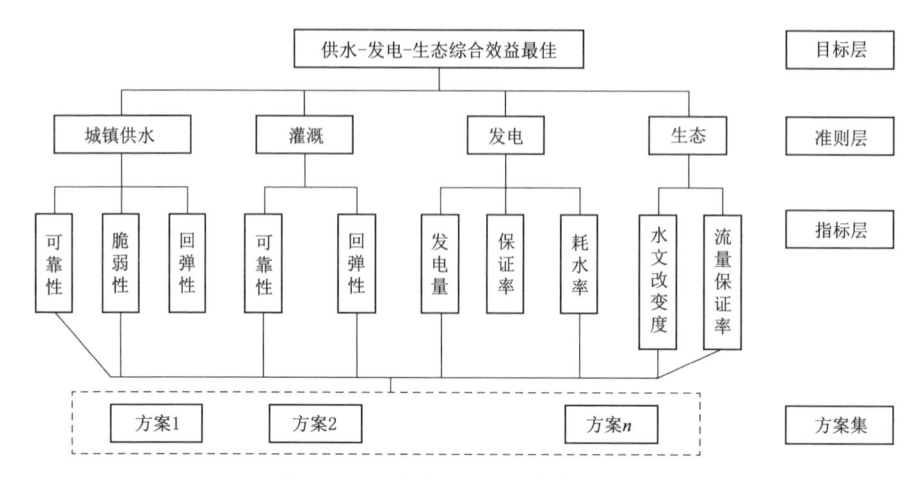

图 5.1 夹岩水库调度评价指标体系

$$\xi_t = \begin{cases} 1, & C_t \in G \\ 0, & C_t \in F \end{cases} \tag{5.1}$$

式中：ξ_t 为第 t 时段系统供水状态。

可靠性一般可定义为在水库长期运行期间供水处于正常状态的概率，通常由供水满足需水量要求的时段数除以水库运行期间总时段数计算而得，即

$$\alpha = \frac{1}{T}\sum_{t=1}^{T}\xi_t \tag{5.2}$$

式中：α 为可靠性指标；T 为水库调度期总时段数。

可靠性指标又称为供水历时保证率，它表示长期运行期间需水量得到保证的程度。可靠性指标属于越大越优型指标。

（2）城镇供水脆弱性。脆弱性（易损性）是衡量供水破坏严重性的指标，采用多年运行期间平均缺水率表示，计算公式如下：

$$\beta = \sum_{t=1}^{T}\max\{D_t - S_t, 0\} / \sum_{t=1}^{T} D_t \tag{5.3}$$

式中：S_t 为第 t 时段供水量；D_t 为第 t 时段需水量。

脆弱性指标 β 属于越小越优型指标。

（3）城镇供水回弹性。回弹性又称可恢复性、韧性，是指在一特定时间内，从破坏状态恢复到正常状态的可能性。回弹性越大意味着一旦破坏发生，系统快速地从破坏状态恢复到正常状态能力越强。回弹性可采用回弹性系数或平均恢复概率量化。设调度期内共出现 K_T 个破坏事件（若干个连续的破坏状态构成一个破坏事件），每个破坏事件持续时间为 T_j 个时段，调度期内出现回弹 K_s 次，则回弹性指标可用下式表示：

$$r=K_s/\sum_{j=1}^{K_T}T_j \tag{5.4}$$

这里将 C_t 处于破坏状态但 C_{t+1} 处于正常状态，称为1次回弹。如果调度期内系统未发生破坏，规定 $r=1$。回弹性指标为越大越优型。

(4) 城镇最大缺水率。对于供水系统，还可采用调度运行期内最大缺水率表示系统脆弱性，计算式为

$$\beta_{\max}=\max\left\{\frac{D_t-S_t}{D_t},t=1,2,\cdots,T\right\} \tag{5.5}$$

同样，最大缺水率属于越小越优型指标。

2. 灌溉目标

由于灌溉需水量及年内时程分配均不同于城镇供水，而且灌溉保证率一般低于城镇供水保证率，本书也采用可靠性、脆弱性、回弹性及最大缺水率等4个指标度量灌溉目标实现程度，具体表达式与上述城镇供水相同。

3. 发电目标

衡量水库水电站发电目标的常用指标可分为绝对指标和相对指标。绝对指标主要包括发电量、发电用水量、发电水头、保证出力等；相对指标包括发电耗水率、发电水量利用率（弃水率）、出力破坏深度等。本书采用以下指标。

(1) 多年平均年发电量。水库在调度期内的多年平均发电量越大，产生的发电效益就越好，故属于越大越优型指标。多年平均发电量按下式计算：

$$\overline{E}=\frac{1}{55}\sum_{y=1}^{55}\sum_{m=1}^{20}P_{ym}\Delta t_m \tag{5.6}$$

式中：$\overline{E}$ 为多年平均年发电量；P_{ym} 为第 y 年第 m 时段电站发电出力；Δt_m 为第 m 时段小时数。

调度期为55年，每年划分为20个时段。

(2) 发电历时保证率。以调度期内时段平均出力大于保证出力的时段数与总时段数之百分比表示。发电历时保证率为越大越优型指标。设第 t 时段电站出力为 P_t，电站保证出力为 P_f，发电历时保证率按下式计算：

$$p_p=\frac{1}{T}\sum_{t=1}^{T}\delta_t \tag{5.7}$$

其中

$$\delta_t=\begin{cases}1, & \text{if } P_t\geqslant P_f\\0, & \text{else}\end{cases}$$

式中：p_p 为发电历时保证率。

(3) 发电水量利用率。调度期内发电用水量与总下泄水量的比值即为发电水量利用率，表示夹岩水库水能利用程度。发电水量利用率为越大越优型

指标。

（4）耗水率。耗水率是指调度期内单位发电量消耗的水量，以 $m^3/(kW \cdot h)$ 表示，为越小越优型指标。在出力系数不变时，发电平均水头越高，相应的耗水率就越低。耗水率计算式如下：

$$w_P = W_P / E \tag{5.8}$$

式中：W_P 为调度期内发电用水量，亿 m^3；E 为调度期内发电量，亿 $kW \cdot h$。

（5）最小出力占比。以调度期内最小时段平均出力与保证出力之比表示，该指标为越大越优型指标。其计算式如下：

$$r_P = \frac{P_{\min}}{P_f} \tag{5.9}$$

其中
$$P_{\min} = \min\{P_1, P_2, \cdots, P_T\}$$

4. 生态目标

基于天然径流模式最有利于维持河流生态系统完整性的认识，人们提出了水库调度的“天然流量模式”法（Poff et al.，1997），即假定未建水库前的河流流量情势对生态系统而言是最理想的，因此水库调节后的径流过程越接近天然流量过程，对河流生态系统就越有利。考虑数据的可获得性，本书基于月均（旬均）流量和 IHA/RVA 法构建了整体水文改变度等 7 个水文指标，作为衡量水库调度生态效益大小的代理指标。

1996 年 Richter 等建立了一套评估生态水文变化过程的 IHA 指标，指标共有 5 类，包括月平均流量指标、极端流量指标、频率、持续时间和变化速率等 33 个水文指标，并通过偏离度定量分析水文变异程度。1997 年 Richter 等在 IHA 指标基础上，提出了用 RVA（range of variability approach）法进行单变量及综合水文改变的评定。IHA/RVA 法通过对比建坝前后的河流水文情势的变化情况，来反映河流受水利工程建设运行的影响程度，并针对每个水文指标制定出适应河流生态系统需求的变动范围。

RVA 法首先采用河流天然流量系列，以各指标 75％及 25％频率（或分位数）的值作为变化区间上下限或者以平均值±1 个标准偏差作为上下限，记为（Vl_i，Vu_i）。目前大部分研究成果采用 IHA 各指标发生概率 75％及 25％频率的值作为上下限。

其次，计算单个指标水文改变度。针对建坝后（或水库调节后）下泄流量系列，统计系列年限内各指标值落在 RVA 区间内次数，并与建坝前天然情况下该指标在 RVA 区间次数进行比较，从而确定水文改变度。水文改变度计算公式如下：

$$D_i = \frac{|N_i - N_e|}{N_e} \times 100\% \tag{5.10}$$

式中：D_i 为第 i 个水文指标改变度；N_i 为建坝后第 i 个水文指标系列的落在（Vl_i,Vu_i）范围内的年数，即次数；N_e 为预期年数，即建坝后预期落在（Vl_i,Vu_i）范围内的年数，$N_e=kT_a$，其中 T_a 为建坝后第 i 个水文指标系列长度（年数）；k 为建坝前第 i 个水文指标系列落入（Vl_i,Vu_i）内的年数与建坝前系列长度之比。

RVA 法最后一步是根据 33 个指标的水文改变度计算整体水文改变度，并对建坝后河流水文情势变化进行评估。下面具体介绍采用的生态水文指标。

（1）流量整体改变度。夹岩水库长期调度以月（旬）划分时段，这里只计算基于月（旬）平均流量的整体水文改变度。其计算式如下：

$$D_o=\sqrt{\frac{1}{20}\sum_{i=1}^{20}D_i^2} \tag{5.11}$$

式中：D_i 为年内第 i 个时段的流量改变度。

（2）最大月（旬）流量与最小月（旬）流量改变度。每年最大、最小月（旬）流量分别代表月（旬）尺度高峰和低谷流量，高峰流量具有促进鱼类及其他水生生物生长、繁殖等生态功能，低谷流量具有某些滩区植物得到繁衍、驱逐入侵的外来物种等生态功能。针对建坝前夹岩水库入库流量的最大、最小月（旬）流量系列和水库调节后下泄流量的最大、最小月（旬）流量系列，采用式（5.10）计算相应的改变度。

（3）径流不均匀程度改变度。径流年内变化的不均匀程度除用年内分配百分比表示外，还可用不均匀系数（变差系数）C_v 表示。

$$C_{vj}=\frac{1}{\overline{Q}_j}\sqrt{\frac{1}{19}\sum_{i=1}^{20}(Q_{ji}-\overline{Q}_j)^2} \tag{5.12}$$

式中：C_{vj} 为第 j 年径流不均匀系数；$\overline{Q}_j$ 为第 j 年平均流量；Q_{ji} 为第 j 年第 i 时段平均流量。

针对建坝前夹岩水库入库流量的径流不均匀系数系列和水库调节后下泄流量的径流不均匀系数系列，采用式（5.10）计算相应的改变度。

（4）径流集中程度改变度。集中度反映数据在某些区间的集中和离散程度，也是衡量径流变化的一个比较敏感的指标。规定 1 月径流量的方位角为 0°（或 360°），以后每个月以 30°递增，12 月方位角为 330°，将各月径流量按月以向量方式累加，其各分量之和的合成量占年径流量的比例就是该年径流集中度，其意义是反映径流量在年内的集中程度。具体计算式见第 2 章。

针对建坝前夹岩水库入库流量的径流集中程度系列和水库调节后下泄流量的径流集中程度系列，采用式（5.10）计算相应的改变度。

（5）最小生态流量保证率。最小生态流量保证率以调度期内时段流量大于最小生态流量（12.1m^3/s）的时段数与总时段数之比来表示，为越大越优型指标。

（6）产卵期适宜流量保证率。鱼类产卵期（4—7月）适宜流量保证率用以表示产卵期各时段流量在适宜流量上下限之间的概率，为越大越优型指标。设第t时段水库下泄为q_t，q_t^{low}、q_t^{up}分别为第t时段产卵期适宜流量下限和上限，记

$$\zeta_t=\begin{cases}1, & \text{if} \quad q_t^{low}\leqslant q_t\leqslant q_t^{up}\\ 0, & \text{else}\end{cases} \tag{5.13}$$

适宜流量保证率按下式计算：

$$p_F=\frac{1}{T_E}\sum_{t=1}^{T_E}\zeta_t \tag{5.14}$$

以上两式中：p_F为鱼类产卵期适宜流量保证率；T_E为调度期内鱼类产卵期总时段数；q_t^{low}、q_t^{up}产卵期适宜流量的下、上限见表5.1。

表5.1　　夹岩坝址鱼类产卵期生态流量阈值　　单位：m^3/s

时　间	4月	5月上旬	5月中旬	5月下旬	6月上旬	6月中旬	6月下旬	7月上旬	7月中旬	7月下旬
适宜生态流量下限	12.1	12.4	12.1	14.1	19.5	24.9	36.8	39.9	34.6	39.0
适宜生态流量上限	27.6	34.0	41.0	69.5	74.6	121.0	194.7	179.9	154.5	154.1

5.2　基于犹豫模糊集、前景理论和粗糙集的评价方法

逼近理想解的排序法（technique for order preference by similarity to an ideal solution，TOPSIS）根据有限个评价方案与理想化方案的接近程度进行排序，是在现有的方案中进行相对优劣的评价（Hwang et al.，1981），被广泛应用于经济、社会、管理等领域。其基本思路是：首先对原始数据进行归一化处理，消除不同数据量纲和数量级的差异，得到归一化的评价矩阵；然后选择适当的权重矩阵，对各个属性赋权，获得加权归一化矩阵；最后从加权归一化矩阵中寻找出正理想解和负理想解方案，通过计算评价方案集内各方案与正、负理想解方案的距离，推荐相对贴进度最大的方案为最优方案。其中，正理想解是假定的最优的方案，它的各个属性值都达到各备选方案中的最好值；负理想解是假定的最劣的方案，它的各个属性值都达到各备选方案中的最坏值。

TOPSIS法通常用来求解属性值为精确值、权重已知且决策者是完全理性的多属性决策问题。然而当决策者的犹豫不决以及多个决策者时难以达成

一致意见时，属性值可能不是精确的，权重也未知，TOPSIS 法的应用便受到限制。为此，本书研究提出基于犹豫模糊集、前景理论和粗糙集的多属性评价方法进行夹岩水库生态调度方案评价。

5.2.1 犹豫模糊集、前景理论和粗糙集的基本知识

5.2.1.1 犹豫模糊集

犹豫模糊集理论是由西班牙学者 Torra 等（2009，2010）提出的一种描述不确定性决策信息的工具，决策者能够更加灵活地给出多个可能值，从而能够更细致地展现决策信息的不确定性。设 X 为一给定的非空对象集合，定义 H 为 X 上的犹豫模糊集，其表达式为

$$H=\{<x,h_H(x)>|\ x\in X\} \tag{5.15}$$

$$h=h_H(x)=\{\alpha\mid\alpha\in h_H(x)\}=H\{\alpha^1,\alpha^2,\cdots,\alpha^k\} \tag{5.16}$$

$$h^c=H\{1-\alpha^1,1-\alpha^2,\cdots,1-\alpha^k\} \tag{5.17}$$

式中：$h_H(x)$ 表示取值为 $(0,1)$ 的不同数构成的集合，该集合表示 x 属于集合 H 可能的隶属度；h 为一个犹豫模糊数，$\alpha^\lambda\in[0,1]$，$\lambda=1,2,\cdots,k$，k 为犹豫模糊数 h 中的元素个数；h^c 为犹豫模糊数 h 的补。

设有两个犹豫模糊数 h_1 和 h_2：

$$\begin{aligned}h_1=H\{\alpha_1^\lambda\,|\,\lambda=1,2,\cdots,k_1\}\\ h_2=H\{\alpha_2^\lambda\,|\,\lambda=1,2,\cdots,k_2\}\end{aligned} \tag{5.18}$$

且设 $k_1=k_2=k_0$，那么 h_1 和 h_2 之间的犹豫模糊欧几里得距离测度定义为

$$d(h_1,h_2)=\sqrt{\frac{1}{k_0}\sum_{i=1}^{k_0}[\alpha_1^{\sigma(i)}-\alpha_2^{\sigma(i)}]^2} \tag{5.19}$$

式中：$\alpha_1^{\sigma(i)}$ 和 $\alpha_2^{\sigma(i)}$ 分别表示 h_1、h_2 中第 i 小的值。

考虑在许多情况下，$k_1\neq k_2$，因此需要对基数短的集合进行扩展（Xu et al.，2011）。扩展犹豫模糊数集的方法有多种，不同的决策者可能有不同的增加方法，风险偏好型决策者倾向于增加最大值进行扩展，而风险规避型决策者倾向于增加最小值进行扩展。

本书研究的评价集共有 i 种方案，每种方案都有 j 个属性指标，其中效益型指标值越大越好，成本型指标越小越好。对于含有不同性质指标的评价集，可构造出如下犹豫模糊决策矩阵 $\boldsymbol{X}$

$$\boldsymbol{X}=\begin{vmatrix}x_{11} & \cdots & x_{1j}\\ \cdots & \cdots & \cdots\\ x_{i1} & \cdots & x_{mn}\end{vmatrix} \tag{5.20}$$

$$x_{ij}=\begin{cases}h=H\{\alpha^1,\alpha^2,\cdots,\alpha^k\}, & j\text{ 为效益型指标}\\ h^c=H\{1-\alpha^1,1-\alpha^2,\cdots,1-\alpha^k\}, & j\text{ 为成本型指标}\end{cases} \tag{5.21}$$

式中：x_{ij} 表示第 i 方案第 j 个属性指标的可能隶属度集合。

对于所有的方案和所有的属性，定义正负理想点来表示各属性中最理想和最不理想的情况，其中正负理想点计算方式为：首先比较得到同一属性、不同方案中最理想和最不理想的值，然后将所有属性的最理想和最不理想的值分别组成正负理想点集合，表达式如下：

$$x_j^+=\{\max_{1\sim i}\langle x_{ij}^k\rangle\}=\{(x_{ij}^1)^+,(x_{ij}^2)^+,\cdots,(x_{ij}^{k_0})^+\} \tag{5.22}$$

$$x_j^-=\{\min_{1\sim i}\langle x_{ij}^k\rangle\}=\{(x_{ij}^1)^-,(x_{ij}^2)^-,\cdots,(x_{ij}^{k_0})^-\} \tag{5.23}$$

5.2.1.2 前景理论

前景理论采用前景价值反映决策者的主观风险偏好。前景价值由价值函数和概率权重函数两部分构成，其中决策者根据实际收益或损失所产生的主观感受的价值通过价值函数表达，Tversky 等给出的价值函数 $v(\Delta x)$ 为幂函数（Tversky et al.，1992），即

$$v(\Delta x)=\begin{cases}(\Delta x)^\gamma,\Delta x\geqslant 0\\ -\theta(-\Delta x)^\beta,\Delta x<0\end{cases} \tag{5.24}$$

式中：Δx 为 x 偏离某一参考点 x_0 的大小，$\Delta x\geqslant 0$ 表示获得收益，$\Delta x<0$ 表示遭受损失；γ 和 β 反映了决策者对收益和损失的敏感性程度；θ 为相对于收益而言，决策者对损失更加敏感；γ、β、θ 的取值范围分别为 $\gamma>0$，$\beta<0$，$\theta>1$。

在前景理论中，决策者依据参考点来衡量各个方案的收益和损失情况，因此，参考点的选择对决策的结果至关重要。决策参考点的选取一般由决策者根据自己的风险偏好和心理状态决定，在传统的多属性决策中，由于没有指定参考点，大多数学者使用 0 点、中位数、决策者对各属性的期望值和正负理想解作为决策参考点（梁薇等，2019）。

本书以正负理想解作为决策参考点，利用犹豫模糊欧氏距离测度表示各个方案偏离正负理想解的大小，定义犹豫模糊环境下的前景价值函数如下。

模糊数具有相同个数，即 $h_1=H\{\alpha_1^\lambda\,|\,\lambda=1,2,\cdots,l\}$ 和 $h_2=H\{\alpha_2^\lambda\,|\,\lambda=1,2,\cdots,l\}$，若以犹豫模糊数 h_2 为决策参考点，则犹豫模糊数 h_1 的前景价值函数为

$$v(h_1)=\begin{cases}[d_E(h_1,h_2)]^\gamma,h_1\geqslant h_2\\ -\theta[d_E(h_1,h_2)]^\beta,h_1<h_2\end{cases} \tag{5.25}$$

5.2.1.3 粗糙集

粗糙集理论是在集合理论中关于等价关系的概念基础上发展起来的（Pawlak，1982）。粗糙集作为一种处理不确定性的数学工具，具有不需要任

何所处理问题的数据集合之外的先验信息的优势。设 $\{S,C,A,f\}$ 为一个信息系统，其中 S 为非空有限对象集合（论域），即 $S=\{x_1,x_2,\cdots,x_n\}$；C 为非空有限属性集，即 $C=\{c_1,c_2,\cdots,c_m\}$；A 是属性值域；f 为 S 和 C 之间的关系集，$f:S\times C\to A$ 是信息函数，它为每一个对象的每一个属性赋予一个属性值。设 x 为对象集合 S 的一个对象，b 是任意属性子集 $B\subseteq C$ 的一个属性，相应的属性值为 $f(x,b)$，那么属性集 B 对应的等价关系（又称不可分辨关系）可定义为

$$R_B=\{(x,y)\in S\times S:\forall b\in B,f(x,b)=f(y,b)\} \tag{5.26}$$

等价关系是粗糙集的核心概念。根据等价关系，论域被分成一个类族，而每个类内部的对象都是不可区分的，是等价的。包含对象 x 的等价类一般记为$[x]_B^R$。令 $R_B=\{[x]_B^R,x\in S\}$，R_B 为对象集 S 中的所有等价类集合。

粗糙集可以使用两个精确集定义，通过粗糙集的下近似集和上近似集来描述。集合 $X\subseteq S$ 关于 $B\subseteq C$ 的下近似集和上近似集为

$$\underline{R}(X)=\{x\in X:[x]_B^R\subseteq X\} \tag{5.27}$$

$$\overline{R}(X)=\{x\in X:[x]_B^R\cap X\neq\varnothing\} \tag{5.28}$$

由下近似集可以定义 X 关于 B 的近似质量为（Greco et al.，2001）：

$$r_B(X)=\frac{|\underline{R}(X)|}{|X|} \tag{5.29}$$

属性约简是在保证分类不变的前提下，将冗余的属性去除。对于 $c_j\in C$，若 $R_C=R_{C-\{c_j\}}$，则表明属性 c_j 是冗余属性。属性的核是由其他所有非冗余属性所构成的集合，记作 $core(C)$。根据非冗余属性的近似质量，可以计算其权重。对于任意的非冗余属性 $c_j\in core(C)$，其权重为

$$w_j=\frac{1-r_{core(C)-\{c_j\}}(S)}{\sum\limits_{c_j\in core(C)}[1-r_{core(C)-\{c_j\}}(S)]} \tag{5.30}$$

5.2.2 方法基本步骤

夹岩水库长期调度方案的多属性评价结果与各个属性值大小及属性重要程度有密切关系，尤其是评价决策者受多种因素的影响，在判断属性重要程度时往往犹豫不决，从而可能产生多个评价结果。本书基本思路是首先针对城镇供水、灌溉、发电和生态 4 个准则，计算各个属性指标的归一化值，运用多种方法对同一准则下各个属性指标赋权，然后计算得到城镇供水、灌溉、发电和生态 4 个准则的综合评价值。由于权重的不确定，每个准则综合评价值有几个可能值，它们构成犹豫模糊集；然后，综合犹豫模糊集、粗糙集、前景理论和 TOPSIS 方法，在目标层对所有备选方案进行评价决策。

具体步骤如下：

(1) 准则层综合评价。分别按照效益型指标、成本型指标，对属性矩阵归一化；采用二元对比法、熵权法、变差系数法等对同一准则下各属性赋权；然后计算同一准则下各指标值的加权和，作为该准则的综合评价值。

(2) 犹豫模糊决策矩阵的构造。不同赋权方法得到的准则层综合评价值各不相同，说明准则层评价值是不确定的。根据犹豫模糊集理论，将准则层的若干个可能综合评价值视为犹豫模糊数，构造犹豫模糊决策矩阵 $\boldsymbol{X}$。矩阵的行对应 m 个方案，列对应 n 个属性（这里 $n=4$，分别表示城镇供水、灌溉、发电和生态）。将矩阵内所有犹豫模糊数的元素从小到大排序，对于基数较少的犹豫模糊数进行扩展，保证所有的犹豫模糊集具有相同的元素。

(3) 综合前景值的确定。由矩阵 $\boldsymbol{X}$ 计算得到每个属性的正负理想点 x_j^+、x_j^-，计算公式见式（5.22）和式（5.23）。计算各个方案在各属性下分别离正负理想点的犹豫模糊欧几里得距离 $d_{ij}^+=d(x_{ij},x_j^+)$、$d_{ij}^-=d(x_{ij},x_j^-)$，计算公式见式（5.19）。记 $D^+=(d_{ij}^+)_{m\times n}$，$D^-=(d_{ij}^-)_{m\times n}$。假定所有的方案相对于正理想点均为损失，相对于负理想点均为收益，根据价值函数的计算公式，计算各个方案在各属性下相对正、负理想点的前景价值 $v^-(d_{ij}^+)$、$v^+(d_{ij}^-)$。参照 TOPSIS 方法的贴近度计算方法，则综合前景值 v_{ij} 为

$$v_{ij}=\frac{v^+(d_{ij}^-)}{v^+(d_{ij}^-)-v^-(d_{ij}^+)} \tag{5.31}$$

并记 $V=(v_{ij})_{m\times n}$。

(4) 属性权重计算。将矩阵 V 中的值进行排序并排频，根据实际情况选择一定频率的值设为阈值 ε，通过将 V 矩阵中的每个值与阈值比较构造新的判断矩阵 $K=(e_{ij})_{m\times n}$，其中

$$e_{ij}=\begin{cases}1, & v_{ij}\geqslant\varepsilon \\ 0, & v_{ij}<\varepsilon\end{cases} \tag{5.32}$$

式中：e_{ij} 为第 i 种方案中第 j 种属性的判断值。

对得到的判断矩阵 K 进行属性约简，计算非冗余属性的权重，最后得到各属性的权重集合 $\{w_j, j=1,2,\cdots,n\}$。

(5) 方案排序。根据计算得到的属性权重，按下式计算各方案的加权综合前景值

$$P_i=\sum_{j=1}^{m}w_jv_{ij} \tag{5.33}$$

式中：P_i 为第 i 种方案的加权综合前景值。

对计算得到的各方案的加权综合前景值进行排序，其值越大，该方案越优。

5.3 夹岩水库长期生态调度方案评价与决策

根据第 4 章获得的 3 种水量分配规则下多组夹岩水库多目标调度结果，从中选择具有代表性的方案，构成评价典型方案集（表 5.2）。

表 5.2 评价典型方案集

方 案	内 容
方案 1（s_1）	规则一编号 5，发电、供水权重各为 0.5
方案 2（s_2）	规则一编号 7，3 个目标等权重
方案 3（s_3）	规则一编号 8
方案 4（s_4）	规则一编号 9
方案 5（s_5）	规则一编号 10
方案 6（s_6）	规则二编号 5，发电、供水权重各为 0.5
方案 7（s_7）	规则二编号 7，3 个目标等权重
方案 8（s_8）	规则二编号 8
方案 9（s_9）	规则二编号 9
方案 10（s_{10}）	规则二编号 10
方案 11（s_{11}）	规则三编号 5，发电、供水权重各为 0.5
方案 12（s_{12}）	规则三编号 7，3 个目标等权重
方案 13（s_{13}）	规则三编号 8
方案 14（s_{14}）	规则三编号 9
方案 15（s_{15}）	规则三编号 10

对照上节 20 个指标，评价集中所有方案的城镇供水最大缺水率、灌溉最大缺水率均是 1，说明所有方案均出现过城镇供水量、灌溉供水量为 0 的时段。由于这两项指标在各个方案中数值相同，不对评价结果产生影响，故评价计算去掉这两个指标。另外，各个方案最小出力占比的数值都非常小，也说明各方案的最小时段平均出力都很小，比较其大小意义不是很大，故评价计算中也不考虑这个指标。实际最终参与评价指标为 17 个，各方案指标值见表 5.3。其中，缺水率、发电耗水率、整体水文改变度、最大流量改变度、最小流量改变度、年内不均匀系数改变度及集中度改变度等指标为成本型指标，其他指标为效益型指标。

从表 5.3 可见，15 个典型调度方案的各属性指标值最大值、最小值及变化范围差异显著。在城市供水和灌溉指标中，回弹性指标变化范围最大，灌溉缺水率变化范围也很大，保证率指标变化范围较小。在 4 个发电指标中，发电保证率变化范围最大，其次是多年平均年发电量，耗水率及发电水量利用率变化较小。在7个生态指标中，年内分布不均匀系数、年最小流量的改变度及适宜生态流量保证率变化范围大，而整体水文改变度、年最大流量改变度及最小生态流量保证率的变化范围小。

夹岩水库长期生态调度15个典型方案的水文改变度评价结果表明：水库运行后5月上旬、5月中旬、6月下旬、11月、12月及2月、3月、4月的月均流量水文改变度均值（15个方案的均值）均大于0.70，其中6月下旬的水文改变度均值最大为0.96；1月和5月下旬的水文改变度均值分别为0.46和0.34，其余时段的水文改变度均值均小于0.25，但是全年20个时段的整体水文改变度均值为0.56，且15个典型方案差别不大。最大月（旬）流量的水文改变度均值为0.91，高于最小月（旬）流量的水文改变度均值0.78，径流年内不均匀系数的改变度均值也到达0.72，但径流集中度改变度均值最小仅0.29。上述结果说明，夹岩水库供水和调节显著地改变了六冲河天然径流水文情势，但各调度方案的改变程度有一定差异。

5.3.1 犹豫模糊矩阵构建

根据效益型、成本型指标分类，对17个指标进行归一化，获得归一化矩阵，分别按照城镇供水、灌溉、发电和生态4个准则，对各个准则下所有属性指标赋权。本书采用等权重赋权、二元比较法赋权（陈守煜，1990）、变差系数法赋权及熵值法赋权，其中后2种方法为客观赋权法。对某个准则层，设归一化矩阵为R，第k种赋权方法确定的权重向量为W

$$\boldsymbol{R}=\begin{pmatrix} r_{11} & \cdots & r_{1n} \\ \vdots & \ddots & \vdots \\ r_{m1} & \cdots & r_{mn} \end{pmatrix},\ \boldsymbol{W}=(w_1,w_2,\cdots,w_n) \tag{5.34}$$

则该准则下第i个方案第k种赋权方法获得的综合评价值为h_k^i

$$h_k^i=\sum_{j=1}^{n} w_j r_{ij} \tag{5.35}$$

由于各种赋权方法确定的权重不同，相应的综合评价值h_k^i并不相等。假如该准则下第i个方案共有K个h_k^i值，对决策者而言，这K个h_k^i值都是可能的。对其他准则也是如此，从而得到夹岩水库15个方案的犹豫模糊矩阵，见表5.4。

5.3.2 综合前景值计算

将表5.4的犹豫模糊矩阵内所有的元素从小到大排序，由于所有的犹豫模糊基数相同，无须对犹豫模糊数进行扩展；然后，根据式（5.22）和式（5.23），确定每个属性的正负理想点；再根据式（5.19）计算各个方案在

表 5.3 夹岩水库长期生态调度方案评价指标值

指标	方案1	方案2	方案3	方案4	方案5	方案6	方案7	方案8	方案9	方案10	方案11	方案12	方案13	方案14	方案15
城供可靠性/%	98.0	95.4	99.0	95.7	97.5	99.5	96.5	99.8	97.8	95.5	99.1	96.6	99.5	97.4	95.2
城供供水脆弱性/%	3.1	7.4	1.4	6.9	4.0	0.7	5.5	0.0	3.4	7.4	1.3	5.3	0.5	4.2	7.9
城供回弹性/%	90.5	50.0	100.0	80.4	85.2	100.0	37.8	100.0	87.0	83.7	88.9	44.4	100.0	82.1	80.8
灌溉可靠性/%	85.5	87.2	88.6	86.9	87.9	87.6	87.8	85.9	87.3	86.8	88.6	88.0	87.1	88.1	87.4
灌溉脆弱性/%	7.9	8.3	4.3	8.8	6.3	23.2	17.0	20.2	21.7	23.8	21.4	16.8	18.0	20.2	22.6
灌溉回弹性/%	80.5	61.4	56.0	71.3	74.2	78.5	61.7	53.9	74.8	77.8	82.3	63.4	55.3	78.5	79.7
多年平均年发电量/(亿 kW·h)	2.447	2.480	2.385	2.486	2.430	2.511	2.508	2.465	2.525	2.591	2.508	2.505	2.456	2.523	2.589
发电历时保证率/%	57.6	80.1	74.9	79.4	78.6	57.4	80.2	76.6	77.6	76.8	57.9	80.4	76.2	77.8	77.3
耗水率/[m^3/(kW·h)]	3.959	3.994	4.005	3.981	3.997	3.961	3.997	4.001	3.978	3.962	3.961	3.998	4.002	3.980	3.963
发电水量利用率/%	95.6	95.6	95.6	95.7	95.6	95.7	95.7	95.6	95.8	95.9	95.7	95.7	95.6	95.8	95.9
整体改变度/%	55.7	56.5	54.5	55.5	54.2	58.0	56.4	56.7	54.9	53.5	57.8	56.4	56.5	55.2	53.5
最大月流量改变度/%	92.6	88.9	88.9	92.6	92.6	92.6	88.9	88.9	92.6	92.6	92.6	88.9	88.9	92.6	92.6
最小月流量改变度/%	55.6	85.2	66.7	74.1	63.0	85.2	85.2	92.6	77.8	85.2	81.5	81.5	88.9	77.8	81.5
不均匀系数改变度/%	22.2	77.8	81.5	77.8	81.5	37.0	81.5	81.5	85.2	85.2	37.0	81.5	81.5	85.2	85.2
集中度改变度/%	40.7	22.2	25.9	22.2	29.6	37.0	33.3	25.9	25.9	22.2	37.0	33.3	25.9	25.9	22.2
最小生态流量保证率/%	98.0	98.4	99.1	96.8	98.0	99.5	98.5	99.9	98.3	96.6	99.1	98.6	99.6	97.8	96.3
适宜流量保证率/%	56.7	89.5	83.3	86.9	86.9	57.8	89.8	86.5	88.2	84.9	57.8	89.6	86.5	88.4	85.6

表 5.4　　夹岩水库调度方案评价犹豫模糊矩阵

方案	城镇供水				灌溉				发电				生态			
1	0.7107	0.6877	0.6583	0.6678	0.2916	0.5840	0.7153	0.6664	0.4162	0.3671	0.4581	0.4248	0.4397	0.4284	0.4852	0.5051
2	0.1086	0.0964	0.0780	0.0840	0.5644	0.5336	0.5813	0.5663	0.3891	0.4857	0.4489	0.4442	0.5765	0.6046	0.5651	0.5448
3	0.8996	0.8827	0.8610	0.8681	0.8700	0.6819	0.6989	0.6971	0.0688	0.1910	0.1757	0.1605	0.6885	0.7024	0.6077	0.6195
4	0.3621	0.3077	0.2379	0.2605	0.5445	0.6134	0.6662	0.6476	0.5112	0.6160	0.6103	0.5997	0.4922	0.4629	0.2559	0.3396
5	0.6075	0.5820	0.5487	0.5595	0.7925	0.7951	0.8180	0.8105	0.2567	0.3848	0.3639	0.3532	0.6037	0.5278	0.2792	0.3842
6	0.9551	0.9473	0.9376	0.9407	0.5636	0.5284	0.4103	0.4496	0.5970	0.5243	0.5788	0.5712	0.3337	0.2961	0.3372	0.3399
7	0.1693	0.2000	0.2369	0.2249	0.5996	0.4548	0.3912	0.4149	0.4570	0.5454	0.4863	0.4955	0.5299	0.5211	0.5144	0.4811
8	1.0000	1.0000	1.0000	1.0000	0.1343	0.1082	0.1170	0.1146	0.2958	0.3768	0.3334	0.3340	0.5895	0.5780	0.5305	0.5082
9	0.6638	0.6423	0.6149	0.6238	0.4889	0.4716	0.3871	0.4151	0.6369	0.7123	0.6974	0.6986	0.5690	0.4850	0.2322	0.3285
10	0.3505	0.2848	0.2011	0.2282	0.3839	0.4235	0.3423	0.3680	0.9078	0.9439	0.9385	0.9452	0.5178	0.4502	0.2676	0.3827
11	0.8337	0.8357	0.8383	0.8375	0.8066	0.7070	0.5518	0.6045	0.5846	0.5167	0.5712	0.5625	0.3342	0.3046	0.3443	0.3498
12	0.2260	0.2481	0.2743	0.2657	0.6473	0.4980	0.4265	0.4529	0.4438	0.5351	0.4754	0.4842	0.5430	0.5382	0.5245	0.4959
13	0.9665	0.9608	0.9536	0.9560	0.4101	0.2861	0.2534	0.2666	0.2623	0.3444	0.3018	0.3013	0.5946	0.5896	0.5390	0.5201
14	0.5747	0.5512	0.5214	0.5310	0.6912	0.6261	0.5117	0.5504	0.6189	0.6982	0.6766	0.6802	0.5314	0.4594	0.2209	0.3118
15	0.2970	0.2302	0.1450	0.1727	0.5183	0.5232	0.4236	0.4560	0.8989	0.9395	0.9326	0.9390	0.5104	0.4534	0.2182	0.3076

每个属性下的属性值到各对应属性的正、负理想点的犹豫模糊欧几里得距离，分别记为 D^+ 和 D^-，结果如下。

$$D^+=\begin{vmatrix} 0.6390 & 0.5832 & 1.0353 & 0.3804 \\ 1.8167 & 0.5131 & 0.9847 & 0.1704 \\ 0.2461 & 0.1852 & 1.5710 & 0.0000 \\ 1.4191 & 0.4032 & 0.7012 & 0.5451 \\ 0.8523 & 0.0520 & 1.1904 & 0.4459 \\ 0.1105 & 0.6625 & 0.7325 & 0.6585 \\ 1.5853 & 0.7108 & 0.8767 & 0.2913 \\ 0.0000 & 1.3977 & 1.1982 & 0.2068 \\ 0.7286 & 0.7542 & 0.4959 & 0.5337 \\ 1.4722 & 0.8755 & 0.0000 & 0.5125 \\ 0.3274 & 0.3301 & 0.7505 & 0.6450 \\ 1.4934 & 0.6311 & 0.8996 & 0.2637 \\ 0.0821 & 1.0278 & 1.2633 & 0.1886 \\ 0.9118 & 0.4524 & 0.5316 & 0.5710 \\ 1.5819 & 0.6758 & 0.0131 & 0.5841 \end{vmatrix}$$

$$D^-=\begin{vmatrix} 1.1789 & 0.9452 & 0.5364 & 0.3329 \\ 0.0000 & 0.8860 & 0.5870 & 0.5480 \\ 1.5722 & 1.2443 & 0.0000 & 0.7098 \\ 0.4070 & 1.0018 & 0.8707 & 0.2036 \\ 0.9656 & 1.3710 & 0.3813 & 0.3399 \\ 1.7069 & 0.7463 & 0.8387 & 0.0822 \\ 0.2340 & 0.7077 & 0.6962 & 0.4264 \\ 1.8167 & 0.0000 & 0.3755 & 0.5041 \\ 1.0890 & 0.6477 & 1.0753 & 0.2738 \\ 0.3605 & 0.5233 & 1.5710 & 0.2291 \\ 1.4892 & 1.1121 & 0.8207 & 0.0912 \\ 0.3240 & 0.7900 & 0.6733 & 0.4537 \\ 1.7350 & 0.3858 & 0.3110 & 0.5227 \\ 0.9058 & 0.9602 & 1.0396 & 0.2272 \\ 0.2564 & 0.7269 & 1.5582 & 0.2063 \end{vmatrix}$$

D^+ 和 D^- 中，各行代表各个典型方案，4 列数据分别表示城镇供水、灌溉、发电和生态准则（也称属性）的犹豫模糊欧几里得距离值。

根据式（5.25）并取参数 $\gamma=\beta=0.88$，$\theta=2.25$（Tversky et al.，1992），计算正、负前景值如下：

$$V^{+}=\begin{vmatrix} 1.1558 & 0.9516 & 0.5781 & 0.3799 \\ 0.0000 & 0.8989 & 0.6257 & 0.5890 \\ 1.4891 & 1.2121 & 0.0000 & 0.7396 \\ 0.4533 & 1.0016 & 0.8853 & 0.2464 \\ 0.9697 & 1.3201 & 0.4281 & 0.3869 \\ 1.6008 & 0.7730 & 0.8566 & 0.1109 \\ 0.2786 & 0.7377 & 0.7271 & 0.4723 \\ 1.6911 & 0.0000 & 0.4223 & 0.5472 \\ 1.0779 & 0.6824 & 1.0659 & 0.3198 \\ 0.4074 & 0.5656 & 1.4881 & 0.2734 \\ 1.4197 & 1.0981 & 0.8404 & 0.1216 \\ 0.3709 & 0.8127 & 0.7061 & 0.4988 \\ 1.6240 & 0.4325 & 0.3578 & 0.5651 \\ 0.9166 & 0.9649 & 1.0348 & 0.2714 \\ 0.3019 & 0.7552 & 1.4775 & 0.2494 \end{vmatrix}$$

$$V^{-}=\begin{vmatrix} -1.5172 & -1.4000 & -2.3198 & -0.9612 \\ -3.8049 & -1.2506 & -2.2196 & -0.4740 \\ -0.6551 & -0.5101 & -3.3483 & 0.0000 \\ -3.0616 & -1.0117 & -1.6464 & -1.3192 \\ -1.9549 & -0.1668 & -2.6229 & -1.1054 \\ -0.3238 & -1.5661 & -1.7108 & -1.5578 \\ -3.3750 & -1.6662 & -2.0040 & -0.7600 \\ 0.0000 & -3.0210 & -2.6381 & -0.5622 \\ -1.7028 & -1.7554 & -1.2138 & -1.2949 \\ -3.1622 & -2.0015 & 0.0000 & -1.2493 \\ -0.8423 & -0.8485 & -1.7478 & -1.5297 \\ -3.2023 & -1.5006 & -2.0499 & -0.6962 \\ -0.2495 & -2.3050 & -2.7638 & -0.5183 \\ -2.0743 & -1.1196 & -1.2903 & -1.3741 \\ -3.3686 & -1.5938 & -0.0494 & -1.4017 \end{vmatrix}$$

根据式（5.31），计算综合前景值 V

$$V=\begin{vmatrix} 0.4324 & 0.4047 & 0.1995 & 0.2833 \\ 0.0000 & 0.4182 & 0.2199 & 0.5541 \\ 0.6945 & 0.7038 & 0.0000 & 1.0000 \\ 0.1290 & 0.4975 & 0.3497 & 0.1574 \\ 0.3316 & 0.8878 & 0.1403 & 0.2592 \\ 0.8318 & 0.3305 & 0.3337 & 0.0665 \\ 0.0762 & 0.3069 & 0.2662 & 0.3833 \\ 1.0000 & 0.0000 & 0.1380 & 0.4932 \\ 0.3876 & 0.2799 & 0.4676 & 0.1981 \\ 0.1141 & 0.2203 & 1.0000 & 0.1796 \\ 0.6276 & 0.5641 & 0.3247 & 0.0736 \\ 0.1038 & 0.3513 & 0.2562 & 0.4174 \\ 0.8668 & 0.1580 & 0.1146 & 0.5216 \\ 0.3065 & 0.4629 & 0.4450 & 0.1650 \\ 0.0823 & 0.3215 & 0.9676 & 0.1510 \end{vmatrix}$$

V^+、V^- 和 V 中，行代表各个典型方案，4 列数据分别表示城镇供水、灌溉、发电和生态属性的综合前景值。

5.3.3 属性权重计算

将综合前景值 V 中各元素按从大到小顺序排列，按实际情况保留前 55% 信息，即 $\omega=0.2960$，根据式（5.32）构造判断矩阵 K

$$K=\begin{vmatrix} 1 & 1 & 0 & 1 \\ 0 & 1 & 0 & 1 \\ 1 & 1 & 0 & 1 \\ 0 & 1 & 1 & 0 \\ 1 & 1 & 0 & 0 \\ 1 & 1 & 1 & 0 \\ 0 & 1 & 1 & 1 \\ 1 & 0 & 0 & 1 \\ 1 & 1 & 1 & 0 \\ 0 & 0 & 1 & 0 \\ 1 & 1 & 1 & 0 \\ 0 & 1 & 0 & 1 \\ 1 & 0 & 0 & 1 \\ 1 & 1 & 1 & 0 \\ 0 & 1 & 1 & 0 \end{vmatrix}$$

由粗糙集的相关知识，从矩阵 K 得到关于属性集 $B\subseteq C$ 的等价关系 R_B。这里 $C=\{c_1,c_2,c_3,c_4\}$ 表示城市供水、灌溉、发电和生态属性，s_i 表示方案 $i(i=1,2,\cdots,15)$。

$$R_C=\{\{s_1,s_5\},\{s_2,s_7,s_{12}\},\{s_3\},\{s_4,s_{15}\},\{s_6,s_{11},s_{14}\},\{s_8,s_{13}\},\{s_9\},\{s_{10}\}\}$$

$$R_{C-\{c_1\}}=\{\{s_1,s_5\},\{s_2,s_3,s_7,s_{12}\},\{s_4,s_6,s_{11},s_{14},s_{15}\},\{s_8,s_{13}\},\{s_9,s_{10}\}\}$$

$$R_{C-\{c_2\}}=\{\{s_1,s_5\},\{s_2,s_7,s_{12}\},\{s_3,s_8,s_{13}\},\{s_4,s_{10},s_{15}\},\{s_6,s_9,s_{11},s_{14}\}\}$$

$$R_{C-\{c_3\}}=\{\{s_1,s_5,s_6,s_{11},s_{14}\},\{s_2,s_7,s_{12}\},\{s_3\},\{s_4,s_{15}\},\{s_8,s_{13}\},\{s_9\},\{s_{10}\}\}$$

$$R_{C-\{c_4\}}=\{\{s_1,s_3,s_5\},\{s_2,s_7,s_{12}\},\{s_4,s_{15}\},\{s_6,s_{11},s_{14}\},\{s_8,s_{13}\},\{s_9\},\{s_{10}\}\}$$

可以看到，集 $R_{C-\{c_1\}}$，$R_{C-\{c_2\}}$，$R_{C-\{c_3\}}$，$R_{C-\{c_4\}}$ 与集 R_C 均不相同，故没有冗余属性。属性 C 的核为 $core(C)=\{c_1,c_2,c_3,c_4\}$，且

$$r_{core(C)-\{c_1\}}=\frac{2}{8},\ r_{core(C)-\{c_2\}}=\frac{2}{8},\ r_{core(C)-\{c_3\}}=\frac{6}{8},\ r_{core(C)-\{c_4\}}=\frac{6}{8} \tag{5.36}$$

则权重的计算公式为

$$w_1=\frac{1-\frac{2}{8}}{\left(1-\frac{2}{8}\right)+\left(1-\frac{2}{8}\right)+\left(1-\frac{6}{8}\right)+\left(1-\frac{6}{8}\right)}=\frac{3}{8},$$

$$w_2=\frac{3}{8},\ w_3=\frac{1}{8},\ w_4=\frac{1}{8} \tag{5.37}$$

式中：w_j 为属性 c_j 的权重。

粗糙集属性约简表明：城镇供水和灌溉两个属性重要性相等，且都远远大于发电与生态两个属性。

5.3.4 方案排序

根据式（5.33），计算得到各方案的综合加权前景值，并对方案进行排序，得到最终的结果见表5.5，最优方案为 s_3 方案，s_5 和 s_{11} 方案分别排第二和第三。表5.6列出了排序居前方案的主要指标值。从表5.6中可见，最优方案 s_3 具有如下特点：城镇供水和灌溉6个属性指标中，除灌溉回弹性值较差外，其他5个指标值均为最佳值或接近最佳值；多年平均发电量、发电耗

水率属性值较差。水文整体改变度、最大月（旬）均流量与最小月（旬）均流量改变度较小，但年内不均匀系数改变度较大；最小生态流量保证率和适宜生态流量保证率接近最佳值。次优方案 s_5 与最优方案 s_3 相比，城镇供水和灌溉供水略差，但多年平均发电量及耗水率优于方案 s_3，最大月流量改变度和集中度改变度略差于方案 s_3，排第三位的方案 s_{11} 的城镇供水指标接近最优方案，但灌溉脆弱性和回弹性严重差于最优方案 s_3，最小流量改变度和适宜流量保证率也较差。

表 5.5　　加权综合前景值计算结果

方案	加权综合前景值	排序
s_1	0.3743	7
s_2	0.2536	14
s_3	0.6493	1
s_4	0.2983	10
s_5	0.5072	2
s_6	0.4858	4
s_7	0.2249	15
s_8	0.4539	6
s_9	0.3335	9
s_{10}	0.2729	12
s_{11}	0.4967	3
s_{12}	0.2549	13
s_{13}	0.4639	5
s_{14}	0.3648	8
s_{15}	0.2912	11

表 5.6　　排序居前方案的评价指标值

指标	s_3	s_5	s_{11}
城供可靠性/%	99.0	97.5	99.1
城供供水脆弱性/%	1.4	4.0	1.3
城供回弹性/%	100.0	85.2	88.9
灌溉可靠性/%	88.6	87.9	88.6
灌溉脆弱性/%	4.3	6.3	21.4
灌溉回弹性/%	56.0	74.2	82.3
多年平均年发电量/(亿 kW·h)	2.3848	2.4297	2.5076

续表

指标	s_3	s_5	s_{11}
发电历时保证率/%	74.9	78.6	57.9
耗水率/[m^3/(kW·h)]	4.0045	3.9971	3.9614
发电水量利用率/%	95.6	95.6	95.7
整体改变度/%	54.5	54.2	57.8
最大月流量改变度/%	88.9	92.6	92.6
最小月流量改变度/%	66.7	63.0	81.5
不均匀系数改变度/%	81.5	81.5	37.0
集中度改变度/%	25.9	29.6	37.0
最小生态流量保证率/%	99.1	98.0	99.1
适宜流量保证率/%	83.3	86.9	57.8

s_3 方案优化调度的夹岩水库时段末水位分布范围及各分位数水位值见表5.7和图5.2。4月末至7月下旬最小水位均到达死水位1305.00m（7月上旬末水位除外），而8月中旬末至10月末最小水位均高于1310.00m；从75%分位数值看，除5月下旬末至6月中旬末水位低于1308.00m外，其余时段水位均高于1308.00m，其中7月下旬末至1月末更高于1315.00m；从各时段水位中位数看，除5月下旬、6月上旬末外，其余时段末水位均高于1311.00m，其中8月下旬至11月末水位更高于1321.00m。从水库水位到达1323.00m（蓄满）看，8月下至10月末水库蓄满机会较大，超过25%概率。

表5.7　s_3 方案优化调度的夹岩水库时段末水位各分位数值　单位：m

时间	最大值	10%分位数	25%分位数	中位数	75%分位数	90%分位数	最小值
5月上旬	1323	1317.71	1315.20	1311.74	1308.03	1306.23	1305
5月中旬	1323	1316.97	1315.00	1311.12	1308.78	1305.64	1305
5月下旬	1322.87	1316.66	1314.65	1310.86	1307.77	1305.91	1305
6月上旬	1323	1317.06	1314.65	1310.66	1307.07	1305.87	1305
6月中旬	1321.76	1317.61	1315.41	1311.12	1307.58	1305.53	1305
6月下旬	1323	1320.56	1318.10	1314.11	1309.96	1307.14	1305
7月上旬	1323	1323	1319.59	1315.69	1312.15	1308.41	1306.06
7月中旬	1323	1322.55	1320.96	1317.58	1314.60	1309.73	1305

续表

时间	最大值	10%分位数	25%分位数	中位数	75%分位数	90%分位数	最小值
7月下旬	1323	1323	1321.27	1318.24	1315.53	1310.30	1305
8月上旬	1323	1322.62	1321.58	1317.91	1315.50	1311.91	1308.31
8月中旬	1323	1323	1322.25	1319.47	1316.05	1312.30	1310.40
8月下旬	1323	1323	1323	1321.14	1316.64	1314.08	1310.35
9月	1323	1323	1323	1322.82	1320.08	1315.96	1310.25
10月	1323	1323	1323	1322.47	1321.12	1319.35	1310.25
11月	1323	1323	1322.67	1321.54	1319.80	1317.45	1308.75
12月	1323	1322.15	1321.58	1319.70	1318.31	1314.89	1306.23
1月	1321.89	1320.50	1319.51	1317.49	1315.46	1312.12	1307.80
2月	1322.07	1319.84	1317.96	1316.16	1313.75	1310.52	1306.51
3月	1320.21	1318.55	1315.86	1313.90	1310.81	1308.70	1306.74
4月	1323	1318.29	1314.65	1312.05	1308.45	1306.65	1305

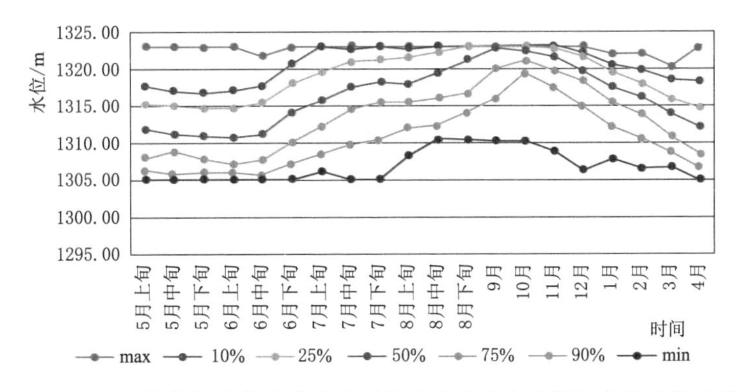

图 5.2 s_3 方案优化调度的夹岩水库时段末水位分布范围及各分位数水位值

表 5.8 列出了 s_3 方案优化调度的水库各时段下泄流量统计，并以图 5.3 表示，从表和图中可见，除 1 月、3 月和 4 月平均下泄流量最小值低于 12.1m³/s 外，其他时段下泄流量最小值均不低于 12.1m³/s。从 90%分位数值看，各时段下泄流量大于等于 12.1m³/s 的频率达到 90%。从中位值看，12 月至次年 5 月中旬下泄流量在 12.1～14.0m³/s 之间的发生频率达到 50%。从 10%分位数值看，除 8 月下旬、9 月下泄流量超过 78.4m³/s（电站装机引用流量）10%外，其他时段下泄流量未超过电站装机引用流量或超过的比例小于 10%。

表 5.8　s_3 方案优化调度的水库各时段下泄流量各分位数值　单位：m^3/s

时间	最大值	10%分位数	25%分位数	中位数	75%分位数	90%分位数	最小值
5 月上旬	45.4	44.3	21.7	13.1	12.9	12.4	12.1
5 月中旬	56.5	55.0	27.0	12.8	12.3	12.1	12.1
5 月下旬	79.1	77.4	45.7	15.0	14.6	14.3	14.1
6 月上旬	79.2	78.3	77.4	20.4	19.7	19.5	19.2
6 月中旬	79.8	78.7	77.7	25.9	25.2	24.6	12.1
6 月下旬	98.0	79.0	77.7	38.1	37.3	21.9	12.1
7 月上旬	208.5	79.0	76.8	46.7	40.0	12.1	12.1
7 月中旬	178.5	79.3	77.3	42.4	34.9	34.3	12.1
7 月下旬	164.9	78.9	76.9	40.3	39.4	12.1	12.1
8 月上旬	131.4	78.8	76.1	33.1	32.4	31.7	12.1
8 月中旬	144.5	78.5	76.1	50.8	28.8	28.3	12.1
8 月下旬	153.7	89.6	74.7	46.6	28.0	27.6	12.1
9 月	276.7	94.4	74.3	37.8	25.0	12.4	12.1
10 月	82.1	74.4	63.1	28.7	23.9	12.5	12.1
11 月	122.1	39.9	35.4	17.3	16.9	16.8	12.1
12 月	28.1	27.9	27.8	13.1	12.8	12.7	12.1
1 月	24.0	23.9	17.1	13.8	12.8	12.1	0.1
2 月	26.0	25.7	13.1	12.8	12.6	12.4	12.1
3 月	78.3	23.0	12.4	12.1	12.1	12.1	0.2
4 月	33.0	32.4	12.4	12.1	12.1	12.1	0.1

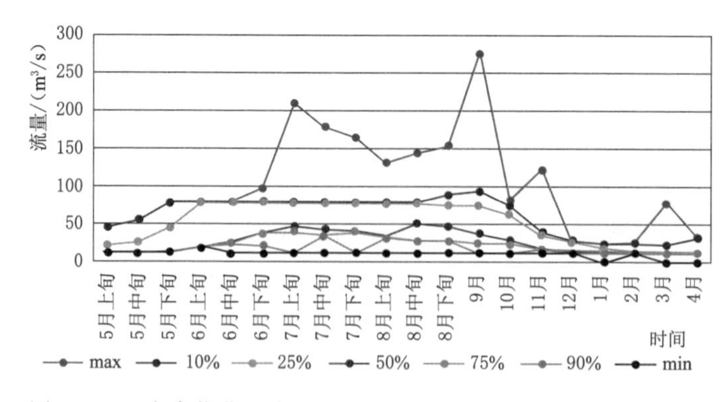

图 5.3　s_3 方案优化调度的水库各时段下泄流量各分位数值比较

5.3.5 推荐方案调度规则

以 s_3 方案作为推荐方案。表 5.9 列出了推荐方案调度函数的系数值，其中，R^2 为调整决定系数，R^2 越大表明回归模型的效果越显著。从表 5.9 中可见，一元回归模型除 9 月、10 月及 11 月 3 个月外，二元回归模型除 9 月、10 月外，其余时段的 R^2 值均大于 0.9，说明一元回归模型和二元回归模型总体效果较好。由于二元线性回归模型分别考虑净入库水量和时段初蓄水量的影响，模型的 R^2 值略大于一元线性回归模型 R^2 值，二元线性回归模型的效果略优于一元线性回归模型的效果。从模型的显著性检验值看，无论是一元线性回归模型还是二元线性回归模型，各时段 F 检验的 p 值均非常小，如一元线性回归模型 9 月的 p 值最大，为 1.12×10^{-12}，二元线性回归模型也是 9 月的 p 值最大，仅为 1.03×10^{-14}，均远小于高度显著水平 $\alpha=0.01$。一元、二元回归模型的标准化残差图也说明回归模型具有较好的可靠性。

表 5.9　　推荐方案各时段调度函数参数

时间	一元线性回归			二元线性回归			
	c'_t	a'_t	R^2	c_t	a_t	b_t	R^2
5月上旬	1304.67	3.966	0.987	1304.77	2.663	4.005	0.991
5月中旬	1304.60	3.958	0.977	1304.63	3.314	3.990	0.979
5月下旬	1304.54	3.783	0.954	1304.51	3.003	3.972	0.964
6月上旬	1304.04	3.883	0.951	1304.22	2.442	4.041	0.967
6月中旬	1304.03	3.823	0.963	1304.11	3.251	4.008	0.972
6月下旬	1304.00	3.780	0.970	1304.15	3.384	3.944	0.975
7月上旬	1304.66	3.539	0.943	1304.81	2.929	3.751	0.957
7月中旬	1304.67	3.579	0.945	1304.78	3.119	3.679	0.952
7月下旬	1304.90	3.473	0.934	1304.90	2.670	3.672	0.950
8月上旬	1305.30	3.477	0.952	1305.93	2.350	3.488	0.979
8月中旬	1306.23	3.243	0.961	1305.91	2.776	3.454	0.973
8月下旬	1307.00	3.029	0.954	1306.66	2.493	3.252	0.967
9月	1313.31	1.446	0.611	1311.66	0.939	2.164	0.699
10月	1311.20	1.990	0.707	1309.96	1.048	2.585	0.795
11月	1307.95	2.780	0.780	1304.45	0.943	3.834	0.901
12月	1304.14	3.750	0.955	1303.45	2.090	3.977	0.961
1月	1304.30	3.819	0.968	1304.51	4.851	3.800	0.970
2月	1303.97	3.970	0.983	1303.83	2.768	4.032	0.986

续表

时　间	一元线性回归			二元线性回归			
	c_t'	a_t'	R^2	c_t	a_t	b_t	R^2
3月	1304.17	3.862	0.916	1304.02	2.604	3.884	0.921
4月	1303.67	4.072	0.959	1303.27	3.330	4.297	0.965

采用1955年5月—2002年4月逐月（旬）入库径流数据及相应的城镇和灌溉需水过程，通过调度函数模拟操作，检验和评估调度函数的合理性。模拟调度结果见表5.10。从表5.10中可见，无论是一元线性回归模型还是二元线性回归模型，模拟调度结果与优化调度结果相比，总体上较为满意。在入库水量相同情况下，模拟调度的城镇供水量和灌溉水量多年平均值约占优化调度多年平均值95%；模拟调度的总下泄水量比优化值约增加3%，但发电用水量较优化值减小3%～4%，发电水量利用率降低约6%，相应的多年平均年发电量减少4%～5%。从历时保证率和缺水率看，模拟调度的城镇供水保证率约为88%，比优化调度值99.0%减少了10%～12%，灌溉保证率下降不多，仅减少2%～4%，最小生态流量保证率约减少2%，但是发电历时保证率有明显增加。模拟调度的城镇缺水率为5.0%，灌溉缺水率为8.0%～10%，均远远高于优化调度的城镇缺水率1.4%和灌溉保证率4.3%。

从一元回归模型与二元回归模型的模拟调度结果看，二者差别并不是很大。从城镇供水量、多年平均发电量、最小生态流量保证率看，二元回归模型的模拟调度结果稍好，但从灌溉供水量及城镇供水保证率、灌溉保证率及发电保证率看，一元回归模型的模拟调度结果略好于二元回归模型的结果。

表5.10　　s_3方案优化结果与模拟调度结果比较

项　　目	优化	一元回归模拟	二元回归模拟
入库水量/亿 m^3	17.4592	17.4592	17.4592
城镇供水量/亿 m^3	4.5228	4.3566	4.3598
灌溉水量/亿 m^3	2.3141	2.2165	2.1890
下泄水量/亿 m^3	9.9938	10.2768	10.3049
发电用水量/亿 m^3	9.5501	9.1717	9.2753
发电量/(亿 kW·h)	2.3848	2.2886	2.3035
城镇供水保证率/%	99.0	88.6	87.1
灌溉保证率/%	88.6	86.3	84.5
发电保证率/%	74.9	82.7	79.8
最小生态流量保证率/%	99.1	97.2	97.6

续表

项　　目	优化	一元回归模拟	二元回归模拟
城镇缺水率/%	1.4	5.0	5.0
灌溉缺水率/%	4.3	8.3	9.5
发电水量利用率/%	95.6	89.2	90.0

5.4 本章小结

本章从供水、发电和生态环境协调发展出发，对夹岩水库长期生态调度方案进行综合评价，结论如下：

（1）构建的水库调度综合评价指标体系由目标层、准则层和指标层组成，其中城镇供水准则层、灌溉准则层各包括可靠性、脆弱性、回弹性及最大缺水率 4 个指标，发电准则层包括多年平均发电量、发电历时保证率、发电水量利用率、耗水率及最小出力占比 5 个指标，生态准则层包括流量整体改变度、最大月（旬）流量改变度、最小月（旬）流量改变度、径流不均匀程度改变度、径流集中度改变度及最小生态流量保证率、产卵期适宜流量保证率 7 个指标，筛选后保留 17 个指标参与评价。这些指标能够比较全面地反映夹岩水库长期生态调度效果。

（2）采用权重法、二元比较法、变差系数法及熵值法对 4 个准则层的各个指标赋权，获得 4 个准则层的综合评价值，以此构成调度方案评价的犹豫模糊矩阵。应用粗糙集确定 4 个准则的权重，并结合前景理论，对夹岩水库长期调度方案进行排序。所提出的耦合犹豫模糊集、粗糙集及前景理论的多属性评价方法，能够反映决策者的认知不确定性，筛选出均衡好的方案。

（3）夹岩水库长期生态调度典型 15 个方案评价结果表明：水量分配规则一方案 8（即 s_3 方案）、规则一方案 10 及规则三的方案 5（即 s_5 方案、s_{11} 方案）均能够兼顾供水、发电和生态效益，排序靠前。其中 s_3 方案特点是供水类指标最好，城镇供水和灌溉 6 个属性指标中，除灌溉回弹性值较差外，其他 5 个指标值均为最佳值或接近最佳值；发电类指标包括多年平均发电量、发电水量利用率、发电耗水率都较差；生态类各指标表现各异，最小生态流量保证率和适宜生态流量保证率接近最佳值，最大月（旬）均流量与最小月（旬）均流量改变度较小，但水文整体改变度、年内不均匀系数改变度较大。根据 s_3 方案最优调度结果，分别提取一元线性和二元线性调度规则，模拟调度结果与优化调度结果比较，总体上比较满意，提取的调度规则可作为夹岩水库实际调度时的参考。

第6章 夹岩水库短期生态调度研究

河流水流流动是河流系统生物生存、生产和交互作用的主要驱动力，尤其是适度的洪水脉冲（flood pluse）对河流生态系统具有重要生态效应。洪水脉冲带来的水位涨落将有利于生物生存活动、生长繁殖的有效信息快速准确地传达给生物，激发不同生物的特定行为。例如，鱼类是一种依靠涨水、落水等水文情势的变化来完成产卵、孵化和生长的生物，洪水脉冲对鱼类等水生物有着重要的生态学意义。

自 Junk 等（1989）提出洪水脉冲概念后，国内外学者对洪水脉冲生态学机理进行了大量研究（董哲仁等，2009）。Pofff 等（2010）发现河流的水文情势会改变鱼类的产卵量和种类数量。Muchile 与 Hair 等（2008）发现鱼类的繁衍在很大程度上受到洪水的影响，鱼类产卵的多少与洪水的历时长短和流量大小正相关；Puckridge 等（1998）提出识别水文变量的方法，并提供了根据水文变量的河流分类方法，强调了水位变化在栖息地大小和特性的影响。王俊娜等（2012）采用遗传规划法识别出涨水持续时间和日均涨水率是影响四大家鱼产卵和鱼苗丰度的关键环境因子；李朝达等（2021）提出日流量涨幅和鱼类感觉累积流量涨幅两个生态水文指标，建立了一套新的鱼类产卵响应指标体系。河流筑坝建库后，由于水库的调节作用，河流上下游水域的物理化学性质，如流量、流速、水温、水质和水文情势等会发生变化，从而对河流生态系统带来重要影响。为了减轻筑坝建库的不利影响，需要改善传统的水库调度方式，在不影响水库的社会经济效益的前提下，尽可能满足水生生物对于水文、水力学因子的需求。基本原则是：人工径流调节水文过程线尽可能模拟河流自然水文过程线，以产生河流脉冲效应（董哲仁等，2007）。

《贵州省夹岩水利枢纽及黔西北供水工程环境影响报告书》（以下简称《环评报告书》），全面评价了工程环境现状、工程建设期和运营期对环境影响，认为夹岩水库评价范围内共有鱼类 34 种，以流水或急流型底层鱼类为主，其中长薄鳅、鲈鲤、昆明裂腹鱼、白缘鱼央 4 种鱼类为易危物种；长薄鳅、昆明裂腹鱼、四川裂腹鱼、四川爬岩鳅 4 种属长江上游特有鱼类，对这些鱼类的保护尤为重要。针对六冲河及乌江流域梯级开发现状，《环评报告书》提出夹岩水库采取的鱼类保护措施包括过鱼设施、增殖放流、栖息地保护、生态调度、渔政管理、科学研究、生态监测等，尤其是在鱼类繁殖季节进行生态调度，加大下泄流量，刺激鱼类完成产卵繁殖过程。具体是：夹岩水库在 2 月、3 月按照月均调度方案进行流量下放（28.3m^3/s）；在 4—7 月通过加大下泄流量来营造下游的涨水过程，下泄流量峰值建议为 54.1m^3/s，涨水为单峰型，过程为陡涨缓落；流量通过发电机组和泄洪兼放空洞联合下泄，减少过饱和气体对鱼类的影响；为保护发电机组的安全运行，建议下泄过程中的流量调节间隔为 3h。根据不同年份来水量及枢纽运行方式，确定生态调度的下泄过程每月进行一次，每次历时 80h。

本书在六冲河鱼类生境研究成果的基础上，采用总溪河站逐日平均流量资料量化六冲河流量情势特征，分析关键生态水文过程。根据生态用水需求特征和天然径流特性，以日为时段、以月为调度控制期、以偏离生态流量最小和发电量最大为目标建立夹岩水库短期生态调度模型，为夹岩水库短期生态调度提供方法支持。

6.1 坝址高流量（洪水）脉冲特征

采用 IHE 软件，对总溪河站 2002—2012 年日流量进行生态流组（EFC）统计分析，以揭示坝址高流量（洪水）脉冲过程特征。以日均流量 51.73m^3/s、585m^3/s、900m^3/s 分别作为高流量阈值、小洪水阈值和大洪水阈值，计算结果表明，11 年间共发生高流量脉冲 96 次，小洪水 5 次，大洪水 1 次，合计 102 次。图 6.1（a）和图 6.1（b）分别为历年和各月高流量脉冲（含洪水）次数分布图。从图 6.1 可见，2005 年、2006 年、2010 年高流量脉冲（含洪水）次数超过 10 次，其中 2005 年最多为 15 次；2012 年次数最少，仅 5 次。从各月分布看，5 月、6 月和 8 月分别达到 20 次、19 次和 17 次，而 12 月、1 月无高流量事件发生，11 月、2 月及 3 月高流量脉冲发生次数也很少，不超过 3 次；但是 10 月高流量脉冲（含洪水）次数较多。

以高流量脉冲（含洪水）事件开始前一日流量为起涨流量，统计各次高流量脉冲（含洪水）事件起涨流量及持续时间（历时），各月高流量脉冲（含洪水）事件起涨流量中位数及历时中位数如图 6.2 所示。由于 11 月及 2 月脉冲事件次数太少，未计算中位数。从图 6.2 可见，3 月、4 月和 5 月起涨流量中位数较低，其中 3 月只有 18.9m^3/s。6—10 月起涨流量中位数较高，其中 10 月最高为 36.7m^3/s。高流量脉冲（含洪水）事件持续时间中位数以 3 月、

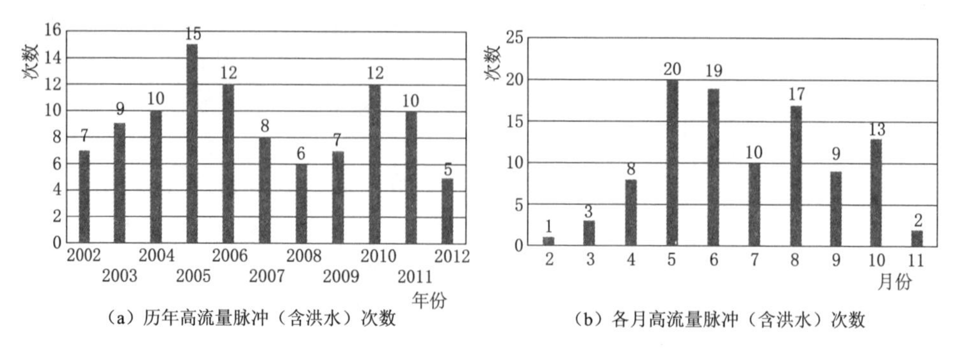

(a) 历年高流量脉冲（含洪水）次数　　(b) 各月高流量脉冲（含洪水）次数

图 6.1　高流量脉冲（含洪水）次数分布图

4 月最短，为 3d，6 月最长，为 8d。10 月脉冲历时中位数仅 4d，其表现与起涨流量中位数不同，表明 10 月流量是快涨快落。

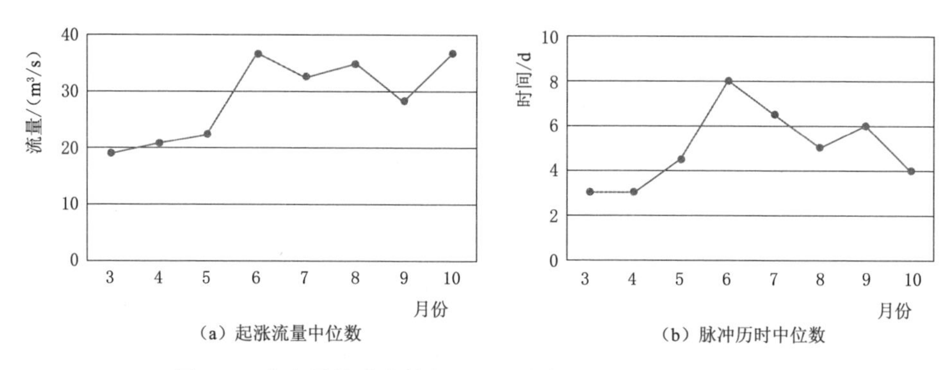

(a) 起涨流量中位数　　(b) 脉冲历时中位数

图 6.2　高流量脉冲事件起涨流量中位数及历时中位数比较

对高流量脉冲事件进一步分析发现，IHA 软件将峰值较小流量（如低于 $30m^3/s$）事件也可能判定为高流量脉冲事件，而且有的高流量脉冲事件持续时间仅 1d。另外，有些场次长达几十天，其间包含的脉冲事件又没有单独计算。因此，在 IHA 软件计算的高流量事件（含洪水）基础上，考虑流量涨落特性，对高流量脉冲事件进行重新划分，并统计其特征。划分原则是：①脉冲峰值流量未超过 $51.73m^3/s$ 的，不作为高流量脉冲事件；②脉冲持续时间未达到 3d 及以上的，不作为高流量脉冲事件；③相邻脉冲峰值间隔时间未达到 4d 的，只计及主峰；④根据流量起涨趋势，确定脉冲事件起涨流量及结束流量。按照上述要求，在总溪河站 2002—2012 年日流量中，筛选出 84 次高流量脉冲（含洪水）事件，分别统计了每个脉冲事件的起涨流量、峰值流量、结束流量、上涨历时、消退历时及上涨率、下降率等指标，上述指标的中位数及 25%、75%分位数见表 6.1。表 6.1 中脉冲事件的统计时间是 4—10 月，其他月份无脉冲流量出现。从表 6.1 可见，高流量脉冲（洪水）起涨流量中位数是 39.45m^3/s，高脉冲峰值流量中位数 157m^3/s，从起涨到峰值历时中位数是 2d，上涨率中位数是 55.73$m^3/(s \cdot d)$，从峰值到脉冲事件结束历时中位数是 7.5d。75%分位数（按水文学习惯，数据从大到小顺序排列）起涨流量为 29.68m^3/s，峰值流量为 90.88m^3/s，结束流量为 39.05m^3/s，脉冲过程历时 5d，其中上涨历时 1d，消落历时 4d。显而易见，高流量脉冲具有陡涨缓落的特点。

表 6.1　　夹岩坝址全年高流量脉冲特征指标

指　　标	75%分位数	50%分位数	25%分位数
起涨流量/(m^3/s)	29.675	39.45	54.45
峰值流量/(m^3/s)	90.875	157.00	350.25
结束流量/(m^3/s)	39.05	48.60	53.45
上涨历时/d	1	2	3
消落历时/d	4	7.5	16
上涨率/[$m^3/(s \cdot d)$]	24.19	55.73	128.86
下降率/[$m^3/(s \cdot d)$]	−23.82	−14.12	−7.96

注　按水文学习惯，数据从大到小顺序排列统计分位数。

考虑到生态调度主要发生在 4—7 月，专门统计了 4—7 月期间发生的高流量脉冲（含洪水）事件，共 53 次，其特征指标中位数、75%分位数和 25%分位数结果见表 6.2。从表 6.2 可见，夹岩坝址 4—7 月期间高流量脉冲的起涨流量中位数比全年高流量脉冲的起涨流量中位数稍小，但 4—7 月高流量脉冲峰值流量中位数高于全年高流量脉冲的峰值流量中位数，结束流量中位数差别不大。4—7 月高流量脉冲上涨历时、下降历时与全年的上涨历时、下降历时基本相等。因此，4—7 月高流量脉冲上涨率、下降率（绝对值）较全年的上涨率、下降率大。4—7 月高流量脉冲发生日期（起涨日期）中位数是 6 月 18 日（儒略日第 170d），约 25%发生在 4 月、5 月（5 月 31 日以前）。

表 6.2　　夹岩坝址 4—7 月期间高流量脉冲特征指标

指　　标	75%分位数	50%分位数	25%分位数	离势系数
起涨流量/(m^3/s)	26.7	36.60	53.2	0.7240
峰值流量/(m^3/s)	96.7	238.00	374	1.1651
结束流量/(m^3/s)	38.6	48.90	58.9	0.4151
上涨历时/d	1	2	3	1.0
消落历时/d	4	7	15	1.5714
上涨率/[$m^3/(s \cdot d)$]	29.75	63.30	208.6	2.8254

续表

指　　标	75%分位数	50%分位数	25%分位数	离势系数
下降率/[m^3/(s·d)]	−29.57	−15.27	−9.86	−1.2909
发生日期/儒略日	150	170	189	0.2294
发生日期（公历）	5月29日	6月18日	7月7日	

表6.3给出了历年分月的高流量脉冲事件次数。从表6.3可见，2005年高流量脉冲事件次数最多，为7次，2011年次数最少，仅2次，中位数为5次。分月看，6月高流量脉冲事件次数最多，为22次，7月其次为16次，5月次数为12次，4月最小仅3次。6月、7月每年都发生高流量脉冲事件。

表6.3　　　　历年分月的高流量脉冲事件次数

年份	4月	5月	6月	7月	合计
2002		3	2	1	6
2003		1	1	2	4
2004	2	2	1	1	6
2005	1	2	2	2	7
2006			3	1	4
2007		1	2	3	6
2008		2	2	2	6
2009			3	1	4
2010			2	1	3
2011			1	1	2
2012		1	3	1	5
合计	3	12	22	16	53

4—7月各月高流量脉冲特征指标中位数列于表6.4中。从表6.4可见，4月和5月起涨流量中位数差别不大，但6月、7月逐渐抬高。峰值流量中位数是4—7月逐月上升。4月、5月脉冲事件历时中位数约为5.5d，6月为9d，7月则长达17d。7月脉冲峰值流量最大，上涨率也最大。5月、6月和7月下降率相差不大。

表6.4　　　　4—7月各月高流量脉冲特征指标中位数

指　　标	4月	5月	6月	7月
起涨流量/(m^3/s)	26.7	24.95	40.2	51.05
峰值流量/(m^3/s)	58.9	122.5	234	360.5

续表

指　　标	4月	5月	6月	7月
结束流量/(m^3/s)	31.1	38.85	50.05	50.95
上涨历时/d	1	1.5	2	2
消落历时/d	4	4	7	15.5
上涨率/[m^3/(s·d)]	22.60	48.925	64.3	99.27
下降率/[m^3/(s·d)]	−8.16	−15.47	−16.1	−16.44
起涨发生日期	4月23日	5月19日	6月18日	7月13日

根据表6.4的特征指标，以起涨流量及发生日期、上涨历时、峰值流量、消落历时及结束流量为控制可以绘出中位数概化高流量脉冲过程如图6.3所示。从图6.3可见，夹岩坝址高流量脉冲事件具有如下特点：①4—7月各月流量脉冲随着时间流逝逐渐增强，4月高流量脉冲事件出现机会较少，而且峰值流量较小；②各月高流量脉冲呈陡涨缓落，上涨率是下降率（绝对值）的3～6倍。

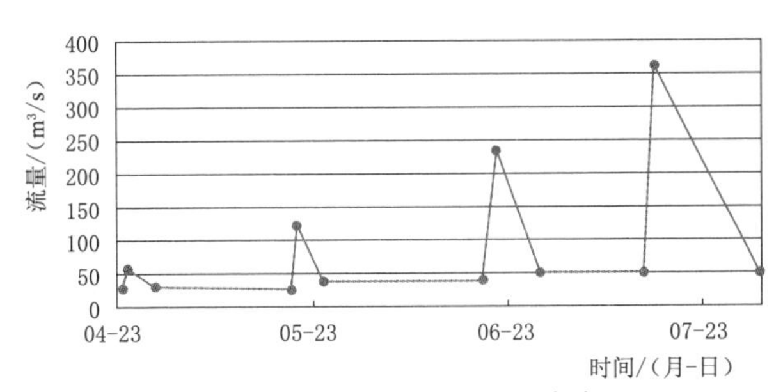

图6.3　夹岩坝址中位数高流量脉冲过程

表6.5列出了4—7月各月高流量脉冲特征指标75%分位数值，图6.4表示了相应的概化流量过程。从表6.5可见，4月和5月起涨流量75%分位数值差别不大，6月和7月起涨流量75%分位数基本相同；4—7月峰值流量75%分位数是逐月上升，但上升幅度低于中位数的变化幅度。各月脉冲过程历时也较中位数对应的脉冲过程短，但陡涨缓落的特征未变。

表6.5　　4—7月各月高流量脉冲特征指标75%分位数

指　　标	4月	5月	6月	7月
起涨流量/(m^3/s)	21.15	21.625	33.125	33.2
峰值流量/(m^3/s)	56.85	78.025	104.75	152.75
结束流量/(m^3/s)	28.5	36.45	40.3	48.75
上涨历时/d	1	1	1	1

续表

指　标	4月	5月	6月	7月
消落历时/d	4	3	5.25	6.25
上涨率/[m^3/(s·d)]	16.0	35.7	30.5	53.9
下降率/[m^3/(s·d)]	−8.2	−31.8	−29.8	−26.5
起涨发生日期	4月18日	5月16日	6月10日	7月8日

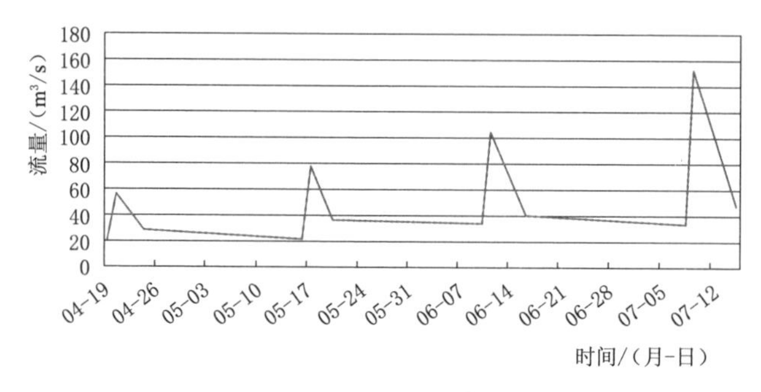

图6.4　夹岩坝址75%分位数高流量脉冲过程

考虑到夹岩水库建成后，承担城镇和灌溉供水任务，每年4—7月可供下泄的水量减少。同时，根据坝址河道流量-生态响应关系，鱼类适宜生态流量范围在80m^3/s以下。因此，本书将75%分位数高流量脉冲过程作为短期生态调度的生态流量过程。

6.2　夹岩水库短期生态调度建模

夹岩水库长期调度模型以月（旬）为时段，在综合权衡供水、发电和生态目标基础上，获得了水库蓄水、放水过程及城镇供水、灌溉供水过程，提取了均衡供水、发电和生态目标的水库长期调度规则，按照此规则并结合水库来水量预测，可确定每个月（旬）水库蓄水量、城镇和灌溉供水量、水库下泄水量。但具体到每个月（旬）的水库日调度运行，还需要进一步结合水库生态要求和其他综合利用要求研究确定。

不考虑水库防洪调度问题，夹岩水库短期调度主要涉及以下方面：一是优先满足下游河道最小生态流量要求，即水库下泄流量一般应不小于12.1m^3/s；二是在保证下泄流量不小于12.1m^3/s条件下，优先满足城镇和灌溉用水需求，然后才是发电用水及弃水；三是满足年内特定时期特殊用水要求，主要包括景观娱乐用水与生态脉冲用水。每年5—10月下游九洞天风景区景观娱乐（漂流）用水，白天维持12.1m^3/s即可满足要求，这部分用水与

最小生态流量 $12.1\mathrm{m}^3/\mathrm{s}$ 要求重合，不再另外考虑。鉴于水库调节导致下泄流量过程均化，《环评报告书》建议：在鱼类产卵繁殖期4—7月，需要进行生态调度，生成人造洪水脉冲过程，以满足下游鱼类产卵繁殖的需求。

6.2.1 模型构建与求解

在满足夹岩水库供水区城镇生活供水及灌溉用水条件下，以电站发电量最大和与设定的生态流量过程（适于鱼类生长、繁衍）最为接近为目标，建立夹岩水库短期多目标生态调度模型。模型以日为时段，将调度期划分为 T 个时段。

1. 目标函数

（1）发电目标。以调度期内发电量最大为目标，表达式如下：

$$\max(F_1)=\sum_{t=1}^{T}kq_tH_t\Delta t \tag{6.1}$$

式中：q_t 为第 t 时段夹岩水库电站发电流量；H_t 为第 t 时段电站发电水头；k 为电站发电出力系数，取8.5；Δt 为时段小时数。

（2）生态目标。以调度期内水库下泄流量过程与设定的生态需水过程（适于鱼类产卵繁殖与生长）偏离程度最小为目标。具体的生态目标函数表达式如下：

$$\min(F_2)=\sum_{t=1}^{T}\left(\frac{Q_t}{Q_{\max}}-\frac{Q_{E,t}}{Q_{E,\max}}\right)^2 \tag{6.2}$$

式中：Q_t 为第 t 时段水库下泄流量；$Q_{E,t}$ 为考虑下游河段鱼类产卵繁殖需水的设定生态流量过程（概化洪水脉冲过程），已知；$Q_{\max}$ 为水库下泄流量最大值，$Q_{\max}=\max\limits_{t}\{Q_t\}$；$Q_{E,\max}$ 为洪水脉冲过程峰值，$Q_{E,\max}=\max\limits_{t}\{Q_{E,t}\}$。

2. 约束条件

与长期调度类似，约束条件包括水量平衡约束、水库水位限制、水库出库流量限制、电站出力限制、电站发电过流能力限制、水库边界条件等。具体表达式与长期调度模型相同，不再赘述。

6.2.2 求解方法

所建立的模型一个多目标多阶段序贯决策问题。多阶段序贯决策问题最有效的方法是动态规划法，该方法把多阶段优化问题转化为一系列单阶段优化问题逐个求解。但动态规划法用来求解多目标优化问题，一般需要将多目标优化转化为单目标优化问题。这里通过权重法将上述问题转化为单目标优化问题，然后求解。

设发电目标和生态目标权重分别为 w_1、w_2，综合两个目标后的单目标优

化问题的目标函数为

$$\max(F)=w_1\frac{F_1}{F_1^{\max}}-w_2F_2 \tag{6.3}$$

式中：$F_1^{\max}$ 为设定的发电量，单位与 F_1 相同；w_1、w_2 为权重系数应满足：$w_1+w_2=1$，$w_1\geqslant0$，$w_2\geqslant0$。

当 $w_1=1$，$w_2=0$ 时，意味发电量最大是唯一目标，称为发电优先；相反，当 $w_1=0$，$w_2=1$ 时，意味优先考虑下泄流量过程与设定的生态流量过程相似程度，称为生态优先。

给定一组权重系数 w_1、w_2 值，优化以式（6.3）为目标函数、式（6.7）～式（6.12）为约束的单库优化调度问题，获得一个最优解。通过变动 w_1、w_2 值，最终获得多目标问题的非劣解集。

对于第 $t(1,2,\cdots,T)$ 时段（阶段）的调度决策，以第 t 时段末水库蓄水量 V_{t+1} 作为状态变量，以第 t 时段初水库蓄水量 V_t 为决策变量，$F_t(V_{t+1})$ 记作时段 $1\sim t$ 的最大累积目标值，$f_t(V_t,V_{t+1})$ 为阶段目标值。动态规划的顺序递推方程可表达如下：

$$\begin{cases}F_t(V_{t+1})=\max\limits_{V_t}[F_{t-1}(V_t)+f_t(V_t,V_{t+1})], & t=1,2,3,\cdots,T\\F_0(V_1)=0, & t=1\end{cases} \tag{6.4}$$

具体计算流程如下：

（1）选定离散步长 Δ，在可行域内对每个阶段末水库蓄水量（库容）进行离散。

（2）对于第一个阶段 $t=1$，决策变量 V_t 只有一个取值 V_{start}，各个状态点 V_{t+1} 的最大累积目标值 $F_t(V_{t+1})=f_t(V_{\text{start}},V_{t+1})$。

（3）对于后续阶段 $t=2,3,\cdots,T$，根据递推方程求解各状态点 V_{t+1} 对应的决策变量值 V_t 及相应的最大累积目标值 $F_t(V_{t+1})$。

（4）重复步骤（3）完成所有阶段计算，根据第 T 阶段末 V_{end} 对应的最大目标值 $F_T(V_{\text{end}})$，回溯获得最优轨迹及最优决策链，即获得水库最优水位过程、下泄流量过程。

6.3　结果及分析

6.3.1　基本数据

基本数据资料包括以下内容：

（1）夹岩坝址逐日径流资料。考虑到总溪河站集水面积与夹岩坝址控制流域面积非常接近，直接采用总溪河站 2002—2012 年逐日径流作为夹岩水库短期生态调度入库径流系列。

(2) 夹岩水库逐日城镇供水和灌溉水量。考虑到夹岩水库以供水和灌溉为主，再加上 5—8 月为汛期，本书假定优先保证供水和灌溉用水，即城镇供水和灌溉供水量等于需水量，入库径流扣除城镇供水和灌溉水量之后，再进行生态调度。由于灌溉需水量各年并不相同，这里取长期调度 2002—2011 年 4—7 月城镇供水和灌溉月（旬）需水量作为模型计算的输入，月（旬）均流量作为该月（旬）每日日流量。

(3) 生态需水流量。表 6.4 和表 6.5 分别列出了天然洪水特征指标的 50%分位数值和 75%分位数值。考虑到 4—7 月水库须向城镇和灌溉供水，可以下泄水量较天然情况有一定程度减少，同时考虑坝址下游河段鱼类繁殖适宜流量要求，这里取 75%分位数的概化洪水过程作为下游河道生态流量过程，而且每个月只考虑一场洪水脉冲过程。

(4) 调度期初、末水库水位。为了说明 4—7 月各月初、月末水库水位对短期调度的影响，本书根据水库长期调度最优方案下 4—7 月各月初、末水位变化，每个月确定 5 组月初末水库水位 5%、25%、50%、75%和 95%分位数，结果见表 6.6 和图 6.5。

表 6.6　　3—7 月各月末水库水位　　单位：m

分位数①	3 月末	4 月末	5 月末	6 月末	7 月末
5%	1318.55	1318.29	1316.66	1320.56	1323.00
25%	1315.86	1314.65	1314.65	1318.10	1321.27
50%	1313.90	1312.05	1310.86	1314.11	1318.24
75%	1310.81	1308.45	1307.77	1309.96	1315.53
95%	1308.70	1306.65	1305.91	1307.14	1310.30

① 按从大到小顺序排列，计算分位数。

从表 6.6 和图 6.5 可见，4 月末、5 月末水库水位整体上比月初水位低，6 月末、7 月末水库水位比月初水位高。

(5) 其他参数包括装机容量、装机引用流量、水头损失、出力系数及水位库容关系、尾水位流量关系等与第 5 章相同。

6.3.2 计算结果及分析

分别以 4 月、5 月、6 月、7 月为调度期，在调度期初、末水库水位确定条件下，对每月分别以 2002—2011 年实测的总溪河站同期日流量系列为入库径流进行了夹岩水库短期生态调度计算。根据计算结果，分析入库径流大小、

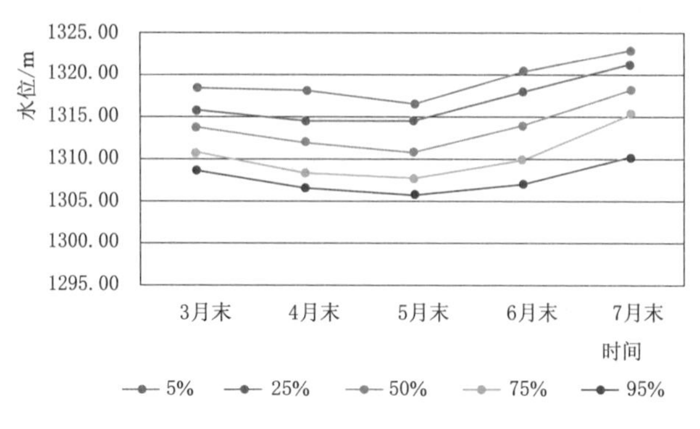

图 6.5 3—7 月各月末不同分位数下水库水位

调度期初末水位对短期调度结果影响，分析发电目标与生态目标的关系。

6.3.2.1 入库径流大小的影响

假定 4—7 月，取表 6.7 中 95%分位数对应水位值（即大于等于该水位的频率为 95%）作为每个月初、月末水库水位，分别以式（6.1）的发电目标最大和式（6.2）的生态目标最小进行优化调度，结果列于表 6.7～表 6.10 中，这些表中平均入库流量根据各月日流量过程计算得到，平均需水流量包括城镇供水和灌溉流量，根据月（旬）水量换算得到，平均下泄流量根据该月总下泄水量计算得到。这里总下泄水量等于入库总水量减去城镇和灌溉需水量，然后加上该月水库可动用的蓄水量（即月初水库蓄水量减去月末水库蓄水量，负值表示该月应增加的蓄水量）。发电优先、生态优先分别指仅以发电量最大、以生态目标最小为目标进行单目标优化的结果。生态目标值越小，表明下泄流量过程与设定的概化生态流量过程越接近，形状越相似。

夹岩水库 4 月在 10 种入库径流和供水、灌溉需水量情景下的计算结果（分别对应 2002—2011 年）见表 6.7。4 月初末水库水位设定为 1308.70m 和 1306.65m。从表 6.7 可见，4 月平均入库流量年际变化较平均需水流量变化大，而且 10 年中（10 种情景）有 8 年入库流量小于需水流量，表明 4 月需要动用水库蓄水量来满足城镇供水和灌溉要求。从单目标优化结果看，发电目标值和生态目标值各年变化明显，发电优先时发电目标值最大是 17750 MW・h，最小值仅 2446MW・h，二者相差 7.3 倍。而生态优先时生态目标最差值竟然是最好值的 438 倍。从生态优先与发电优先的结果比较看，4 月实施洪水脉冲调度对发电量目标影响甚微，但是下泄流量过程却变化很大。其中，情景 3 的生态优先时生态目标值仅占发电优先时生态目标值的 0.21%，原因在于该年 4 月入库水量合适，下泄流量过程与设定的概化生态流量过程极为接近。情景 10 由于平均下泄流量稍微超过最小生态流量 12.1m^3/s，水库调节的余地很小，所以生态目标值改进很小。

10 年中，情景 1、情景 2 和情景 9 平均下泄流量小于 12.1m^3/s，无论是以发电量最大为目标还是以生态目标最小为目标优化，其最小下泄流量均小于 12.1m^3/s，达不到河道内最小生态流量的要求。其他 7 年的最小下泄流量均大于 12.1m^3/s。由于 4 月来水较枯，10 年中仅 1 年（情景 3）的下泄流量过程峰值（为 73.0m^3/s）大于概化生态脉冲过程峰值 56.85m^3/s。

表 6.7　　夹岩水库 4 月短期生态调度结果

情景	平均入库流量 /(m^3/s)	平均需水流量 /(m^3/s)	平均下泄流量 /(m^3/s)	发电优先		生态优先		生态优先/发电优先	
				发电目标 /(MW·h)	生态目标	发电目标 /(MW·h)	生态目标	发电目标 /%	生态目标 /%
1	15.2	21.6	11.3	6664	1.8155	6660	0.3205	99.94	17.65
2	11.9	22.7	6.9	4102	1.6552	4100	0.8620	99.97	52.08
3	32.0	19.6	30.1	17750	1.0997	17734	0.0023	99.91	0.21
4	24.9	23.7	18.9	11128	2.1626	11111	0.0310	99.85	1.43
5	18.1	20.6	15.2	8962	1.6113	8959	0.2769	99.97	17.19
6	16.5	18.3	15.9	9402	1.5525	9399	0.1457	99.96	9.38
7	20.2	24.5	13.4	7923	1.1710	7922	0.8227	99.99	70.25
8	19.4	20.1	17.0	10035	1.1958	10032	0.0943	99.97	7.89
9	11.5	25.1	4.1	2446	1.7657	2444	0.4631	99.92	26.23
10	18.8	23.9	12.6	7425	1.0854	7425	1.0296	100.00	94.86

夹岩水库 5 月在 10 种入库径流和供水、灌溉需水量情景下的计算结果见表 6.8。5 月初末水库水位设定为 1306.65m 和 1305.91m，水库可动用的蓄水量为 1657.6 万 m^3，较 4 月少。5 月的 10 种情景平均入库流量几乎是 4 月的 2 倍，平均需水流量较 4 月略大，但可动用的水库蓄水量小于 4 月，所以平均下泄流量仅比 4 月高 19.36%。5 月平均入库流量年际变化较 4 月更为剧烈，相应的平均下泄流量相差较大。其中情景 2、情景 9 和情景 10，平均下泄流量小于 0，表明该月入库水量加上可动用的蓄水量不能满足城镇供水和灌溉需水量，不存在可行的下泄方案。情景 5 和情景 8 的平均下泄流量分别为 2.5m^3/s、7.2m^3/s，因此，情景 5 和 8 的下泄流量将小于最小生态流量 12.1m^3/s。由于情景 5 和情景 8 水库调节能力有限，相应的生态优先时生态目标值较大，下泄流量过程与设定的概化洪水过程相似度低。情景 3、情景 4 和情景 7 在发电优先和生态优先时，下泄流量均大于 12.1m^3/s，而且生态优先时生态目标值很小，说明下泄流量过程与设定的概化生态流量过程很相似。情景 1 和情景 6 的平均下泄流量接近 60m^3/s，二者的最大入库流量分别为 270m^3/s、445m^3/s。

由于情景6的最大入库流量较大且发生在下旬，在发电优先和生态优先时，情景6均出现弃水，而情景1只在生态优先时，发生弃水。情景1和情景6的生态优先时下泄流量过程如图6.6所示。从目标值看，除情景1外，生态优先时发电目标值相对于发电优先时发电目标值减少很小，说明实施生态脉冲调度对发电量的影响很小，但不同平均入库流量下的生态目标值相差很大。如情景6，生态优先时生态目标值占发电优先时生态目标值的百分比最大，为65.74%，洪水脉冲调度效果最差。情景5和情景8下生态优先时生态目标值占发电优先时生态目标值的百分比也分别达到3.15%和11.32%，洪水脉冲调度效果较差。其他情景的洪水脉冲效果显著。

表6.8　　夹岩水库5月短期生态调度结果

情景	平均入库流量/(m^3/s)	平均需水流量/(m^3/s)	平均下泄流量/(m^3/s)	发电优先		生态优先		生态优先/发电优先	
				发电目标/(MW·h)	生态目标	发电目标/(MW·h)	生态目标	发电目标/%	生态目标/%
1	73.2	20.5	58.9	35193	0.7669	32752	0.0082	93.07	1.07
2	15.5	22.8	−1.1						
3	40.1	21.8	24.4	14599	2.7366	14568	0.0048	99.79	0.17
4	32.8	22.4	16.6	9967	1.5617	9961	0.0122	99.94	0.78
5	20.0	23.7	2.5	1501	5.5055	1498	0.1735	99.81	3.15
6	77.3	25.1	58.4	23035	11.2908	22977	7.4221	99.75	65.74
7	38.5	22.0	22.7	13623	3.4052	13590	0.0028	99.76	0.08
8	22.9	21.9	7.2	4325	1.3078	4324	0.1480	99.98	11.32
9	16.3	25.5	−3.0						
10	14.3	33.3	−12.9						

6月和7月是夹岩水库来水最多的两个月，也是夹岩水库水位逐渐上升的过程。根据表6.6结果，取95%分位数水位，6月初末水位分别为1305.91m、1307.14m，7月末水位为1310.30m。在月初、月末水位给定条件下，6月和7月在10种入库径流和供水、灌溉需水量情景下的计算结果分别列于表6.9和表6.10中。

对于6月，情景8和情景10由于上、中旬入库流量小，加上月初水位（1305.91m）相应的有效蓄水量，仍然不能满足同期城镇和灌溉需水量，故不存在可行调度方式。情景9尽管可以满足同期城镇和灌溉需水量要求，但下泄流量过程与设定的概化生态流量过程差别大，且小于最小生态流量12.1m^3/s，故生态优先时生态目标值较大。情景4和情景6平均下泄流量不

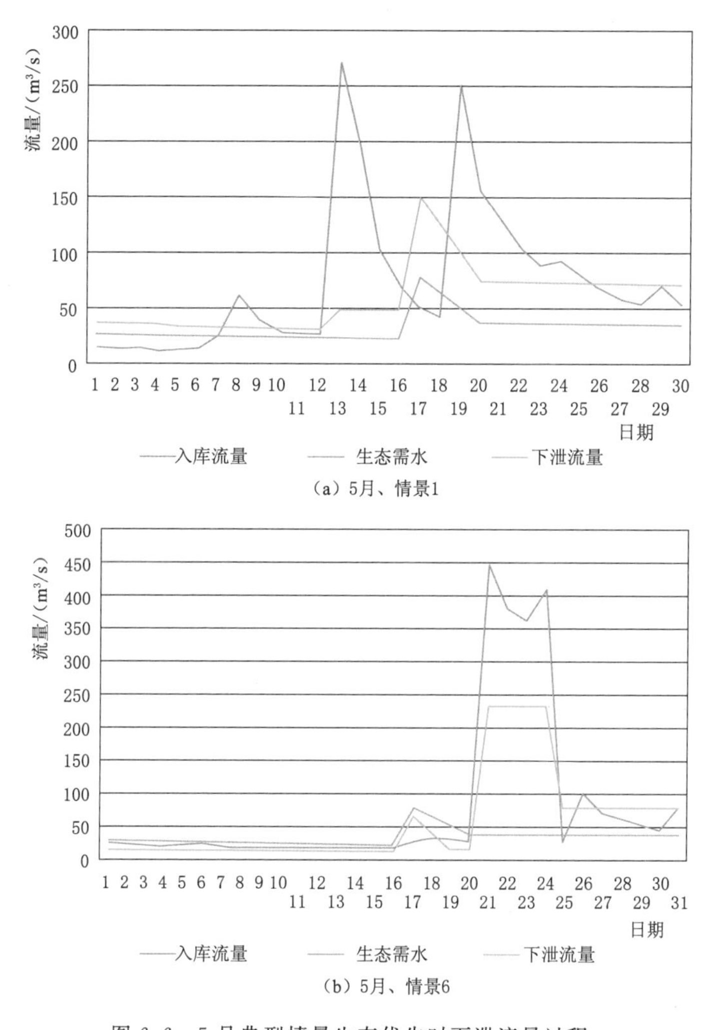

(a) 5月、情景1

(b) 5月、情景6

图 6.6 5 月典型情景生态优先时下泄流量过程

超过 $40m^3/s$，下泄流量过程与概化生态流量脉冲过程高度相似，所以生态优先时生态目标值很小。情景 2 和情景 7 平均下泄流量大于电站装机利用流量 $78.4m^3/s$，必然发生弃水，且下泄流量过程背离生态流量脉冲，生态目标值比较大。情景 1、情景 3 和情景 5 入库流量最大值分别为 $346m^3/s$、$450m^3/s$ 和 $517m^3/s$，且出现在下旬和月底，远远滞后于概化洪水脉冲峰值，水库调节能力受限，所以在生态优先时生态目标值仍然偏大。从目标值看，在生态优先时发电目标值较发电优先时发电目标值减少幅度比 4 月、5 月的大，而且生态目标值变差，主要原因是月初水位过低，入库洪峰滞后概化洪水脉冲峰值较多，水库调节能力受限。

表 6.9 夹岩水库6月短期生态调度结果

情景	平均入库流量/(m^3/s)	平均需水流量/(m^3/s)	平均下泄流量/(m^3/s)	发电优先		生态优先		生态优先/发电优先	
				发电目标/(MW·h)	生态目标	发电目标/(MW·h)	生态目标	发电目标/%	生态目标/%
1	95.7	33.2	51.8	29981	2.0491	29361	1.4676	97.93	71.62
2	167.0	29.5	126.9	41561	7.3666	33308	4.0964	80.14	55.61
3	105.6	31.6	63.4	34853	2.1709	33503	1.1149	96.13	51.35
4	82.2	31.8	39.7	23587	2.5916	23014	0.0037	97.57	0.14
5	76.8	30.8	35.4	19108	5.5467	19031	2.0474	99.60	36.91
6	72.4	28.9	32.8	19203	4.1452	18987	0.0016	98.88	0.04
7	243.3	31.5	201.2	34198	7.3926	32285	3.3053	94.41	44.71
8	62.3	31.8	19.8						
9	51.5	29.0	11.8	6870	20.4139	6817	1.6145	99.23	7.91
10	44.6	31.6	2.4						

相比6月，7月10组场景的平均入库流量和平均需水量均有所增加，但平均下泄流量有所下降，主要是月末水库蓄水量增加较多。情景4和情景10的平均下泄流量均小于0，不存在可行的调度方式。情景3、情景7和情景9的平均下泄流量均大于装机过流能力，必然发生弃水。情景3、情景7和情景9的入库洪峰流量分别为507m^3/s、686m^3/s和643m^3/s，但由于入库洪峰早于或不迟于概化生态洪水峰值出现，通过水库有力的调节，下泄流量过程与概化洪水脉冲高度相似，所以生态优先时生态目标值很小。情景7和情景9的下泄流量过程如图6.7所示。余下情景1、情景2、情景5、情景6和情景8，除情景6外，在发电优先时均未产生弃水，且生态优先时，生态目标值很小。情景6由于前期入库水枯在月底涨水，水库调节受限，在生态优先时生态目标值较大。情景1和情景6的下泄流量过程如图6.7所示。从目标值变化看，生态优先时发电目标值占发电优先时发电目标值的百分比在8种情景下平均值为92.92%，比6月的百分比95.49%略小；生态目标值的百分比只有11.34%，比6月的百分比33.54%小，表明7月实施洪水脉冲调度对发电影响较大，但下泄流量过程的效果较好。

6.3.2.2 月初、月末水位的影响

在入库流量和供水流量给定情况下，变动月初或月末水位直接影响到水库下泄总水量，进而影响到水库下泄流量过程及相应的发电量和生态效果。表6.11～表6.14为4—7月典型场景下变动月末水位的调度结果。表6.11中，情景1-Ⅰ即表6.7情景1，情景1-Ⅱ的区别是月末水位不同，导致相关结果不同。其他情景类推。

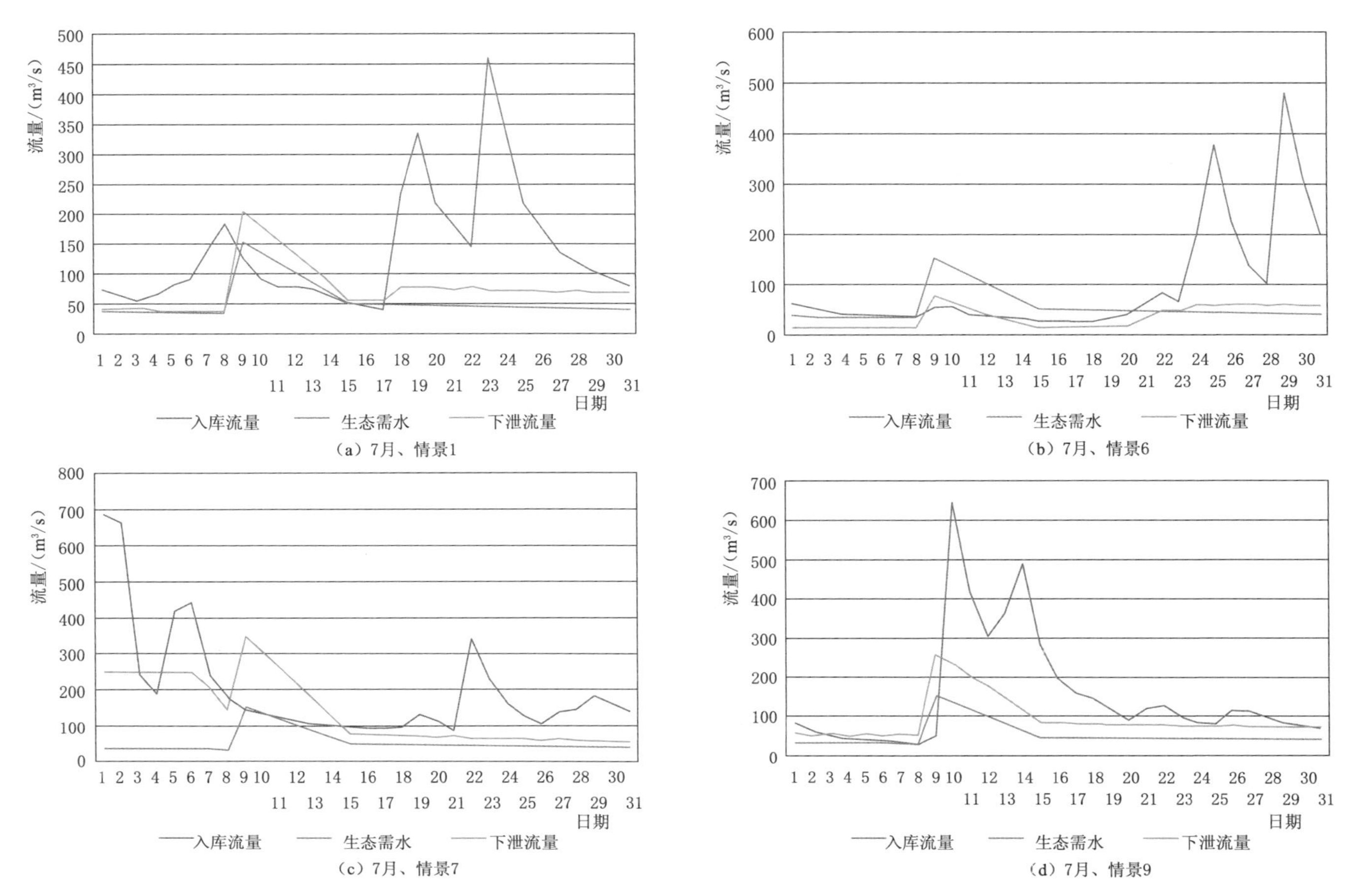

图 6.7 7月典型情景下生态优先时下泄流量过程

表 6.10　　　　夹岩水库7月短期生态调度结果

情景	平均入库流量/(m^3/s)	平均需水流量/(m^3/s)	平均下泄流量/(m^3/s)	发电优先		生态优先		生态优先/发电优先	
				发电目标/(MW·h)	生态目标	发电目标/(MW·h)	生态目标	发电目标/%	生态目标/%
1	135.8	33.1	76.1	45883	1.2048	38216	0.0794	83.29	6.59
2	97.7	37.8	33.2	20735	1.7151	20202	0.0043	97.43	0.25
3	143.9	31.5	85.7	46544	1.5696	41520	0.0005	89.21	0.03
4	53.5	38.8	−11.9						
5	110.0	42.5	40.9	25294	1.5262	22959	0.6808	90.77	44.61
6	97.0	36.1	34.3	20687	3.6810	20586	1.4348	99.51	38.98
7	200.3	31.8	141.9	50490	10.2358	48808	0.0007	96.67	0.01
8	98.8	35.3	36.9	22968	1.7848	22015	0.0041	95.85	0.23
9	152.0	32.1	93.3	47969	3.6957	43431	0.0069	90.54	0.19
10	44.7	43.2	−25.1						

表 6.11　　　　4月典型情景下变动月末水位的调度结果

项　目		情景1			情景2			情景9		
		Ⅰ	Ⅱ	Ⅱ−Ⅰ	Ⅰ	Ⅱ	Ⅱ−Ⅰ	Ⅰ	Ⅱ	Ⅱ−Ⅰ
平均入库流量/(m^3/s)		15.2	15.2	0	11.9	11.9	0	11.5	11.5	0
月初水位/m		1308.70	1308.70	0	1308.70	1308.70	0	1308.70	1308.70	0
月末水位/m		1306.65	1305.65	−1	1306.65	1305.65	−1	1306.65	1305.65	−1
平均下泄流量/(m^3/s)		11.3	19.9	8.6	6.9	15.6	8.6	4.1	12.8	8.6
发电优先	发电量/(MW·h)	6663.7	11692.1	5028.3	4101.8	9150.2	5048.5	2445.6	7502.2	5056.6
	最大下泄流量/(m^3/s)	18.4	34.1	15.6	11.2	29.0	17.8	10.2	22.8	12.6
	最小下泄流量/(m^3/s)	9.4	12.2	2.8	5.6	12.2	6.6	3.0	10.3	7.4
生态优先	生态目标	0.3205	0.0258	−0.2947	0.8620	0.2557	−0.6063	0.4631	0.6626	0.1994
	最大下泄流量/(m^3/s)	25.2	46.7	21.5	10.4	33.8	23.4	8.7	23.0	14.3
	最小下泄流量/(m^3/s)	9.4	12.2	2.8	5.6	12.2	6.6	3.0	10.3	7.4

表 6.11 中，情景 1、情景 2 和情景 9 因入库流量偏小和可用库蓄水量不大，平均下泄流量小于最小生态流量要求 12.1m^3/s，生态优先时的下泄流量过程的峰、谷偏低。将月末水位降低 1m，平均下泄流量增加 8.6m^3/s，情景 1-Ⅱ和情景 2-Ⅱ生态优先时的下泄流量过程的峰值有较大的增加，最小下泄流量大于 12.1m^3/s，情景 9-Ⅱ的最小生态流量尽管小于 12.1m^3/s，但已有较大增加。与此同时，发电优先时的发电量也增加 5000MW·h。情景 1 和情景 9 生态优先时水库下泄流量过程如图 6.8 所示。

表 6.12 中，情景 5、情景 9 的入库流量偏枯，情景 6 入库流量偏丰，在月初水位 1306.65m，月末水位 1305.91m 条件下，情景 9 可用水量不能满足城镇和灌溉需水要求。情景 5 的平均下泄流量也小于最小生态流量要求 12.1m^3/s。情景 6 在发电优先时出现弃水。情景 5、情景 9 降低月末水位后，平均下泄流量增加 7.6m^3/s，生态优先时的下泄流量过程形成较明显的脉冲形状。与此同时，发电优先时的发电量也大幅增加。情景 6 月末水位增加 3.09m，平均下泄流量减少 44.2%，发电量减少 13.7%，发电优先时和生态优先时没有发生弃水，生态优先时下泄形成明显的脉冲过程，如图 6.9 所示。脉冲尖峰之间时段水库入流较枯，导致下泄流量峰值低于设定的峰值，而尖峰之后入库流量暴涨，受月末水位限制，尖峰过后下泄流量维持高水平。

表 6.12　　5 月典型情景下变动月末水位的调度结果

项目		情景 5			情景 6			情景 9		
		Ⅰ	Ⅱ	Ⅱ－Ⅰ	Ⅰ	Ⅱ	Ⅱ－Ⅰ	Ⅰ	Ⅱ	Ⅱ－Ⅰ
平均入库流量/(m^3/s)		20.0	20.0		77.3	77.3		16.3	16.3	
月初水位/m		1306.65	1306.65		1306.65	1306.65		1306.65	1306.65	
月末水位/m		1305.91	1305	−0.91	1305.91	1309	3.09	1305.91	1305	−0.91
平均下泄流量/(m^3/s)		2.5	10.1	7.6	58.4	32.6	−25.8	−3.0	4.6	7.6
发电优先	发电量/(MW·h)	1500.6	6043.0	4542.4	23034.6	19876.3	−3158.3		2783.9	2783.9
	最大下泄流量/(m^3/s)	6.5	18.8	12.4	379.8	78.1	−301.7		12.5	12.5
	最小下泄流量/(m^3/s)	0.47	0.60	0.13	12.2	12.3	0.15		0.34	0.34
生态优先	生态目标	0.1735	0.1621	−0.0114	7.4221	2.0164	−5.4057		0.0636	0.0636
	最大下泄流量/(m^3/s)	6.7	23.7	17.0	231.6	63.7	−167.9		11.4	11.4
	最小下泄流量/(m^3/s)	1.2	5.9	4.7	12.1	12.3	0.2		2.6	2.6

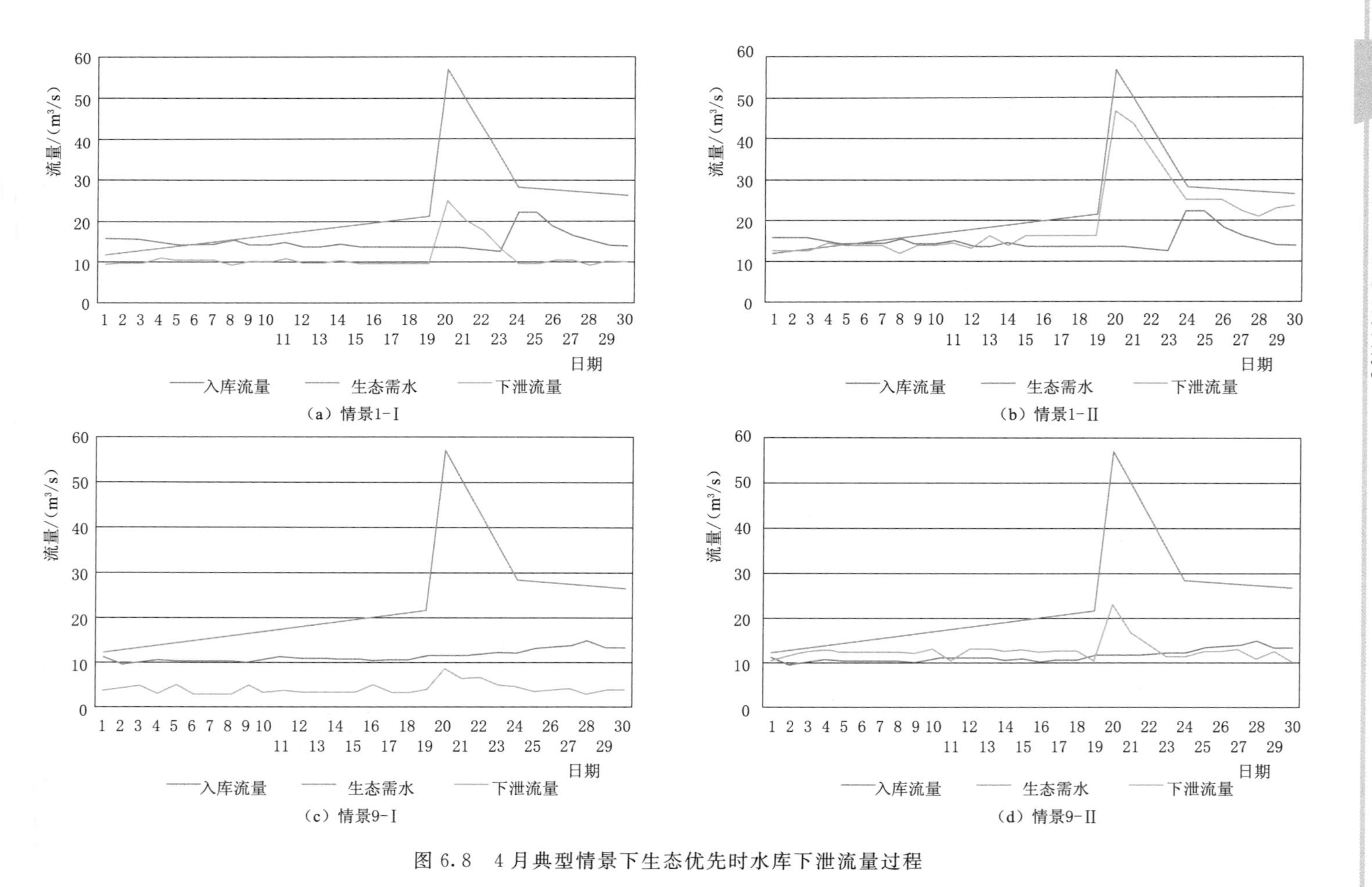

（a）情景1-I

（b）情景1-II

（c）情景9-I

（d）情景9-II

图 6.8　4 月典型情景下生态优先时水库下泄流量过程

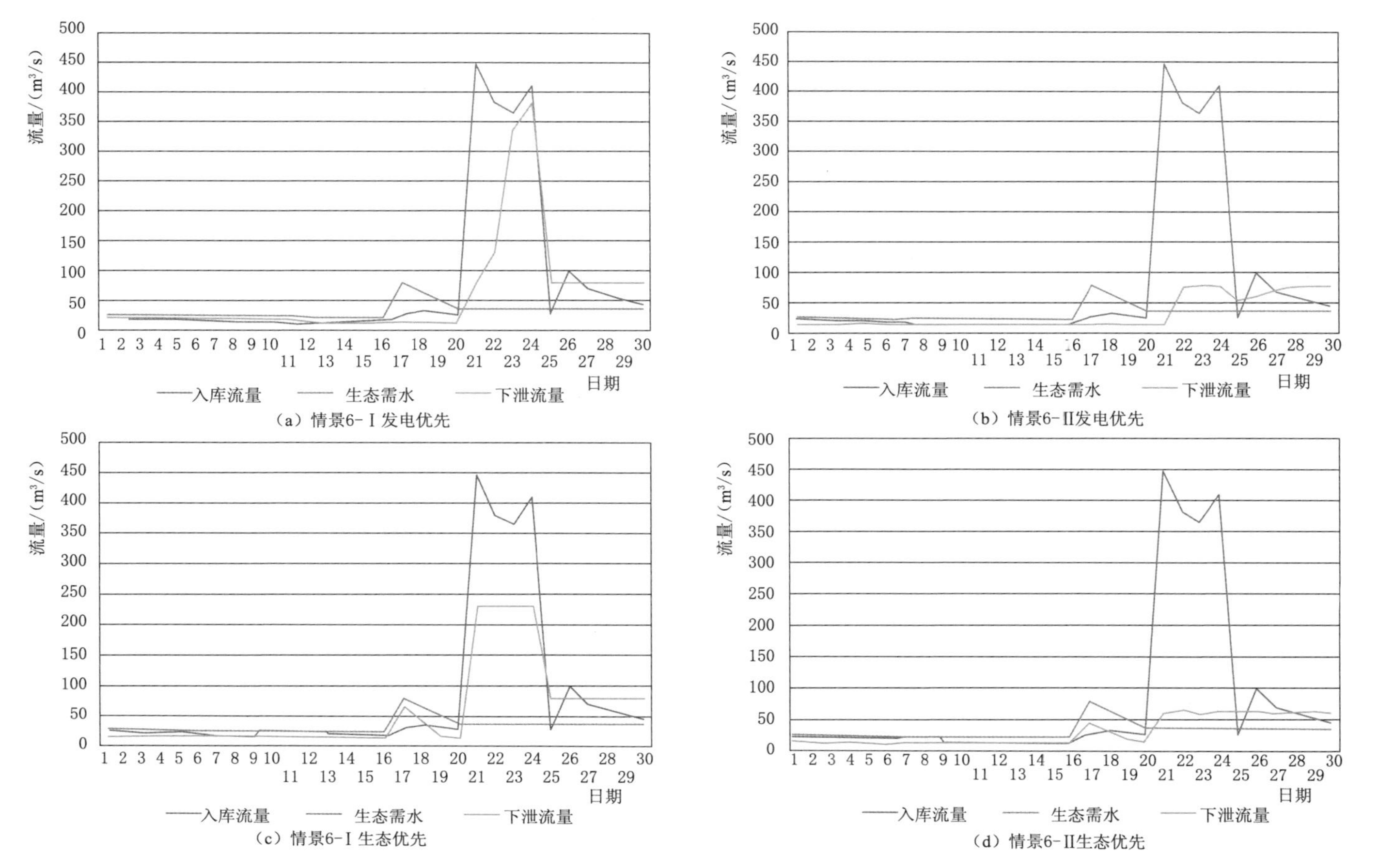

图 6.9 5 月典型情景水库下泄流量过程

表6.13中，情景2、情景3、情景7的入库流量偏丰，其中情景2、情景7入库流量峰值分别达到812m³/s、900m³/s。在月初水位1305.91m，月末水位1307.14m条件下，情景2、情景7的平均下泄流量超过发电装机流量78.41m³/s，3种情景下均产生弃水。从充分利用水量角度，以发电优先时不产生弃水为条件，情景2、情景3、情景7的月末水位分别提高到7m、2m和15.36m，平均下泄流量减少63.7m³/s、17.3m³/s和150.4m³/s，在发电优先时基本不弃水，生态优先时的下泄流量过程形成较明显的脉冲形状。图6.10表示了情景7的下泄流量过程。情景2、情景3的下泄流量过程与此类似。

表6.13　　6月典型情景下变动月末水位的调度结果

项　目		情景2			情景3			情景7		
		Ⅰ	Ⅱ	Ⅱ－Ⅰ	Ⅰ	Ⅱ	Ⅱ－Ⅰ	Ⅰ	Ⅱ	Ⅱ－Ⅰ
平均入库流量/(m³/s)		167.02	167.02	0	105.63	105.63	0	243.3467	243.3467	0
月初水位/m		1305.91	1305.91	0	1305.91	1305.91	0	1305.91	1305.91	0
月末水位/m		1307.14	1314.14	7	1307.14	1309.14	2	1307.14	1322.5	15.36
平均下泄流量/(m³/s)		126.9	63.3	－63.7	63.4	46.1	－17.3	201.2	50.9	－150.4
发电优先	发电量/(MW·h)	41560.8	37347.7	－4213.1	34852.9	27177.0	－7675.9	34198.3	31940.5	－2257.8
	最大下泄流量/(m³/s)	745.8	078.1	－667.7	175.6	78.5	－97.1	869.2	77.6	－791.6
	最小下泄流量/(m³/s)	26.5	13.2	－13.3	20.7	13.5	－7.2	17.6	12.7	－4.8
生态优先	生态目标	4.0964	0.0422	－4.0542	1.1149	0.4147	－0.7001	3.3053	0.3658	－2.9396
	最大下泄流量/(m³/s)	411.2	145.4	－265.8	118.2	97.5	－20.7	470.6	131.8	－338.8
	最小下泄流量/(m³/s)	29.1	42.7	13.5	13.3	19.2	5.8	12.4	12.7	0.4

表6.14列出了7月情景3、情景4、情景7水库调度结果。其中情景3、情景7入库流量较大，峰值分别达到507m³/s、686m³/s，情景4入库流量偏枯。在月初水位为1307.14m，月末水位为1310.30m条件下，情景4的平均下泄流量小于0，说明水库总可用水量已不能满足城镇和灌溉需水量，此时降低月末水位3m，可保证最小下泄流量大于12.1m³/s。情景3、情景7的平均下泄流量则超过发电装机流量78.41m³/s，从而产生弃水。显然情景3、情景

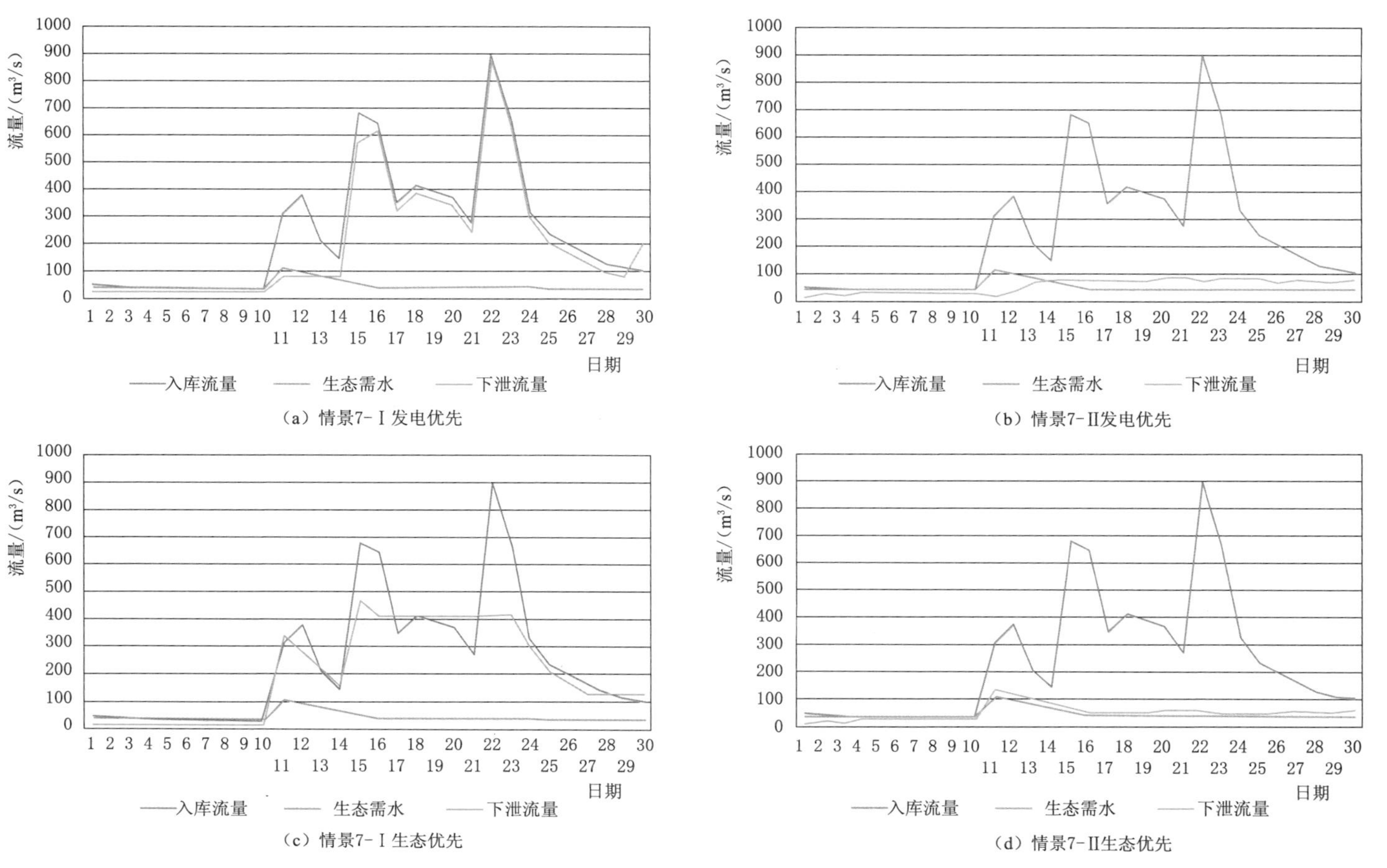

图 6.10 6月典型情景水库下泄流量过程

7抬高月末水位，将多余的水蓄在水库中是有利的。表中结果显示，情景3、7月末水位分别提高到2m和10m，平均下泄流量相应的减少18.2m³/s和95.6m³/s，在发电优先时实现不弃水，生态优先时的下泄流量过程与设定的概化洪水脉冲非常接近。图6.11表示了情景7变动月末水位的下泄流量过程比较。

表6.14　　　　7月典型情景下变动月末水位的调度结果

项目		情景3			情景4			情景7		
		Ⅰ	Ⅱ	Ⅱ－Ⅰ	Ⅰ	Ⅱ	Ⅱ－Ⅰ	Ⅰ	Ⅱ	Ⅱ－Ⅰ
平均入库流量/(m³/s)		143.9	143.9	0.0	53.5	53.5	0.0	200.3	200.3	0.0
月初水位/m		1307.14	1307.14	0	1307.14	1307.14	0	1307.14	1307.14	0
月末水位/m		1310.3	1312.3	2	1310.3	1307.3	－3	1310.3	1320.3	10
平均下泄流量/(m³/s)		85.7	67.5	－18.2	－11.9	13.4	25.3	141.9	46.3	－95.6
发电优先	发电量/(MW·h)	46544.2	42236.8	－4307.4		8127.5	8127.5	50490.1	31137.9	－19352.2
	最大下泄流量/(m³/s)	165.5	78.4	－87.1		19.9	19.9	1195.3	76.5	－1118.9
	最小下泄流量/(m³/s)	51.4	14.9	－36.5		12.1	12.1	78.5	12.3	－66.1
生态优先	生态目标	0.0005	0.0013	0.0008		0.7017	0.7017	0.0007	0.0178	0.0171
	最大下泄流量/(m³/s)	241.2	191.3	－50.0		23.5	23.5	399.8	133.0	－266.8
	最小下泄流量/(m³/s)	51.7	41.5	－10.2		12.1	12.1	85.9	24.4	－61.5

从上述结果可知，保持月初水位不变，假如入库水量偏枯，通过降低月末水位，可增加水库可用蓄水量，不仅增加发电量，同时有利于下泄流量形成脉冲过程；假如入库水量偏丰，通过抬高月末水位，将减少水库可用蓄水量，从而导致下泄流量和发电量的减少，也有利于洪水脉冲的形成。

6.3.2.3　发电目标与生态目标的转换

发电优先（指相应的发电目标权重为1，生态目标权重为0）和生态优先是两种极端的水库调度方式。其结果不一定符合水库调度的初衷。例如，表6.10中7月情景1，平均入库流量为135.8m³/s，平均下泄流量为76.1m³/s，发电优先时水库不产生弃水，但下泄流量过程非常平坦。生态优先时下泄流量过程与设定的概化洪水过程非常接近，但出现弃水，发电量较发电优先时小

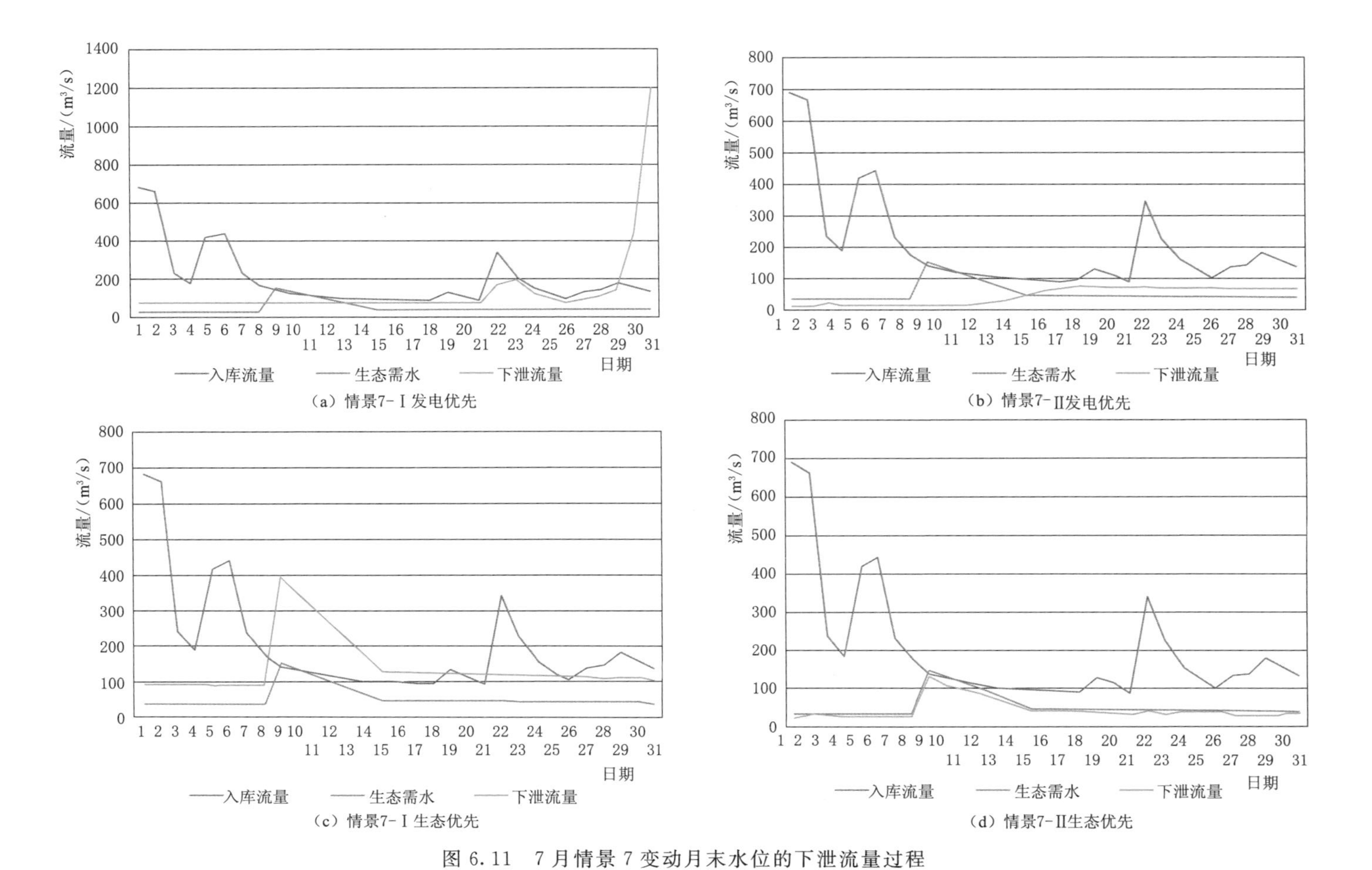

(a) 情景7-Ⅰ发电优先

(b) 情景7-Ⅱ发电优先

(c) 情景7-Ⅰ生态优先

(d) 情景7-Ⅱ生态优先

图 6.11　7 月情景 7 变动月末水位的下泄流量过程

16.7%，而且下泄流量最大值高于洪水脉冲峰值。通过变动发电目标和生态目标的权重系数，获得水库调度非劣方案集，可以帮助决策者从中选择满意的方案。

图6.12表示的是4种典型情景下的水库调度非劣解。其中，发电目标以调度期发电量表示，越大越好，生态目标值以下泄流量过程与设定的概化洪水脉冲过程相似度表示，越小越好。从图6.12可见，4月、5月和7月典型情景下的生态目标与发电目标替代率（生态目标值增量/发电量增量）变化比较平缓，而6月情景1下生态目标与发电目标替代率突变。各典型情景下的发电目标值、生态目标值的变化范围也有很大不同。7月情景1平均入库流量为135.8m^3/s，当生态目标值从1.2048降到0.0794时，发电量从45883MW·h减少到38216MW·h，减少16.71%。6月情景1平均入库流量为95.6m^3/s，当生态目标值从2.0491降到1.4676时，发电量从29981MW·h减少到29361MW·h，减少2.07%。5月情景7和4月情景8的平均入库流量分别为38.5m^3/s和19.4m^3/s，当生态目标值从最大降到最小时，发电目标值减少不到0.05%，也就是说实施洪水脉冲调度对发电的影响微乎其微。

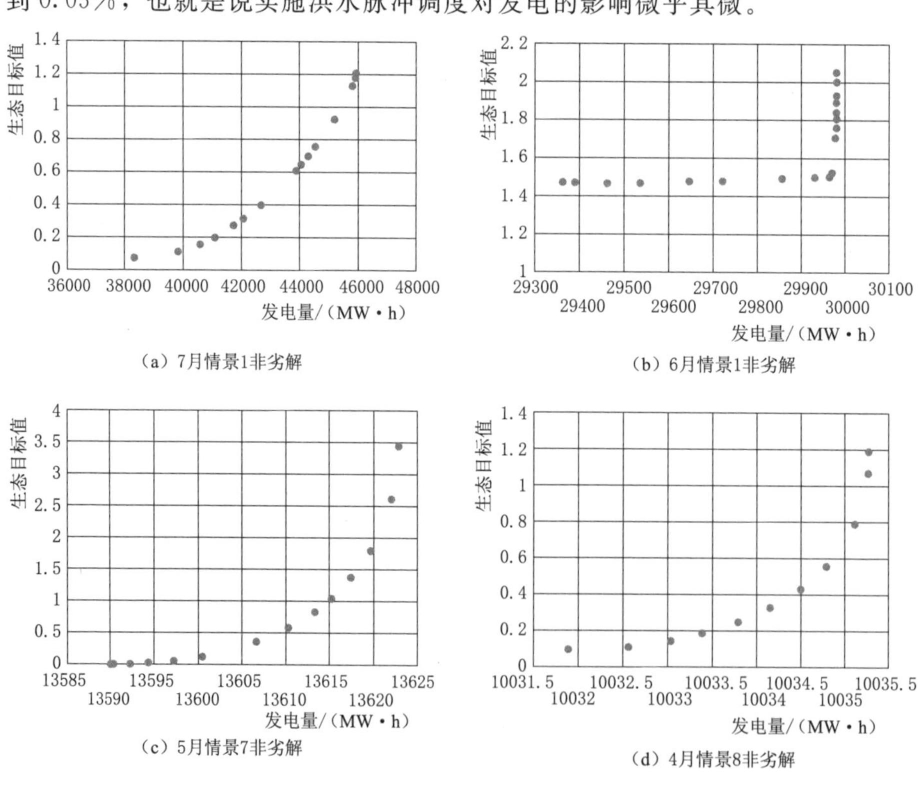

图6.12　4种典型情景下的水库调度非劣解

进一步分析不同非劣解对应的水库下泄流量过程。7 月情景 1 的 6 组非劣解相应的下泄流量过程如图 6.13 所示。由图 6.13 可见，随着发电目标权重系数从 1 逐渐减至 0，下泄流量过程与设定的概化洪水脉冲（生态需水）过程越来越相似。如果决策者觉得下泄流量最大值不宜超过概化洪水脉冲的峰值 152.75m^3/s，可以选择图 6.13（c）中方案（对应发电权重 0.8）。该方案涨水历时 1d，最大下泄流量为 136.6m^3/s，退水 3d，发电量为 43869.9MW·h，较发电目标优先时发电量减少 4.4%。

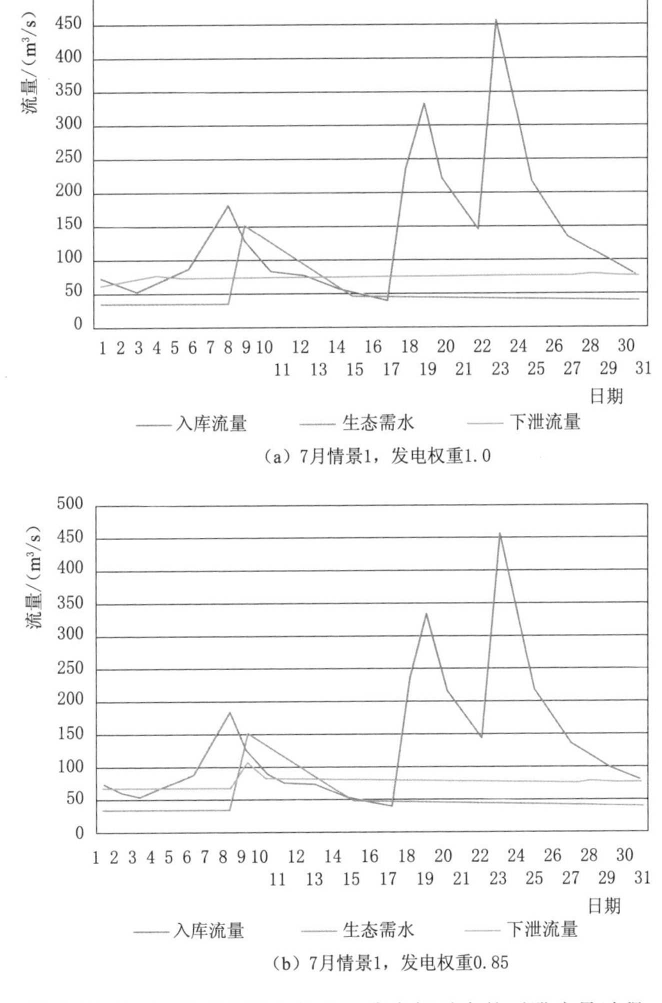

图 6.13（一） 7 月情景 1 的 6 组非劣解对应的下泄流量过程

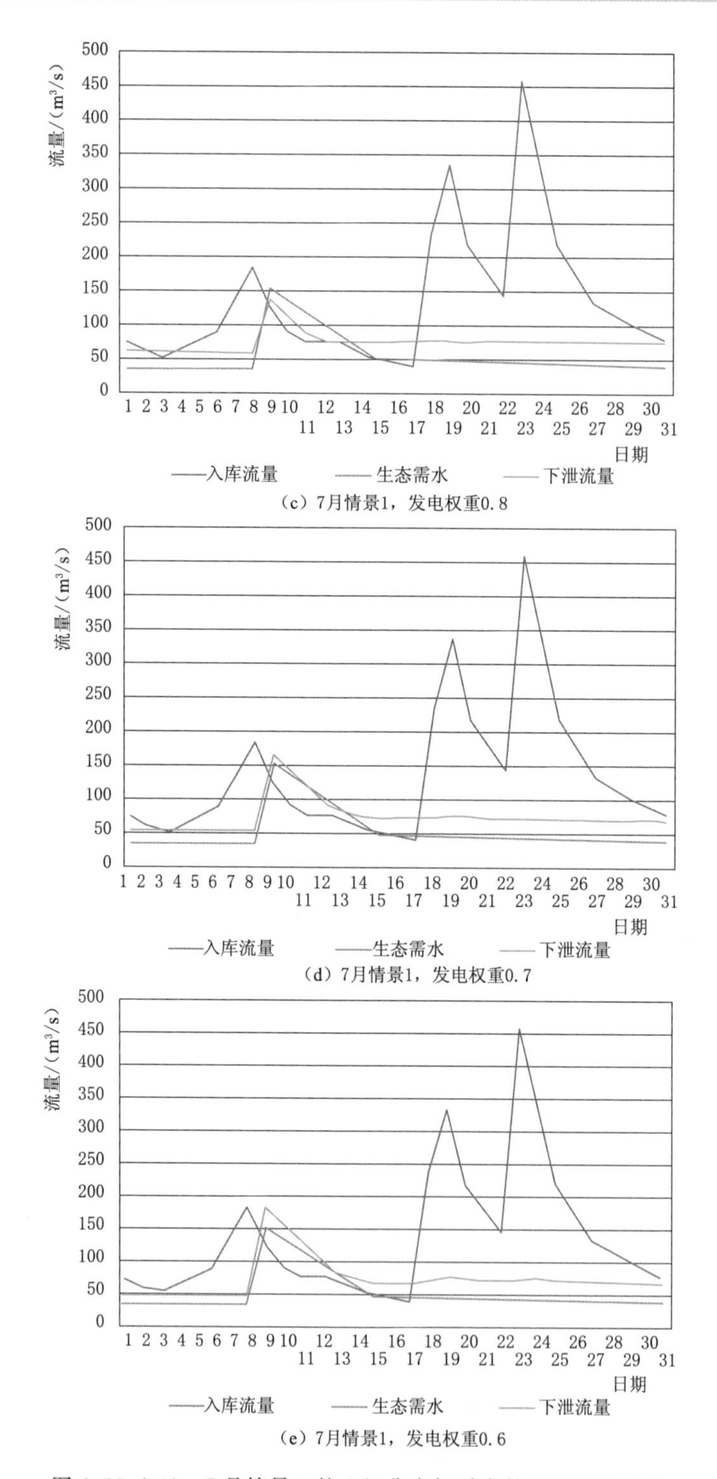

(c) 7月情景1，发电权重0.8

(d) 7月情景1，发电权重0.7

(e) 7月情景1，发电权重0.6

图 6.13（二） 7月情景1的6组非劣解对应的下泄流量过程

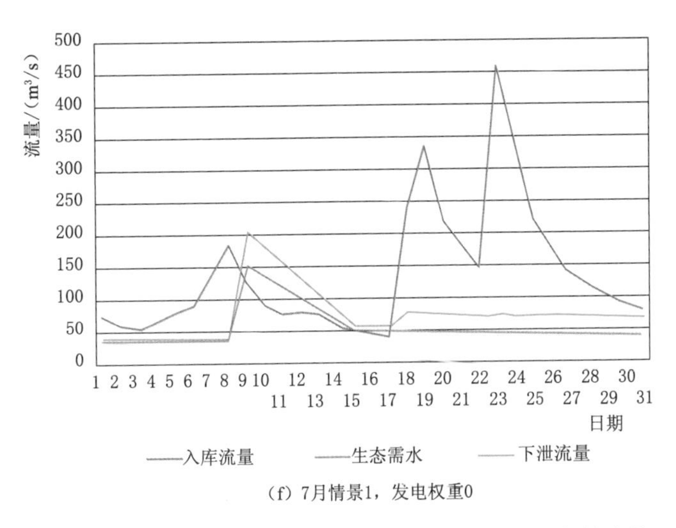

(f) 7月情景1，发电权重0

图 6.13（三） 7 月情景 1 的 6 组非劣解对应的下泄流量过程

图 6.14 为 6 月情景 1 的 4 组非劣解下泄流量过程。在发电目标权重为 1.0 时，下泄流量变化平缓。随着发电目标权重系数减少，下泄流量在第 18 日之前逐渐呈现脉冲形状。在发电目标权重为 0 时，下泄流量最大值 100.7m^3/s 接近概化供水脉冲峰值 104.75m^3/s。由于主要来水发生在 18 日以后且月末水位限定为 1307.14m，各调度方式在 18 日以后依然保持较大流量下泄，但不超过装机利用流量（78.4m^3/s）。图 6.14（c）中方案有明显脉冲过程且未产生弃水，发电量仅较发电优先时少 0.05%，较好地兼顾了发电目标与生态需水要求。

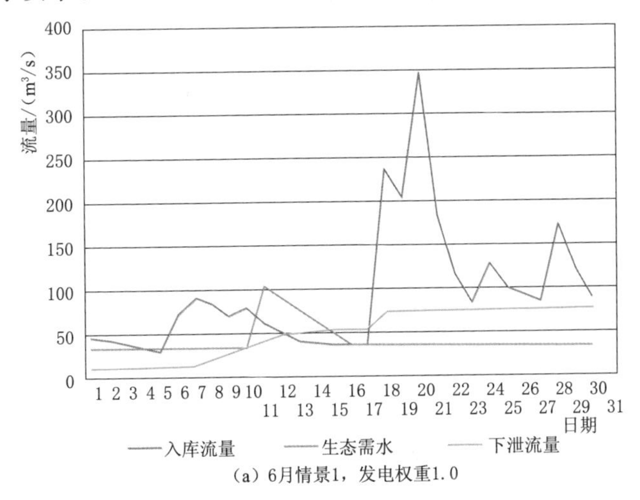

(a) 6月情景1，发电权重1.0

图 6.14（一） 6 月情景 1 的 4 组非劣解对应的下泄流量过程

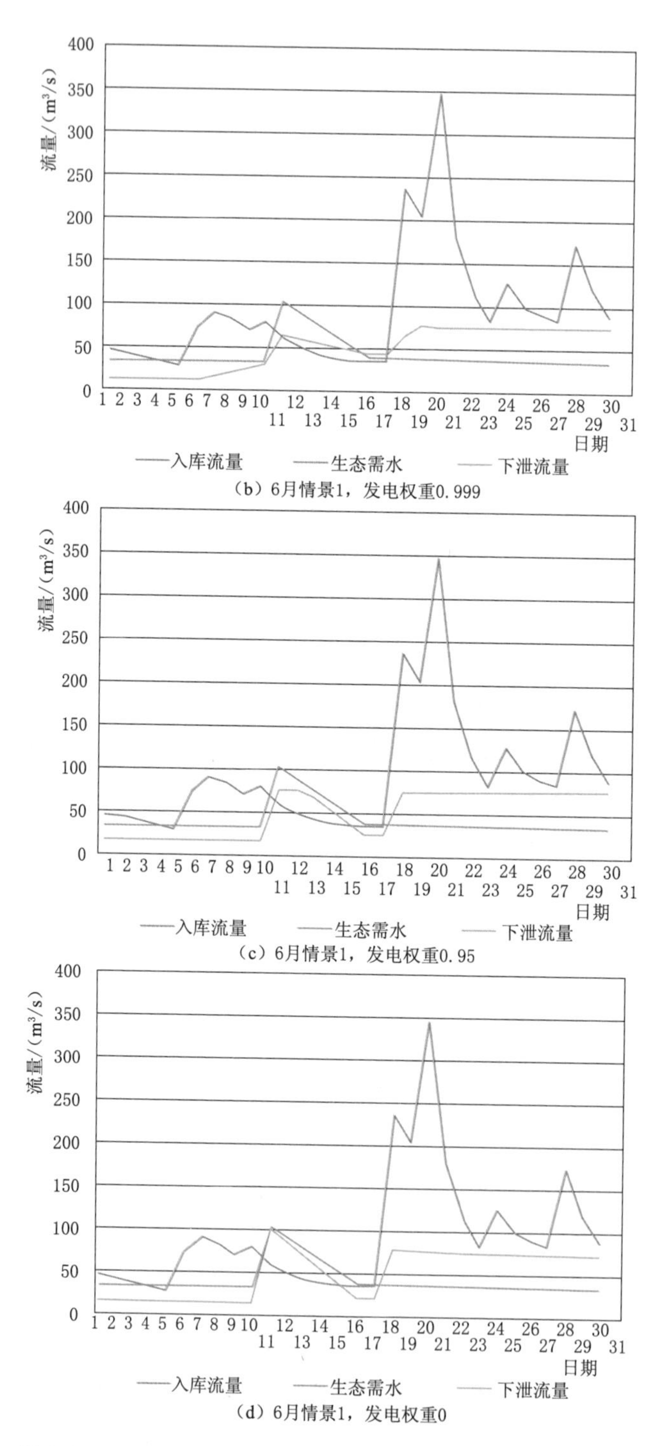

（b）6月情景1，发电权重0.999

（c）6月情景1，发电权重0.95

（d）6月情景1，发电权重0

图 6.14（二） 6 月情景 1 的 4 组非劣解对应的下泄流量过程

6.4 本章小结

夹岩水库除满足保护水生生物栖息地的生态基流要求和下游景区景观用水要求外，还应人工创造洪水脉冲，满足下游河道鱼类的产卵繁殖要求。本章采用建坝前总溪河站逐日平均流量资料，量化六冲河流量情势特征，分析关键生态水文过程；根据鱼类产卵繁殖需水要求和天然径流特性，以日为时段以月为调度期，以偏离设定概化洪水脉冲过程最小和发电量最大为目标建立夹岩水库短期生态调度模型并求解，主要结论如下：

（1）根据筛选出 84 次高流量脉冲（含洪水）事件，高流量脉冲（洪水）起涨流量中位数是 39.45m^3/s，高脉冲峰值流量中位数是 157m^3/s，从起涨到峰值历时中位数是 2d，上涨率中位数是 55.73m^3/s，从峰值到脉冲事件结束历时中位数是 7.5d。针对 4—7 月期间发生的高流量脉冲（含洪水）事件分析，夹岩坝址高流量（洪水）脉冲事件具有如下特点：①陡涨缓落，上涨率是下降率（绝对值）的 3～6 倍；②脉冲事件历时大多在 5～9d，其中上涨历时 1～2d，下降 4～7d；③4 月高流量脉冲事件出现机会较少，而且峰值流量较小，5 月至 6 月 15 日这段时间高流量脉冲出现机会显著增加，峰值流量约为 120m^3/s；6 月 15 日以后及 7 月这段时间也是高流量脉冲事件高发时期，并且峰值流量大于 200m^3/s。在此基础上，构造了 4—7 月 75%分位数概化高流量（洪水）脉冲过程，作为鱼类产卵繁殖所要求的生态流量过程。

（2）分别以 4 月、5 月、6 月、7 月为生态调度期，以日划分时段，建立了以发电量最大和下泄流量偏离生态流量过程的偏差平方和最小为目标的夹岩水库多目标短期生态调度模型，并采用动态规划算法进行了模型求解。模型优先满足城镇需水和灌溉需水要求，并将最小生态流量和景区景观用水要求的 12.1m^3/s 作为强制性约束，采用 2002 年至 2010 年 4—7 月实测日流量过程作为入库流量过程，在概化洪水脉冲过程情形下，计算结果表明：随着生态目标的重要性上升，水库下泄流量能很好地贴近设定的生态流量过程，满足鱼类产卵繁殖的要求，但调度期发电量有所降低；入库流量越枯，发电量降低率越大，表明在优先保证城镇和灌溉供水前提下，生态目标与发电目标的竞争性加剧。

（3）基于设定的生态流量过程和历史实测入库流量过程的计算结果表明：①将水库下游漂流、景区游船用水流量 12.1m^3/s（也是河道最小生态流量）作为调度期间强制性约束，将鱼类产卵繁殖需要的生态流量以流量脉冲过程表示，能够反映坝址下游河道鱼类产卵繁殖和生长的要求；②以水库下泄流量过程与目标生态流量过程偏离最小为水库短期调度生态目标，能够实现水库短期生态调度目的；但是水库开展生态调度有一定条件，在综合考虑水库来水量（预测值）、调度期初末蓄水状况、城镇和灌溉需水等因素基础上，水库有多余水量，方可实施生态调度；③夹岩水库生态目标与发电目标存在一定竞争性，在入库水量偏枯、同时调度期末水库蓄水较高的情况下，生态目标的改善是以较大的发电目标损失为代价的。本章所建立的夹岩水库短期生态调度模型，能够提供满足鱼类产卵繁殖的高流量（洪水）过程和满足下游漂流、景区游船用水要求的下泄流量过程，可应用于指导夹岩水库实际调度。

第7章 结论与展望

7.1 结论

夹岩水利枢纽水库具有多年调节能力，多年平均供水量占坝址多年平均径流量的36.8%，水库供水后将显著改变六冲河下游流量情势，并影响电站发电量。本书围绕夹岩水利枢纽工程水库生态调度关键技术开展攻关，在六冲河径流演变规律、生态流量过程及夹岩水库长期、短期生态调度方面取得了系列成果，总结如下。

7.1.1 六冲河径流演变特征

对七星关站、瓜仲河站、洪家渡站1957—2009年年径流系列，夹岩坝址1957—2011年的年径流系列及月径流系列分析表明：

(1) 六冲河干流的年径流年际变化较小，七星关站、瓜仲河站、洪家渡站及坝址年径流序列均表现出不显著的下降趋势。坝址2月、3月径流呈现不显著上升趋势，5月、11月、12月呈现显著下降趋势，其余各月呈现不显著下降趋势。

(2) 综合M-K突变检验、Pettitt突变检验、有序聚类、滑动平均法检验结果，1986年是七星关站、瓜仲河站、洪家渡站及坝址年径流可能突变点，瓜仲河站和洪家渡站在2001年前后检测到突变。坝址各月份出现突变点的年份并不一致，其中1月、2月、3月、5月、6月、9月、11月、12月均可能在20世纪80年代初出现突变，10月、11月、12月可能在1997年出现突变，7月的可能突变点是1970年和1994年。

(3) 七星关站、瓜仲河站、洪家渡站及坝址年径流的第一主周期为21～25年，七星关站和坝址年径流次主周期为5年，瓜仲河站和洪家渡站年径流次主周期为13年。坝址各月径流的周期变化尺度则差别较大，1月、3月、4月、5月的第一主周期基本稳定在15年左右，7月、9月、10月、12月的第一主周期基本稳定在20年左右，2月、11月径流的第一主周期均为10年，6月径流的第一主周期时间尺度最大，为28年。

(4) 基于总溪河站日流量数据分析，坝址每年极低流量事件（日流量小于14.2m^3/s）次数中位数是3次，持续时间中位数是2.25d，极低流量事件谷值中位数是13.25m^3/s，各年极低流量事件次数、历时变化大；高流量脉冲（洪水）起涨流量中位数是39.45m^3/s；高流量脉冲峰值流量中位数是157m^3/s，从起涨到峰值历时的中位数是2d，上涨率中位数是55.73m^3/s，从峰值到脉冲事件结束历时中位数是7.5d。高流量脉冲陡涨缓落特征明显。

7.1.2 夹岩水库生态流量过程与生态流量阈值

(1) 基于月（旬）均流量的改进年内展布法、DRM法和基于日流量的核密度估计法计算的年生态水量和生态流量过程有明显差别。夹岩坝址最适宜生态流量过程年水量占坝址天然情况下多年平均径流量的55.1%，最小生态流量过程水量占多年平均径流量的29.8%，适宜生态流量下限（下阈值）过程占多年平均径流量的43.3%。

(2) 根据HEC-RAS模拟结果，建立了坝下游维新产卵场、九洞天产卵场下界断面的河流平均流速-流量关系及最大水深-流量关系。根据相关研究成果，确定了目标鱼类栖息地适宜度曲线。

7.1.3 夹岩水库长期生态调度

(1) 根据夹岩水利枢纽及黔西北供水工程开发任务，以调度期内供水综合保证率最大、发电量最大及生态隶属度最大为目标建立了夹岩水库长期生态调度模型。3种水量分配规则下优化调度结果相差不大。3种水量分配规则下方案7（3个目标等权重）的多年平均发电量至少比设计多年平均发电量大6.0%，城镇供水历时保证率超过95%，灌溉历时保证率超过87%，最小生态流量（12.1m^3/s）历时保证率超过98%。

(2) 夹岩水库的供水、发电及生态3个目标之间存在复杂的竞争合作关系。供水目标与发电目标、生态目标与发电目标在发电目标值超过一定阈值时，表现为竞争关系（负相关），发电目标值低于阈值时，呈现非单调关系；生态目标与供水目标随着供水目标值增加，表现为先合作（正相关）后竞争（负相关）关系的趋势。

(3) 在供水、发电和生态目标取不同权重（偏好）时，夹岩水库多年平均水位过程有明显差别。供水目标或生态目标优先时，全年水库处于较高水位，水位变幅小；发电目标优先时，全年水库水位变幅大，要求水库发挥较大的调节作用。

（4）以夹岩水库下泄流量为因变量，水库净入库水量（已扣除该时段城镇和灌溉需水量）和时段初水库蓄水量为自变量，分别建立了各时段一元线性和二元线性调度规则。一元线性调度函数与二元线性调度函数的模拟调度结果与优化调度结果相比，总体上比较满意。按照一元线性调度规则或二元线性调度规则操作，夹岩水库能够较好地发挥调节作用，满足供水、发电和生态基流要求。

7.1.4 夹岩水库生态调度方案评价

（1）构建的水库调度综合评价指标体系由目标层、准则层和指标层共17个指标组成，这些指标能够比较全面地反映夹岩水库长期生态调度效果。采用权重法、二元比较法、变差系数法及熵值法对4个准则层的各个指标赋权，获得4个准则层的综合评价值，以此构成调度方案评价的犹豫模糊矩阵。应用粗糙集确定4个准则的权重，并结合前景理论，对夹岩水库长期调度方案进行排序。所提出的耦合犹豫模糊集、粗糙集及前景理论的多属性评价方法，能够反映决策者的认知不确定性，并筛选出均衡好的方案。

（2）夹岩水库长期生态调度典型15个方案评价结果表明：水量分配规则一的方案8（即s_3方案）、规则一的方案10及规则三的方案5（即s_5方案、s_{11}方案）均能够兼顾供水、发电和生态效益，排序靠前。根据s_3方案最优调度结果，分别提取一元线性和二元线性调度规则，模拟调度结果与优化调度结果比较，总体上比较满意，提取的调度规则可作为夹岩水库实际调度时的参考。

7.1.5 夹岩水库短期生态调度研究

（1）根据4—7月84次高流量脉冲（含洪水）事件分析，夹岩坝址高流量（洪水）脉冲事件具有如下特点：①陡涨缓落，上涨率是下降率（绝对值）的3～6倍；②脉冲事件历时大多在5～9d，其中上涨历时1～2d，下降4～7d；③4月高流量脉冲事件出现机会较少，5月至6月15日这段时间高流量脉冲出现机会显著增加；6月15日后及7月这段时间也是高流量脉冲事件高发时期，并且峰值流量大于200m^3/s。在此基础上，构造了4—7月75%分位数概化高流量（洪水）脉冲过程，作为鱼类产卵繁殖所要求的生态流量过程。

（2）分别以4月、5月、6月、7月为生态调度期，以日划分时段，建立了以发电量最大和下泄流量偏离生态流量过程的偏差平方和最小为目标的夹岩水库多目标短期生态调度模型，并采用动态规划算法进行了模型求解。计算结果表明：随着生态目标的重要性上升，水库下泄流量能很好地贴近设定的生态流量过程，满足鱼类产卵繁殖的要求，但调度期发电量有所降低。在优先保证城镇和灌溉供水前提下，生态目标与发电目标的竞争性加剧。

（3）基于设定的目标生态流量过程和历史实测入库流量过程的计算结果均表明：①将水库下游漂流、景区游船用水 $12.1m^3/s$（也是河道最小生态流量）作为调度期间强制性约束，将鱼类产卵繁殖需要的生态流量以流量脉冲过程表示，能够反映坝址下游河道鱼类产卵繁殖和生长的要求；②以水库下泄流量过程与目标生态流量过程偏离最小为水库短期调度生态目标，能够实现水库短期生态调度目的；但是水库开展生态调度有一定条件，在综合考虑水库来水量（预测值）、调度期初末蓄水状况、城镇和灌溉需水等因素基础上，水库有多余水量，方可实施生态调度；③夹岩水库生态目标与发电目标存在一定竞争性，在入库水量偏枯、同时调度期末水库蓄水较高的情况下，生态目标的改善是以较大的发电目标损失为代价的。所建立的夹岩水库短期生态调度模型，能够提供满足鱼类产卵繁殖的高流量（洪水）过程和满足下游漂流、景区游船用水要求的下泄流量过程，可应用于指导夹岩水库实际调度。

7.2 展望

夹岩水库生态调度涉及供水、发电及生态多个方面。限于资料和对六冲河水文规律的认识，本书的研究还存在若干不足，未来有必要在以下问题开展进一步研究。

（1）总溪河日流量系列过短，获得的最适宜生态流量过程及适宜生态流量下限、上限过程受样本数影响大。随着日流量资料的积累，基于日流量资料计算生态流量结果的精度会得到提升。

（2）由于缺乏六冲河鱼类产卵繁殖与河流流量的监测数据，本书仅根据一般性认识，建立了满足鱼类产卵繁殖需求的概化洪水脉冲过程，并作为短期生态调度依据。同样，可根据六冲河鱼类产卵繁殖与河流流量的监测数据，修正完善满足鱼类产卵繁殖需求的洪水脉冲流量过程。

（3）满足下游景区景观与漂流用水的生态调度，本质上是日内调度问题。本书仅考虑日平均流量满足 $12.1m^3/s$ 这个约束，是一种简化处理。今后可进一步结合电站在电网中日运行方式，研究兼顾发电要求和满足下游流量过程的日内调度方式问题。

（4）项目研究基于设计水平年2030年的城镇和灌溉需水过程制定了夹岩水库调度规则，没有分析城镇供水和灌溉用水的变化对调度规则的影响。夹岩水库实际运行后，应收集运行过程中的城镇供水和灌溉资料，复核水库调度规则，优化水库调度方案。

参 考 文 献

丁晶，邓育仁，1988. 随机水文学［M］. 成都：成都科技大学出版社.
丁晶，1986. 洪水时间序列干扰点的统计推估［J］. 武汉水利电力学院学报（5）：36－40.
于传强，郭晓松，张安，等，2009. 基于估计点的滑动窗宽核密度估计算法［J］. 兵工学报，30（2）：231－235.
王文圣，丁晶，李跃清，2005. 水文小波分析［M］. 北京：化学工业出版社.
王应明，阙翠平，蓝以信，2017. 基于前景理论的犹豫模糊 TOPSIS 多属性决策方法［J］. 控制与决策，32（5）：864－870.
王学斌，畅建霞，孟雪姣，等，2017. 基于改进 NSGA－Ⅱ的黄河下游水库多目标调度研究［J］. 水利学报（2）：135－145.
王俊娜，李翀，段辛斌，等，2012. 基于遗传规划法识别影响鱼类丰度的关键环境因子［J］. 水利学报，43（7）：860－868.
卢有麟，周建中，王浩，等，2011. 三峡梯级枢纽多目标生态优化调度模型及其求解方法［J］. 水科学进展（6）：780－788.
刘剑宇，张强，顾西辉，等，2015. 基于变带宽核密度估计的鄱阳湖生态水位研究［J］. 中山大学学报（自然科学版），54（3）：151－157.
刘霞，吴楠楠，许叶军，2016. 基于犹豫模糊互补偏好的水资源配置群决策研究［C］// 管理科学与工程学会 2016 年年会论文集，262－271.
汤奇成，程天文，李秀云，1982. 中国河川月径流的集中度和集中期的初步研究［J］. 地理学报，37（4）：383－393.
李朝达，林俊强，夏继红，等，2021. 三峡水库运行以来四大家鱼产卵的生态水文响应变化［J］. 水利水电技术（中英文），52（5）：158－166.
杨远东，1984. 河川径流年内分配的计算方法［J］. 地理学报，39（2）：218－227.
肖尧，钟平安，徐斌，等，2021. 基于区间犹豫模糊语言集的水资源多目标决策［J］. 南水北调与水利科技（中英文），19（1）：50－66.
吴贞晖，梅亚东，李析男，等，2020. 基于“模拟-优化”技术的多目标水库调度图优化［J］. 中国农村水利水电（7）：216－222.
谷松林，1993. 突变理论及其应用［M］. 兰州：甘肃教育出版社.
张召，张伟，廖卫红，等，2016. 基于生态流量区间的多目标水库生态调度模型及应用［J］. 南水北调与水利科技，14（5）：96－101.
陈守煜，1990. 水资源多目标多阶段模糊优选理论与技术［J］. 水科学进展（1）：1－10.
陈守煜，1998. 工程水文水资源系统模糊集分析理论与实践［M］. 大连：大连理工大学出版社.
陈星，崔广柏，刘凌，等，2007. 计算河道内生态需水量的 DESKTOP RESERVE 模型及其应用［J］. 水资源保护，23（1）：39－42.
陈悦云，梅亚东，蔡昊，等，2018. 面向发电、供水、生态要求的赣江流域水库群优化调

度研究 [J]. 水利学报，49 (5)：628 - 638.
周园园，师长兴，范小黎，等，2011. 国内水文序列变异点分析方法及在各流域应用研究进展 [J]. 地理科学进展，30 (11)：1361 - 1369.
赵然杭，彭弢，王好芳，等，2018. 基于改进年内展布计算法的河道内基本生态需水量研究 [J]. 南水北调与水利科技，16 (4)：114 - 119.
胡和平，刘登峰，田富强，等，2008. 基于生态流量过程线的水库生态调度方法研究 [J]. 水科学进展，19 (3)：325 - 332.
高超，2018. 澜沧江下游水库生态调度研究 [D]. 西安：西安理工大学.
桑燕芳，王中根，刘昌明，2013. 小波分析方法在水文学研究中的应用现状及展望 [J]. 地理科学进展，32 (9)：1413 - 1422.
梅亚东，杨娜，翟丽妮，2009. 雅砻江下游梯级水库生态友好型优化调度 [J]. 水科学进展，20 (5)：721 - 725.
崔玉洁，刘德富，宋林旭，等，2011. 数字滤波法在三峡库区香溪河流域基流分割中的应用 [J]. 水文，31 (6)：18 - 23.
符淙斌，王强，1992. 气候突变的定义和检验方法 [J]. 大气科学，16 (4)：484 - 493.
梁薇，王应明，2019. 基于前景理论的不确定 TOPSIS 多属性决策方法 [J]. 计算机系统应用，28 (3)：36 - 42.
董哲仁，孙东亚，赵进勇，2007. 水库多目标生态调度 [J]. 水利水电技术，38 (1)：28 - 32.
董哲仁，张晶，2009. 洪水脉冲的生态效应 [J]. 水利学报，40 (3)：281 - 288.
谢平，陈广才，雷红富，等，2010. 水文变异诊断系统 [J]. 水力发电学报，29 (1)：85 - 91.
潘扎荣，阮晓红，徐静，2013. 河道基本生态需水的年内展布计算法 [J]. 水利学报 (1)：119 - 126.
魏凤英，2007. 现代气候统计诊断与预测技术 [M]. 2 版. 北京：气象出版社.
Bai T, Chang J, Chang F, et al, 2015. Synergistic gains from the multi - objective optimal operation of cascade reservoirs in the Upper Yellow River basin [J]. Journal of Hydrology (523): 758 - 767.
Bolancé C, Guillen M, Nielsen J P, 2003. Kernel density estimation of actuarial loss functions [J]. Insurance Mathematics & Economics, 32 (1): 19 - 36.
Hughes D A, Desai A Y, Birkhead A L, et al, 2014. A new approach to rapid, desktop - level, environmental flow assessments for rivers in South Africa [J]. Hydrological Sciences Journal, 59: 3 - 4, 673 - 687.
Denis A Hughes, Pauline Hannart, 2003. A desktop model used to provide an initial estimate of the ecological instream flow requirements of rivers in South Africa [J]. Journal of Hydrology, 270 (2003): 167 - 181.
Fayaed S S, El - Shafie A, Jaafar O, 2013. Reservoir - system simulation and optimization techniques [J]. Stochastic Environmental Research and Risk Assessment, 27 (7): 1751 - 1772.
Greco S, Matarazzo B, Slowinski R, 2001. Rough sets theory for multicriteria decision analysis [J]. European Journal of Operational Research, 129 (1): 1 - 47.
Hamasaki T, Kim S Y, 2007. Box and Cox power - transformation to confined and censored non - normal responses in regression [J]. Computational Statistics & Data Analysis, 51 (8): 3788 - 3799.

Harman C, Stewardson M, 2005. Optimizing Dam Release Rules to Meet Environmental Flow Targets [J]. River Research and Applications, 21: 113 - 129.

Hashimoto T, Loucks D P, Stedinger J R, 1982. Robustness of Water Resources Systems [J]. Water Resources Research, 18 (1): 21 - 27.

Hashimoto T, Stedinger J R, Loucks D P, 1982. Reliability, Resilience and Vulnerability Criteria for Water Resources System Performance Evaluation [J]. Water Resources Research, 18 (1): 14 - 20.

Higgins J, Brock W, 1999. Overview of Reservoir Release Improvements at 20 TVA Dams [J]. Journal of Energy Engineering - asce - J ENERG ENG - ASCE, 125: 1 - 17.

Hughes D A, Hannart P A, Watkins D, 2003. Continuous baseflow separation from time series of daily and monthly stream flow data [J]. Water SA, 29 (1): 43 - 48.

Hwang C L, Yoon K S, 1981. Multiple attribute decision making: methods and applications [M]. Berlin: Springer - Verlag, 99 - 103; 128 - 140.

Jager H I, Smith B T, 2008. Sustainable reservoir operation: can we generate hydropower and preserve ecosystem values? [J]. River research and Applications, 24 (3): 340 - 352.

Junk W J, Bayley P B, Sparks R E, 1989. The flood pulse concept in river - floodplain systems [J]. Canadian Special Publication Fisheries and Aquatic Sciences, 106: 110 - 127.

King J, Louw D, 1998. Instream flow assessments for regulated rivers in South Africa using the building block methodology [J]. Aquatic Ecosystem Health and Management, 1: 109 - 124.

Labadie J W, 2004. Optimal operation of multireservoir systems: State - of - the - art review [J]. Journal of Water Resources Planning and Management, 130 (2): 93 - 111.

Lyne V, Hollick M, 1979. Stochastic time - variable rainfall - runoff modeling [A]. In: Hydrology and Water Resources Symposium [C]. Australia: National Committee on Hydrology and Water Resources of the Institute of Engineering, Western Australia: 89 - 93.

Mathews R, Richter B D, 2007. Application of the Indicators of Hydrologic Alteration Software in Environmental Flow Setting [J]. Journal of the American Water Resources Association (JAWRA), 43 (6): 1400 - 1413.

Murchie K J, Hair K P E, Pullen C E, et al, 2008. Fish response to modified flow regimes in regulated rivers: Research methods, effects and opportunities [J]. River Research And Applications, 24 (2): 197 - 217.

Parzen E, 1962. On estimation of a probability density function and model [J]. Annals of Mathematical Statistics, 33 (3): 1065 - 1076.

Pawlak Z, 1982. Rough sets [J]. International Journal of Computer & Information Sciences, 11 (5): 341 - 356.

Pettitt A N, 1979. A non - parametric approach to the change - point problem [J]. Applied Statistics, 28 (2): 126 - 135.

Poff N L, Zimmerman J, 2010. Ecological responses to altered flow regimes: a literature review to inform the science and management of environmental flows [J]. Freshwater Biology, 55 (1).

Poff N L, Allan J D, Bain M B, et al, 1997. The natural flow regime: a paradigm for river conservation and restoration [J]. Bioscience , 4: 769 - 784.

Puckridge J T, Sheldon F, Walker K F, et al, 1998. Flow variability and the ecology of large rivers [J]. Marine and Freshwater Research, 49 (1): 55 - 72.

Richter B D, Mathews R, Harrison D L, et al, 2003. Ecologically sustainable water management: managing river flows for ecological integrity [J]. Ecological applications, 13 (1) : 206 - 224.

Richter B D, Warner A T, Meyer J L, et al, 2006. A collaborative and adaptive process for developing environmental flow recommendations [J]. River Research and Applications, 22: 297 - 318.

Richter B D, Baumgartner J V, Wigington R, et al, 1997. How much water does a river need? [J]. Freshwater Biology, 37, 231 - 249.

Richter B D, Baumgartner J V, Braun D P, et al, 1998. A Spatial Assessment of Hydrologic Alteration Within a River Network [J]. River Research & Applications, 14: 329 - 340.

Richter B D, Baumgartner J V, Powell J, et al, 1996. A method for assessing hydrologic alteration within ecosystems [J]. Conservation Biology, 10: 1163 - 1174.

Rosenblatt M, 1956. Remarks on some nonparametric estimates of a density function [J]. Annals of Mathematical Statistics, 27 (3): 832 - 837.

Saaty T L, 1980. The Analytic Hierarchy Process [M]. New York: McGraw - Hill.

Shiau J T, Wu F C, 2013. Optimizing environmental flows for multiple reaches affected by a multipurpose reservoir system in Taiwan: Restoring natural flow regimes at multiple temporal scales [J]. Water Resources Research, 49 (1): 565 - 584.

Silverman B W, 1986. Density Estimationfor Statistics and Data Analysis [M]. New York: Chapman and Hall.

Suen J P, Eheart J W, 2006. Reservoir management to balance ecosystem and human needs: incorporating the paradigm of the ecological flow regime [J]. Water Resources Research, 3 (42): W3417.

Tharme R E, 2003. Global perspective on environmental flow assessment: emerging trends in the development and application of environmental flow methodologies for rivers [J]. River Research and Applications, 19: 397 - 441.

Torra V, Narukawa Y, 2009. On hesitant fuzzy sets and decision [C]//2009 IEEE International Conference on Fuzzy Systems. Jeju Island, South Korea: 1378 - 1382.

Torra V, 2010. Hesitant fuzzy sets [J]. International Journal of Intelligent Systems, 25 (6): 529 - 539.

Tversky A, Kahneman D, 1992. Advances in prospect theory: Cumulative representation of uncertainty [J]. Journal of Risk and Uncertainty, 5 (4): 297 - 323.

Wai - See May, 1986. Aprogramming Model for Analysis of the Reliability, Resilience and Vulnerability of a Water Supply Rreservior [J]. Water Resources Research, 15 (2): 25 - 31.

Xu Z S, Xia M M, 2011. Distance and similarity measures for hesitant fuzzy sets [J]. Information Sciences, 181 (11): 2128 - 2138.

Yang N, Mei Y, Zhou C, 2012. An Optimal Reservoir Operation Model Based on Ecological Requirement and Its Effect on Electricity Generation [J]. Water Resources Management, 26 (14): 4019 - 4028.

Yang Y E, Cai X, 2011. Reservoir Reoperation for Fish Ecosystem Restoration Using Daily Inflows - Case Study of Lake Shelbyville [J]. Journal of Water Resources Planning and Management, 137 (6): 470 - 480.

Zadeh L A, 1965. Fuzzy sets [J]. Information and Control, 8 (3): 338 - 356.